Hans-Heinrich Bothe

Neuro-Fuzzy-Methoden

T0254963

Springer
Berlin
Heidelberg
New York
Barcelona
Budapest
Hongkong
London
Mailand
Paris
Santa Clara
Singapur
Tokio

Hans-Heinrich Bothe

Neuro-Fuzzy-Methoden

Einführung in Theorie und Anwendungen

Mit 149 Abbildungen

Springer

Dr.-Ing. Hans-Heinrich Bothe
Institut für Elektronik
Technische Universität Berlin
Einsteinufer 17
10587 Berlin
und
Universität Bern
Institut für Informatik und angewandte Mathematik
Neuroinformatik Gruppe
Neubrückstraße 10
CH-3012 Bern

ISBN 3-540-57966-4 Springer-Verlag Berlin Heidelberg New York

Die deutsche Bibliothek - CIP Einheitsaufnahme
Bothe, Hans-Heinrich
Neuro-Fuzzy-Methoden: Einführung in Theorie und Anwendungen / Hans-Heinrich
Bothe.-Berlin ; Heidelberg ; New York ; Barcelona ; Budapest ; Hong Kong ; London ;
Mailand ; Paris ; Santa Clara ; Singapur ; Tokio:
Springer, 1998
ISBN 3-540-57966-4

Satz: Reproduktionsfähige Vorlage des Autors
Umschlaggestaltung: Struve&Partner, Sickingen

SPIN: 10130849   68/3020 - 5 4 3 2 1 0 - Gedruckt auf säurefreiem Papier

Honoré Daumier, 1808-1879
Lithographie im Besitz des Museum of Fine Arts, Boston/ MA:
"M. Babinet prévenu par sa portière de la visite de la comète."

Danksagung

Weddingen,
im Spätsommer 1959

Meinen Kolleginnen und Kollegen, die am Entstehen dieses Buches mit beteiligt waren, möchte ich für ihre große Hilfsbereitschaft danken. Ohne unsere wertvollen Diskussionen hätte die Fertigstellung sicherlich länger gedauert. Besonders erwähnen möchte ich Peter Endt und Jürgen Häfner von der Technischen Universität Berlin, Antonio C.S. de Lima, Marcelo G. Rodrigues und Rolando A.M. Perez von der Universidade Federal do Rio de Janeiro sowie meine neuen Kollegen an der Universität Bern. Vor allem danke ich Susanne von Aichberger vom Hahn-Meitner-Institut Berlin, Thomas Boß von der Universität Ulm sowie Ulrike Witt von der Eschke-Schule Berlin für ihr intensives und oft mühevolles Korrekturlesen weiter Teile dieses Buches.

Ich vergesse auch jene nicht, die mir während der gesamten Arbeit am Manuskript kontinuierlichen Zuspruch zuteil werden ließen, die auf Vieles verzichten mußten und somit gleichfalls ihren Anteil am Zustandekommen dieses Buches haben. Dafür bedanke ich mich bei Ulli, Anna und bei meinen Eltern, Irmgard und Heinrich.

Den Mitarbeiterinnen und Mitarbeitern des Springer-Verlags bin ich für ihr sehr großes Entgegenkommen und ihre hohe Flexibilität sehr verbunden.

Zuletzt sollen auch die umsichtigen, freundlichen und zuvorkommenden Mitarbeiterinnen und Mitarbeiter des Berliner 'Café Campus' und des Berner 'Bierhübeli' erwähnt werden, die durch Versorgung mit Speis' und Trank zum körperlichen Wohlbefinden des Autors beigetragen haben.

Bern und Berlin, im August 1997
Hans-Heinrich Bothe

Vorwort

Fuzzy Logic und Künstliche Neuronale Netzwerke sind zwei Gebiete, die sich seit knapp 10 Jahren im Bereich der Technik einen wichtigen Platz geschaffen haben und deren Inhalt die Steuerungstechnik vieler Systeme zur Zeit nachhaltig beeinflussen. Die klassische Systemtechnik, die sich bisher weitgehend mit linearisierten Systemen befaßt hat, heute aber auch durch adaptive Algorithmen Nichtlinearitäten berücksichtigen kann, hat durch die Fuzzy Logic und die Anwendung neuronaler Strukturen eine Erweiterung erfahren, die in der Forschung und Entwicklung geregelter technischer Systeme noch gar nicht voll erfaßt werden konnte. Mancherorts werden diese Methoden noch sehr kritisch angesehen.

Die Literatur jeweils über Fuzzy Logic und Künstliche Neuronale Netzwerke ist schon sehr ausgedehnt. Herr Dr. Bothe hat mit seinem ersten - erfolgreichen - Buch "Fuzzy Logic" einen bedeutenden Beitrag zum Verständnis der Anwendung unscharfer Logik geleistet. Das vorliegende Buch soll zeigen, wie durch Kombination beider Methoden ein Nutzen für die Modellierung und Regelung hochgradig nichtlinearer Systeme gezogen werden kann, deren Berechnung durch klassische Methoden an Grenzen stößt.

Die Grundlage des Buches sind Vorlesungen sowie Forschungsarbeiten, die Dr. Bothe am Institut für Elektronik - jetzt Institut für Elektronik und Lichttechnik - durchführt. Die Vorlesungen werden von Studenten der Elektrotechnik und Informatik besucht, was bisher vielfach zu Studien- und Diplomarbeiten Anregung gab. Die klare Gliederung des Buches wird nicht nur Studierenden, sondern auch Ingenieuren in der Industrie eine gute Grundlage zur Anwendung und weiteren Entwicklung der Behandlung nichtlinearer technischer Systeme geben.

Ich möchte dem Buch ein engagiertes und auch kritisches Lesepublikum wünschen, damit es zu einer erweiterten Sichtweise der Technik und zu tieferem Technikverständnis beiträgt.

Berlin, im September 1997

Prof. Dr.-Ing. Dietrich Naunin
Professor am Institut für Elektronik und Lichttechnik
der Technischen Universität Berlin

Inhaltsverzeichnis

1 Einführung in Neuro-Fuzzy-Methoden

Es ist aber bisweilen schwer zu beurteilen,
für welche von zwei Möglichkeiten man
sich entscheiden oder welches von zwei
Übeln man über sich ergehen lassen soll;
und oft ist es noch schwerer, bei dem
gefaßten Entschluß zu bleiben.

Aristoteles, Nicomachische Ethik, 3, 1.

Menschen schaffen es täglich, sich in einer sehr komplexen Umwelt zu behaupten. Dabei ist eine große Anzahl von Entscheidungen zu treffen. Diese erfolgen auf der Grundlage persönlicher Erfahrungen und des gesunden Menschenverstands.

Erfahrungen beruhen auf Wissen, welches im allgemeinen von abstrakter Natur ist und damit in dem Sinne vage, daß es sich nicht eindeutig separieren und gegeneinander abgrenzen läßt. Diese Unschärfe nötigt uns, Schlußfolgerungen auch bei unvollständigem oder gar fehlendem Wissen zu ziehen. Wir verwenden dafür Assoziationen und Analogieschlüsse und erweitern oder modifizieren gleichzeitig in einem Trial-and-Error-Verfahren bereits vorhandenes Wissen.

Entscheidungen basieren auf Aktivitäten des Gehirns. Sie lassen sich mit Hilfe einer komplexen hierarchischen Struktur von Teilentscheidungen beschreiben. Diese lösen beispielsweise Aufgaben der akustischen, visuellen oder sensomotorischen Mustererkennung oder führen durch Bio-Feedback bestimmte motorische Reaktionen aus. Nach dem Fällen einer Entscheidung ist oft keine direkte äußere Reaktion zu bemerken, sondern es werden abstrakte *versteckte* Ideen oder Sachverhalte aufgeklärt, um grundsätzliche Schemata zu assoziieren, zu lernen oder zu verstehen.

Die Fähigkeit des Menschen, Entscheidungen zu treffen, ist im Verlaufe eines evolutionären Selektionsprozesses entstanden. Sie ist bei weitem erfolgreicher als jede bisher auf Maschinen implementierte Hard- oder Softwarelösung. Offensichtliche Anwendungen dieser Fähigkeiten finden wir in wissenschaftlichen oder nichtwissenschaftlichen Bereichen, im Management, in der Medizin oder Technik, im Design oder in der Kunst. Ein anschauliches Beispiel ist in Abbildung 1.1 dargestellt, wo es primär um das Erkennen bestimmter geometrischer Muster gehen mag.

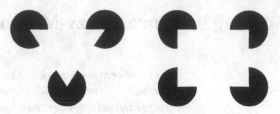

Abb. 1.1. Optische 'Täuschungen' bei der Perzeption zusammengesetzter Figuren.

Einem gesunden Menschen bereitet es keine Schwierigkeiten, in den Kaniza-Figuren ein Dreieck beziehungsweise ein Quadrat zu erkennen und diese als Teil einer tatsächlichen dreidimensionalen Anordnung zu erfassen. Wir besitzen die Fähigkeit, selbst bei einer unvollkommenen Darstellung das Gesehene so zu ergänzen oder zu modifizieren, daß wir bekannte abstrakte Muster erkennen. Diese können auch zusammen mit dem Tatbestand der optischen Täuschung im Langzeitgedächtnis gespeichert und bestimmten anderen Sachverhalten oder Situationen zugeordnet werden. Ein wesentlicher Teil dieser Signalverarbeitung geschieht im Kortex [Gro94].

Eine große Hoffnung der Künstlichen Intelligenz besteht darin, kreative Simulationsmodelle für Fähigkeiten und Eigenschaften des Gehirns zu finden, um Probleme von ähnlicher oder weitergehender Komplexität automatisch erfassen und lösen zu können.

In diesem Buch sollen systematisch unterschiedliche Ansätze entwickelt und beschrieben werden, die sich unter dem Stichwort *Neuro-Fuzzy-Methoden* zusammenfassen lassen. Kapitel 2 führt in technisch verwertbare Grundlagen der *Fuzzy-Methoden* ein, in Kapitel 3 wird eine Einführung in *Künstliche Neuronale Netzwerke* gegeben, Kapitel 4 beschreibt die Kooperation von Fuzzy-Methoden und Künstlichen Neuronalen Netzwerken, Kapitel 5 und 6 behandeln Neuro-Fuzzy-Methoden, und in Kapitel 7 wird abschießend eine kurze Einführung in das Gebiet der Genetischen Algorithmen gegeben.

Die Ansätze zur Modellierung menschlicher Entscheidungsfindung lassen sich unter dem Aspekt betrachten, daß sie die im Gehirn tatsächlich ablaufenden physiologisch und psychologisch beschreibbaren Prozesse algorithmisch nachbilden. Die große Komplexität des natürlichen Vorbildes erfordert aber starke Vereinfachungen hinsichtlich des strukturellem Aufbaus und der Funktionsweise. Die in diesem Buch beschriebenen Verfahren kann man weitgehend als Black-Box-Module auffassen, die vermittelnd Eingangs- auf Ausgangssignale abbilden. Sie stellen damit sehr starke Vereinfachungen der tatsächlichen neuromorphen Zusammenhänge dar, lassen sich allerdings einfach implementieren und zu praktischen Problemlösungen heranziehen.

1.1   Fuzzy-Inferenzmethoden (FIM)

Beim Einsatz von Fuzzy-Inferenzmethoden geschieht die Beschreibung komplexer Systeme auf verbaler oder symbolischer Ebene. Quantitative Aussagen sind nicht notwendig, können aber, sofern sie vorhanden sind, integriert werden. Es müssen nicht explizit Gleichungs- oder Differentialgleichungssysteme aufgestellt werden, die das Systemverhalten approximieren. Daraus kann sich ein Zeitvorteil bei der Entwicklung und Implementation beispielsweise von Reglerstrukturen ergeben, da die ansonsten notwendigen experimentellen und mathematischen Systemanalysen nur qualitativ durchgeführt werden. Zum Realzeiteinsatz können die Algorithmen auf Mikrocontrollern oder in VLSI-Schaltungen realisiert werden, um so die Geschwindigkeitsvorteile konventioneller digitaler Regler auszugleichen.

Beim Einsatz von Fuzzy-Methoden werden die Design-Probleme auf eine andere Ebene verlagert. Es sind repräsentative verbale Regeln aufzustellen, deren Wörter physikalisch zu interpretieren sind. Diese - neue - Aufgabenstellunge kann auf einer heuristischen Basis dadurch gelöst werden, daß spezielles Expertenwissen verbal formuliert und zusammengeführt wird. Bei der Befragung ist gleichzeitig exemplarisch festzulegen, wie die einzelnen verbalen Ausdrücke zu definieren oder zu interpretieren sind.

Speziell auch im Bereich Fuzzy-Control lassen sich automatisch Abgleich- bzw. Tuning-Probleme behandeln. Diese bestehen darin, bei gegebener Aufgabenstellung sowohl eine optimale Regelbasis als auch die dazugehörigen optimalen Fuzzy-Repräsentationen zu erstellen. Durch die maschinelle Bestimmung wird die Zeit optimiert, die ein menschlicher Entwickler zur Einstellung der Reglereigenschaften benötigen würde.

Beim Einsatz von Fuzzy-Methoden werden Kognitions- und Entscheidungsprozesse symbolisch modelliert, inspiriert durch den engen Zusammenhang zwischen Sprechen, Denken und Schlußfolgern. Fuzzy-Systeme können deshalb als spezielle wissensbasierte Expertensysteme betrachtet werden. Die erste mathematische Beschreibung stammt von L.A. Zadeh [Zad65].

Menschen entwickeln abstraktes Wissen durch Aufbau und Verwendung von Kategorien wie beispielsweise *leise*, *mittel*, *laut* für akustische und *hell*, *mittel*, *dunkel* für visuelle Eindrücke. Damit werden in aktuellen akustisch-visuellen Umgebungssituationen kategorische und deshalb relativ schnelle Assoziationen oder Mustererkennungsprozesse möglich. Menschen benötigen solche Kategorien, um Entscheidungen treffen oder schnell kommunizieren zu können. Als einfaches Beispiel kann die Kategorisierung des sichtbaren Lichts in Regenbogenfarben dienen. Die Einteilung des kontinuierlichen Wellenlängenspektrums in bestimmte Farben wie *gelb*, *orange*, *rot*, wird durch interaktives Lernen der entsprechenden Zuordnungen über Generationen weitergegeben. Die entstehende symbolische Farbskala ist kulturell unterschiedlich, so daß in verschiedenen Kulturkreisen beispielsweise die Anzahl der differenzierbaren Regenbogenfarben variiert. Also definieren die verbalen Ausdrücke die Farbzuordnungen selbst. Kategorische Ausdrücke werden auch bei der Mensch-zu-Mensch-Kommunikation verwendet, wenn wir beispielsweise nach einem *schnellfahrenden und roten* Motorrad auf der Autobahn fahnden und dieses verbal anderen mitteilen. Wenn dieser Sachverhalt einer Maschine mitgeteilt werden soll, ist es sinnvoll, eine entsprechend unscharfe Mensch-Maschine-Schnittstelle zu realisieren.

Fuzzy-Methoden setzen mit Hilfe von *IF...THEN...-Regeln* vorgegebene verbale Systembeschreibungen in einen mathematischen Kalkulus um. Dazu verwenden sie *linguistische Variablen* mit *symbolisch* definierten Werten, den *Termen*, anstelle von Zahlen auf einer numerischen Skala (binary, integer, real). Die Terme werden mittels *Fuzzy-Mengen* oder *-Zahlen* auf eine entsprechende numerische Skala abgebildet. Sie lassen sich konjunktiv oder disjunktiv miteinander verknüpfen. Zur Systembeschreibung entstehen Regeln der Form

IF   [Geschwindigkeit=*schnell* AND Farbe=*rot*]
THEN   [Aktion=Fahrzeug fotografieren]

oder

IF $[x_1=(\approx 2)$ AND $x_2=(\approx 3)]$ THEN $[y=(\approx 6)]$.

Die zu einer linguistischen Variable gehörenden Terme bilden eine *Fuzzy-Partition*, bei der typischerweise fünf bis sieben Fuzzy-Mengen den Eingangswertebereich aufteilen. Die an einem mit Fuzzy-IF...THEN...-Regeln beschriebenen System (*Fuzzy-Modell*) anliegenden Eingangssignale werden gemäß Abbildung 1.2 in drei Schritten verarbeitet.

Zunächst wird der numerische Eingangswert x_{in} auf einen Vektor $\underline{x}_{in}$ abgebildet, dessen Komponenten die Übereinstimmungsgrade zwischen Wert und Termen beschreiben. Statt direkt x_{in} zu bearbeiten, wird dieser Vektor $\underline{x}$ im zweiten Schritt mit Hilfe von IF...THEN...-Regeln auf einen Fuzzy-Ausgangswert $\underline{y}_{aus}$ abgebildet. Zur Anpassung des Fuzzy-Systems an andere bereits existierende Signalverarbeitungsmodule, die lediglich numerische Eingangswerte verwenden, ist im dritten Schritt $\underline{y}_{aus}$ auf einen numerischen Ausgangswert y_{aus} umzusetzen. Dieser Verarbeitungsprozeß ermöglicht es, unscharf definierte Begriffe oder Wörter zur Beschreibung des Über-

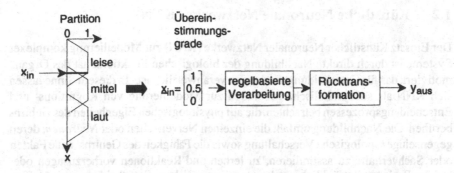

Abb. 1.2. Entscheidungsfinden mit Hilfe einer Fuzzy-Partition im Eingangswerteraum, einer regelbasierten Signalverarbeitung sowie einer Rücktransformation.

tragungsverhaltens von technischen Systemen einzusetzen, wie sie Menschen zur Orientierung in komplexen Entscheidungssituationen verwenden.

Vereinfachungen gegenüber dem biologischen Vorbild beziehen sich insbesondere auf die Interpretation verbal festgelegter Begriffe und Werte sowie deren gegenseitiger Relationen: Experten legen das Systemverhalten mit Hilfe von IF...THEN...-Regeln fest, und die Systemdesigner interpretieren und transformieren dieses unscharf vorgegebene Wissen. Ferner beinhaltet auch der Prozeß der Entscheidungsfindung, oder genauer: des Schlußfolgerns, erhebliche Vereinfachungen.

Ein entscheidender Vorteil beim Einsatz von Fuzzy-Methoden ist darin zu sehen, daß sie sich auch zur Beschreibung von Systemen mit nicht exakt, sondern nur ungefähr bekanntem Übertragungsverhalten einsetzen lassen. Ferner ist ein mit Hilfe von quasi-natürlichsprachlichen IF...THEN...-Regeln definiertes Systemmodell leicht interpretierbar, und die Qualität der Abbildungsergebnisse läßt sich heuristisch abschätzen. Bekanntes Wissen kann durch Hinzufügen weiterer IF...THEN...-Regeln leicht erweitert werden, ohne daß seine eigene Gültigkeit eingeschränkt wird. Das Übertragungsverhalten insbesondere von Fuzzy-Reglern weist in vielen Fällen eine hohe Robustheit gegenüber Variationen von geschätzten Parameterwerten des zu regelnden Prozesses auf.

Der Einsatz von heuristisch oder subjektiv motivierten Methoden kann aber insbesondere dann nachteilig sein, wenn sich das Übertragungsverhalten hinreichend genau algebraisch oder analytisch angeben läßt.

1.2   Künstliche Neuronale Netzwerke (KNN)

Der Einsatz Künstlicher Neuronaler Netzwerke (KNN) zur Modellierung komplexer Systeme ist durch direkte Nachbildung der biologischen Funktionalität des Organs motiviert, das für Entscheidungsfindungen veranwortlich ist. In diesem Sinne lassen sich KNN als subsymbolische Methoden zur Modellierung von Kognitions- und Entscheidungsprozessen betrachten, die auf physiologischen Eigenheiten des Gehirns beruhen. Die Nachbildung umfaßt die einzelnen Nervenzellen oder *Neuronen*, deren gegenseitige topologische Verschaltung sowie die Fähigkeit des Gehirns, neue Fakten oder Sachverhalte zu assimilieren, zu lernen und Reaktionen vorherzusagen oder auf der Basis von tatsächlichen oder assoziierten Fakten Entscheidungen zu treffen.

KNN können als generische Modelle aufgefaßt werden, die sich auf spezifische Problemstellungen wie beispielsweise die Modellierung eines anhand von Beispiel-daten beschriebenen Systems adaptieren lassen. Die Neuronen werden im einfachsten Fall als Prozessoreinheiten aufgefaßt, die nacheinander einige einfache Operationen wie Multiplikation, Summation oder Schwellwertbildung ausführen. Die Adaption an eine gewünschte Funktion wird erreicht durch graduelles Ein- oder Ausblenden bestimmter Einheiten und der in der Netzwerkarchitektur nachfolgenden Zweige. Das Einstellen geeigneter Gewichtungen wird als Lernprozeß aufgefaßt.

Das erste mathematische Modell zur Beschreibung des Übertragungsverhaltens eines einzelnen Neurons wurde in [CP43] beschrieben, die ersten Lernalgorithmen in [Ros58] und [Wid59]. Abbildung 1.3 zeigt das Beispiel eines einfachen Neuronen-modells sowie eines Mehrschicht-Perzeptrons, das als 2:1-Kodierer arbeitet.

Die Eingangswerte x_i des Perzeptrons in Abbildung 1.3a werden mit Hilfe variabler Gewichte w_i verstärkt, abgeschwächt oder negiert. Die neuen, effektiven Eingangs-werte $w_i x_i$ werden anschließend summiert und erzeugen über eine Schwellwert-funktion f(.) den Ausgangswert y. Das Mehrschicht-Perzeptron (*multi-layer percep-tron, MLP*) in Abbildung 1.3b besteht aus zwei vorwärtsverbundenen Perzeptron-schichten, einer inneren verdeckten (*hidden*) sowie der Ausgangsschicht. Die Gewichte v_{jk} und w_j sind an die entsprechenden Verbindungszweige geschrieben.

Funktionale Vereinfachungen von KNN gegenüber biologischen Vorbildern betreffen die Arbeitsweise der Neuronen, deren strukturelle Verschaltung zu einem Gesamt-netzwerk sowie die eingesetzten Lernalgorithmen.

Grundsätzlich können KNN auch abstrakte, den Trainingsdaten zu Grunde liegende inhaltliche Zusammenhänge lernen und so ein nicht a-priori vorgegebenes Modell approximieren. Dies steht im Gegensatz zu physikalisch motivierten Modellen, die

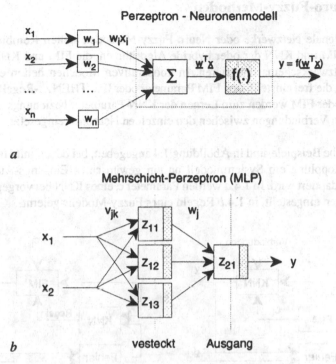

Abb. 1.3. *a* Neuronenmodell (Perzeptron), *b* Mehrschicht-Perzeptron (MLP).

auf interpretierbaren Gleichungssystemen beruhen und bei denen lediglich bestimmte freie Parameter zu adaptieren sind. Der Einsatz von KNN ist also besonders dann erfolgversprechend, wenn interpretierbare physikalische Modelle nicht oder nur mit großem Aufwand aufstellbar sind.

Die Konvergenz des Lernprozesses ist bei zahlreichen KNN-Architekturen nicht garantiert, oft auch nicht abschätzbar. Sie muß stattdessen in recht aufwendigen Untersuchungen mit beispielsweise variierter Anzahl der verdeckten Einzelzellen oder variierter Reihenfolge der Trainingsdatenpräsentation bestimmt werden. Nach Abschluß des Lernprozesses läßt sich das gelernte Modell in den meisten Fällen nur über das KNN selbst beschreiben, da die Informationen in den verschiedenen Verbindungszweigen verteilt vorliegen. In vielen Fällen führen unterschiedliche Präsentationsreihenfolgen meistens zu vollständig verschiedenen Gewichtsverteilungen, während die Funktionalität des gesamten KNN mit vergleichbarer Qualität erhalten bleibt.

1.3   Neuro-Fuzzy-Methoden

Fuzzy-Neuronale Netzwerke oder Neuro-Fuzzy-Methoden stellen Kombinationen zwischen FIM und KNN dar oder hybride Algorithmen, die FIM und KNN in ein eigenes Netzwerkschema integrieren. In kooperativen Modellen helfen entweder KNN dabei, die frei einstellbaren FIM Parameter oder IF...THEN...-Regelbasen zu trainieren, oder FIM werden zum Lernen der KNN-Parameter beziehungsweise der prinzipiellen Verbindungen zwischen den einzelnen Neuronen eingesetzt.

Zwei einfache Beispiele sind in Abbildung 1.4 angegeben, bei denen mit Hilfe einer Fehlerrückkopplung ein Systemmodell an ein gewünschtes Eingangs-Ausgangs-Verhalten adaptiert wird. In 1.4.a werden Parameter c_i eines KNN bei vorgegebenen Verbindungen eingestellt, in 1.4.b Regeln eines Fuzzy-Modells gelernt.

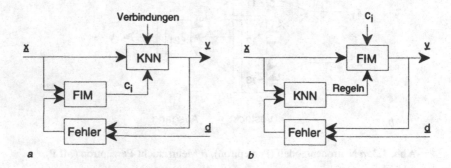

Abb. 1.4. Modell-Optimierung mit Hilfe rückgekoppelter Fehlersignale,
a FIM variiert KNN-Parameter c_i bei vorgegebenen interneuronalen Verbindungen,
b KNN ermittelt Regeln für ein Fuzzy-Modell.

Ohne Rückkopplung kann eine der beiden Methoden, KNN oder FIM, auch dazu verwendet werden, die Eingangssignale für die andere optimal aufzubereiten; beispielsweise lassen sich bestimmte KNN dazu einsetzen, den Eingangswerteraum für das nachfolgende Fuzzy-Modell nach Art einer Hauptkomponentenanylyse (*principal component analysis, PCA*) zu orthogonalisieren [Fuk90] oder die Eingangs-vektoren zu skalieren.

Hybride Neuro-Fuzzy-Methoden integrieren KNN und FIM in ein einheitliches Gesamtschema. Abbildung 1.5 zeigt einen kompletten Neuro-Fuzzy-Regelkreis und einen zu regelndem Prozeß P, bei dem der Regler über ein Fehlersignal so adaptiert wird, daß am Prozeßausgang ein gewünschtes Signal $\underline{y}=\underline{d}$ entsteht.

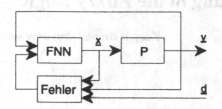

Abb. 1.5. Regelkreis mit Neuro-Fuzzy-Regler und zu regelndem Prozeß.

Der wesentliche Vorteil der meisten Neuro-Fuzzy-Methoden gegenüber entsprechenden KNN liegt darin, daß im Arbeitsmodus, also nach Abschluß des Trainings, die interne Entscheidungsstruktur leicht nachzuvollziehen ist und damit das Verhalten interpretierbar wird. Durch das Lernen werden also nicht nur die in der Trainingsmenge enthaltenen Fakten optimiert, sondern auch peripheres Wissen; dieses wird ja ebenfalls durch die aktuellen IF…THEN…-Regeln repräsentiert, deren grundsätzlicher Wahrheitsgehalt vom Entwickler und von den Experten nachvollziehbar ist.
Zu den genannten Gebieten stehen eine Vielzahl von Anwendungen zur Auswahl, insbesondere auch im Konsumgüterbereich. Das Bestreben der führenden, japanischen Industrie bewegt sich in Richtung auf die Entwicklung von *intelligenten Robotern*, die über einfache Kommunikationskanäle (Sprechen, Hören, Sehen, Verstehen, Tasten) bedient und angewiesen werden können sowie ihnen übertragene Aufgaben selbständig lösen. Erste Prototypen auch für den finanziell besonders interessanten Konsumerbereich liegen bereits vor. Als offensichtliches Beispiel steht ein von der Firma Honda entwickelter Roboter, dessen mechanische Konstruktion mit jeweils zwei Armen und Beinen der Physiologie des menschlichen Körpers nachempfunden ist, und bei dem Algorithmen der Künstlichen Intelligenz zu verschiedenen Zwecken Anwendung finden.

2   Einführung in die Fuzzy Logic

Keep it simple - but only simple enough to work.
[J.C. Bezdek]

Fuzzy-Methoden können eingesetzt werden, wenn eine direkte analytische System-beschreibung ungeeignet erscheint, aber etwa auf Grund längerer Erfahrung ein vages, subjektives Wissen vorhanden ist. Die Systembeschreibung findet dann nicht quantitativ mit Hilfe von Gleichungssystemen und dazugehörigen Randbedingungen statt, sondern qualitativ durch verbal formulierte Regeln. Die dabei verwendeten Symbole und Operatoren werden durch das Kalkül der Fuzzy Logic in eine mathe-matisch beschreibbare Form umgesetzt. Zu diesem Zweck wird eine erweiterte Form der Mengenlehre eingeführt, deren Rechenregeln sich in Analogie zur Boolschen Algebra auf den Bereich der Aussagenlogik übertragen lassen. Damit können entsprechende Schlußfolgerungsmechanismen definiert werden.

Wenn diese Symbole verbal zu interpretieren sind, kann das Entscheidungsverhalten des Fuzzy-Systems vom Anwender leicht nachvollzogen werden. Es lassen sich dann beispielsweise sehr einfache intuitive Mensch-Maschine-Schnittstellen aufbauen.

Die Notwendigkeit einer vagen Beschreibung des Systemverhaltens kann sowohl in der Unmöglichkeit genauer qualitativer Messungen als auch in mangelnder Präzision qualitativer, verbaler Aussagen begründet sein. Ursachen dafür sind nur allzu oft ein Mangel an finanzieller Ausstattung eines Entwicklungsprojekts oder einfach an Ent-wicklungszeit. Viele Aufgaben, die in den letzten Jahren mit Hilfe von Fuzzy-Methoden gelöst wurden, wären wohl ohne diese Technik nicht einmal in Angriff genommen worden, da eine genaue Systemanalyse nicht durchführbar ist.

Das mathematische Konzept der 'unscharfen Menge' wurde von L.A. Zadeh (1965) eingeführt. Zunächst dominierten theoretische Untersuchungen über diese neue Erweiterung der klassischen Mengenlehre, praktische Anwendungen wurden im Laborbereich erprobt. Seit Ende der achtziger Jahre ist die Zahl industrieller Anwen-dungen sprunghaft gestiegen, besonders in den asiatischen Ländern, den USA und anschließend in Europa. Man beginnt zu erkennen, daß das herausragende Merkmal der Fuzzy Logic darin besteht, in strukturierter Form Mehrdeutigkeiten und Subjek-tivität im menschlichen Denken auszudrücken. Globale Zusammenhänge können durch subjektive Assoziationen beschrieben werden.

2.1   Grundideen

Die natürliche Sprache kann zur Beschreibung der Denk- und Entscheidungsmuster genutzt werden. Durch Festlegung der begrifflichen Bedeutung der verwendeten Wörter strukturiert sie das Denken.

Während Computer als 'logische Maschinen' im Durchrechnen und Ausführen vorgegebener Algorithmen nahezu unschlagbar sind, führt bei komplexen unvollständigen und mehrdeutigen Vorgaben die menschliche Entscheidungsfähigkeit oft schneller zum gewünschten Ergebnis. Der Wunsch, intelligente Computer und Maschinen oder universell einsetzbare Expertensysteme zu konstruieren, legt die Verbindung beider Techniken nahe.

Zu den gewünschten Fähigkeiten einer Maschine neuen Typs gehören neben schneller Rechenleistung und anhaltender Lernfähigkeit auch eine 'intuitive' Entscheidungsfähigkeit. Diese bedingt, daß nicht alle im Speicher 'vergrabenen' Informationen zu Rate gezogen werden müssen, sondern auf eine Bewertung und Gewichtung einer Vielzahl abstrakter unscharfer Begriffe zurückgegriffen werden kann, die zu diesem Zweck antrainiert und also vorhanden sein müssen. Die ersten Schritte auf dem sichtlich weiten Weg werden mit der Entwicklung von Neuro-Fuzzy-Methoden gegangen, die die globale Entscheidungsfähigkeit von Fuzzy-Methoden mit der Lernfähigkeit von Neuronalen Netzen verbinden.

Menschliche Entscheidungen werden durch eine Vielzahl miteinander konkurrierender Einzelentscheidungen getroffen, deren Gültigkeitsbereiche überlappen und miteinander verzahnt sind. Konkrete wahrgenommene Ereignisse bewirken entsprechende Handlungen oder Reaktionen. Dazu gehören auch die Weiterentwicklung vorhandener Erfahrungen und die Ausprägung neuer abstrakter Begriffe.

Um diese Struktur methodisch nachzuahmen, basieren Fuzzy-Methoden auf einer Vielzahl von Handlungsaufforderungen oder Regeln mit überlappenden Gültigkeitsbereichen. In komplexen Fuzzy-Systemen werden zudem 'versteckte' Variablen verwendet, wie sie auch das menschliche Denken zur Abstraktion und Strukturierung komplexer Vorgänge und Zusammenhänge verwendet.

Beispiel: *Belichtungssteuerung*

Zur automatischen Belichtungssteuerung eines Fotoapparats sollen die physikalischen Meßwerte der Sensorik in konkrete Einstellungen des Blendenwertes und der Belichtungszeit umgesetzt werden. Schwierigkeiten treten bei extremen, allerdings praktisch sehr häufigen, Fotosituationen auf, wenn beispielsweise ein dunkles Objekt vor einem hellen Hintergrund als Schnappschuß festgehalten werden soll. Die Angabe eines direkten Zusammenhangs zwischen den Meß- und Einstellwerten scheint hier unmöglich, wenn alle denkbaren typischen Fotosituationen mit einbezogen werden sollen. Die Lösung mit Hilfe von Fuzzy-Methoden lehnt sich an die menschlich intuitive Strukturierung des Problems an. Zusätzlich zu den Begriffen der Ein- und Ausgangsgrößen werden weitere abstrakte Begriffe wie *Hauptobjekthelligkeit*, *Hintergrundhelligkeit* und *Szenentyp* mit eher abstrakten Werten eingeführt. Die Szenentypwerte lassen sich verbal beispielsweise durch die Wörter *Portrait*, *Landschaftsaufnahme*, *Schnappschuß* oder *Nahobjekt* symbolisieren. Den offensichtlich fließenden Gültigkeitsbereichen dieser Terme ist dann durch unscharfe Abgrenzungen Rechnung zu tragen (Abbildung 2.1). Diese Forderung führt unmittelbar zum Konzept der unscharfen Menge.

Nach Festlegung der Bereiche des Hauptobjekts und des Hintergrunds innerhalb des Sucherbildes wird mit Hilfe von verbal beschriebenen IF...THEN...-Regeln auf den Szenentyp geschlossen. Dieser wird zur Berechnung der Belichtungswerte als wesentliche Eingangsvariable mit herangezogen. Die Regeln zur Systembeschreibung lassen sich in disjunktiver Normalform schreiben als

$$\text{IF } x_1 = A_1 \text{ AND } x_2 = \dots \text{ AND } x_n = A_m \text{ THEN } y = B,$$

wobei $x_{i, \, i=1,\dots,n}$ die Eingangsgrößen, y die Ausgangsgröße und $A_{i, \, i=1,\dots,m}$ und B Symbole für die unscharfen abstrakten Werte sind.

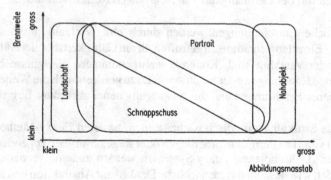

Abb. 2.1. Gültigkeitsbereiche der Szenentypwerte

Die herzuleitenden Methoden zur Berechnung eines konkreten Ausgangswerts y' aus gemessenen Eingangswerten x_i, $_{i=1,\dots,n}$ müssen also sowohl die benutzten Symbole und Verknüpfungen als auch den Mechanismus des Schlußfolgerns mathematisch handhabbar machen. Einige wichtige Verfahren zum Schlußfolgern werden in den Abschnitten 2.2 und 2.3 beschrieben. Sie gehen vom folgenden Prinzipschema aus:

Systembeschreibung: IF $x=A_1$ THEN $y=B_1$

...   ...

IF $x=A_n$ THEN $y=B_n$

Eingangswert: $x=A'$

Ausgangswert: $y=B'$

Diese Vorgehensweise führt bei der Belichtungssteuerung dazu, daß die Belichtung des Hauptobjekts davon abhängt, wie sehr die Gesamtszenerie als Portrait- oder als Landschaftsaufnahme eingeschätzt wird. Bei Festlegung der symbolischen, unscharfen Terme A_l und B_l sowie einer Schlußfolgerungsmethode lehnt sich die Entscheidungsfindung an die Vorgehensweise und die Intuition erfahrener Fotografen an. Das Problem, die unscharfen Bereichsgrenzen der A_l und B_l festzulegen, wird bei Anwendung reiner Fuzzy-Methoden heuristisch durch Ausprobieren gelöst. An dieser Stelle entsteht aber die Möglichkeit, Lernverfahren einzusetzen, wie sie beispielsweise zum Training Künstlicher Neuronaler Netzwerke entwickelt wurden.

2.1.1 Unscharfe Mengen

Eine Menge faßt bestimmte Objekte oder Elemente zu einem Ganzen zusammen und hat damit ordnenden Charakter. Die Art der Elemente bestimmt die Art der Menge. In der klassischen Mengenlehre gehören die Elemente entweder vollständig zur Menge oder nicht. Beispiele sind die Mengen der natürlichen, reellen oder komplexen Zahlen N, R, C.

Der Begriff *fuzzy* bedeutet ins Deutsche übersetzt etwa *fusselig, unscharf* oder auch *unscharf begrenzt*. Die mögliche Bedeutung von *Fuzzy-Mengen* soll am Beispiel der Raumortung akustischer Signale dargestellt werden. Das akustische Signal trifft zeitlich versetzt an den *Cochleae* beider Ohren ein und bewirkt dort eine Erregung der Hörnerven. Diese werden stufenweise verarbeitet und in verschiedene Bereiche des Gehirns weitergeleitet. Im *Colliculus Superior* (Teil des Mittelhirns) werden beide Signale miteinander verglichen und Lautzeitdifferenzen gebildet, die in tiefer liegenden Gehirnregionen zur Raumortung Verwendung finden. Diese Verarbeitung geschieht im Verbund kleinerer Neuronengruppen. Die Signale lassen sich - beispielsweise mit Magnetresonanzverfahren - als Summe vieler undifferenzierbarer Einzelsignale messen. In Abbildung 2.2 ist die normalisierte Signalantwort auf vorgegebene, *evozierte* akustische Signale im Colliculus Superior und im nachfolgenden *Thalamus* gegeben. Die Abszisse stellt die Lautzeitdifferenz dar. Es wird deutlich, daß bestimmte Laufzeitdifferenzen gleichzeitig unterschiedliche Neuronengruppen aktivieren. Mit Hinweis auf die Meßungenauigkeit können die Antwortkurven als

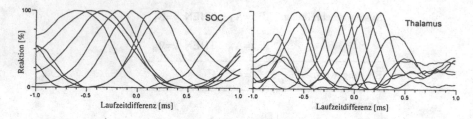

Abb. 2.2. Reaktion von Neuronenclustern auf Knackgeräusche zur Raumortung im *a* Colliculus Superior, *b* Thalamus. Abszissenwert ist die Laufzeitdifferenz in beiden Ohren (adaptiert nach [FBB97]).

Zugehörigkeitsfunktionen unscharfer Mengen interpretiert werden. Abbildung 2.2 zeigt ferner eine höhere Differenzierung bei der Erregungsverarbeitung im Bereich des Thalamus, die durch die spezielle neuronale Vernetzung entsteht.

Die mathematische Darstellung einer Menge A kann durch Aufzählung der Elemente x erfolgen. Falls eine übergeordnete Grundmenge $X \supset A$ existiert, kann A auf X mit Hilfe einer charakteristischen 0-1-wertigen Funktion $\mu_A: X \rightarrow \{0,1\}$ beschrieben werden. Die zu A gehörigen Elemente werden mit eins bewertet, alle anderen mit null. Der Grundbereich kann durch Aneinanderreihen von Intervallen in kleinere Bereiche aufgeteilt oder *partitioniert* werden. Gemäß Abbildung 2.3 entsteht eine Diskretisierung des Grundbereichs mit gewisser zugelassener Fehlertoleranz.

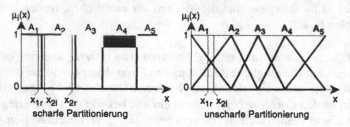

Abb. 2.3. Scharfe und unscharfe Partitionierung eines eindimensionalen Grundbereichs X.

Dann ergibt sich die Situation, daß sehr eng benachbarte Werte an gegenüberliegenden Seiten einer Intervallgrenze $A_i \| A_{i+1}$, beispielsweise x_{1r} und x_{2l}, unterschiedlich zuzuordnen sind, während zwei an den beiden Grenzen von A_i liegende Werte x_{il} und x_{ir} beide zu A gehören. Der Versuch, dieses Ähnlichkeitsproblem durch ein Überlappen benachbarter Intervalle zu lösen, führt umgekehrt zu der Frage, wie sehr die Elemente (z.B. ein Zahlenwert im Überlappungsbereich) zu den einzelnen Intervallen gehören.

Das Konzept der unscharfen Menge erweitert diese Anschauung und läßt auch
graduelle Zugehörigkeiten zu. Unscharfe Mengen werden im folgenden zur Unterscheidung von scharf begrenzten Mengen stets in Fettdruck geschrieben.

Unscharfe Menge

> Eine unscharfe Menge $A = \{(x; \mu_A(x)) \mid x \in X\}$ ist eine Menge von Wertepaaren
> $(x; \mu_A(x))$, bestehend aus den Elementen $x \in X$, deren Zugehörigkeit zu A mit
> dem Zugehörigkeitswert $\mu_A(x)$ bewertet ist. Im normalisierten Fall bildet die
> Zugehörigkeitsfunktion $\mu_A(x)$ auf X den Grundbereich auf das Einheitsintervall
> [0,1] ab: $\mu_A: X \rightarrow [0, 1]$.

Im folgenden wird das Kürzel *ZGF* anstelle von *Zugehörigkeitsfunktion* verwendet.

Partition

> Sei $\underline{X}$ ein mehrdimensionaler Merkmalsraum für Objekte, die durch ihre
> Merkmalsvektoren $\underline{x}_i \in \underline{X}$ bestimmt sind. Eine ZGF auf $\underline{X}$ kann als mehr-
> dimensionaler Klassifikationsfilter angesehen werden, der jedem Objekt eine
> Zugehörigkeit $\mu_F(\underline{x}_i)$ zur Klasse F zuordnet. Die Verteilung der ZGF auf $\underline{X}$, also
> die *Filterbank* auf dem Grundbereich, heißt *unscharfe Partition p* auf $\underline{X}$.

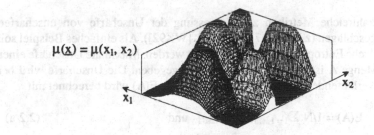

$\mu(\underline{x}) = \mu(x_1, x_2)$

Abb. 2.4. Unscharfe Partition auf einem zweidimensionalen Grundbereich.

Sympathievektor

Die Zugehörigkeiten $\mu_j(\underline{x}_i)$ der Objekte $\underline{x}_i \in \underline{X}$ zu den n unscharfen Mengen einer
Partition **p** auf $\underline{X}$ bestimmen seinen Sympathievektor $\underline{\mu}(\underline{x}_i)$ zu

$$\underline{\mu}(x_i) = (\mu_1(\underline{x}_i), \mu_2(\underline{x}_i), \ldots, \mu_n(\underline{x}_i))^T. \tag{2.1}$$

Bemerkungen

1. Die linguistische Bewertung der Elemente des Grundbereichs erfolgt zunächst heuristisch durch Experten. Sie reflektiert intuitive und subjektive Entscheidungskriterien. Die Formen der ZGF können anschließend nach mathematischen Methoden optimiert werden, beispielsweise mit Hilfe Künstlicher Neuronaler Netzwerke oder Genetischer Algorithmen.

2. Alternative Schreibweisen zur Darstellung unscharfer Mengen A sind bei diskreter Grundmenge $\underline{X}$ mit n Elementen $\underline{x}_i$

$$A_d = \sum_{i=1,...,n} \mu_A(\underline{x}_i) / \underline{x}_i,$$

und bei kontinuierlicher Grundmenge $\underline{X}$

$$A_k = \int_{\underline{X}} \mu_A(\underline{x}) / \underline{x}.$$

3. Falls eine normalisierte unscharfe Menge nur ein Element enthält, spricht man auch von einem *Singleton*. Sie stellt dann eine skalare Zahl dar.

4. Einfache ZGF umfassen scharfe Intervalle, Singletons, Dreiecks-, Trapez-, Gauß- und Sigmoidfunktionen.

Entropiemaß der Unschärfe

Es wurden zahlreiche Metriken zur Bemessung der Unschärfe von unscharfen Mengen vorgeschlagen (z.B. [Sug77], [DP88], [WK92]). Als einfaches Beispiel soll das Shannon'sche Entropiemaß E(A) vorgestellt werden. Maximale Unschärfe einer unscharfen Menge A ist für $\mu_A(\underline{x}) = \frac{1}{2}$ ($\forall \underline{x} \in \underline{X}$) gegeben. Die Unschärfe wird bei partiell steil verlaufender ZGF als größer angesehen. E(A) wird berechnet mit

$$E(A) = 1/N \sum_{i=1,...,N} S[\mu_A(\underline{x}_i)] \quad \text{und} \qquad (2.2\ a)$$

$$S[\mu_A(\underline{x})] = \mu_A(\underline{x}) \log_2 [\mu_A(\underline{x})] + [1-\mu_A(\underline{x})] \log_2[1-\mu_A(\underline{x})]. \qquad (2.2\ b)$$

Da ZGF mit steilen Anstiegen relativ wenige Zugehörigkeitswerte $\mu(\underline{x}) \approx \frac{1}{2}$ enthalten, wird die Unschärfe E(A) für solche ZGF kleiner.

Im folgenden werden einige wichtige Definitionen zur Beschreibung und Verknüpfung unscharfer Mengen festgelegt. Weiterführende Darstellungen sind beispielsweise bei [TAS92], [Zim94], [Bot95] zu finden.

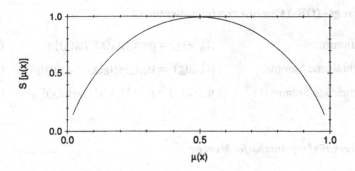

Abb. 2.5. Normalisierte Entropiefunktion S[μ(x̲)].

2.1.2 Operationen auf unscharfen Mengen

Da in den bereits angedeuteten unscharfen IF...THEN...-Regeln zur Systembeschreibung verbale *linguistische* Operatoren AND, OR, NOT auftreten können, sind Möglichkeiten zur mathematischen Umsetzung der Grundoperatoren *Durchschnitt, Vereinigung* und *Komplementbildung* bei unscharfen Mengen entwickelt worden. Die folgenden häufig verwendeten Operationsvorschriften sind punktweise für alle Elemente x̲ des Grundbereichs X̲ durchzuführen. Sie lassen sich, wie beispielsweise bei [Bot95] oder [Zim91] beschrieben, in die Klassen der t-Norm- (AND) oder t-Konorm-Operatoren (OR) einordnen.

Komplement- (NOT-) Operatoren (erweitertes ^{C})

$$[\mu_A(x̲)]^c = \frac{1 - \mu_A(x̲)}{1 + \lambda \cdot \mu_A(x̲)} \quad , \quad -1 > \lambda > \infty \qquad (2.3)$$

mit dem sehr häufig verwendeten Sonderfall $\lambda = 0$: $[\mu_A(x̲)]^c = 1 - \mu_A(x̲)$.

Durchschnitts- (AND-) Operatoren (erweitertes $\wedge$)

Minimum:	$\mu_{A \cap B}(x̲) = \min[\mu_A(x̲), \mu_B(x̲)]$	(2.4 a)
Algebraisches Produkt:	$\mu_{A*B}(x̲) = \mu_A(x̲) * \mu_B(x̲)$	(2.4 b)
Beschränktes Produkt:	$\mu_{A \cap B}(x̲) = \max[0, \mu_A(x̲) + \mu_B(x̲) - 1]$	(2.4 c)

Vereinigungs- (OR-) Operatoren (erweitertes ∨)

Maximum: $\mu_{A \cup B}(\underline{x}) = \max\,[\mu_A(\underline{x}),\,\mu_B(\underline{x})]$ (2.5 a)

Algebraische Summe: $\mu_{A*B}(\underline{x}) = \mu_A(\underline{x}) + \mu_B(\underline{x}) - \mu_A(\underline{x}) * \mu_B(\underline{x})$ (2.5 b)

Beschränkte Summe: $\mu_{A \cup B}(\underline{x}) = \min\,[1,\,\mu_A(\underline{x}) + \mu_B(\underline{x})]$ (2.5 c)

Beispiel: *Verknüpfung unscharfer Mengen*

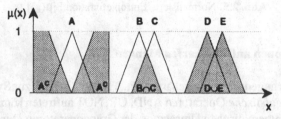

Abb. 2.6. Verknüpfungsergebnisse für unscharfe Mengen A, B, C, D und E auf einer skalaren Grundmenge X.

Wie leicht nachzurechnen ist, gelten für das λ-Komplement das Gesetz der doppelten Negation $\forall \underline{x} \in \underline{X}$

$$\mu_A^{cc}(\underline{x}) = \mu_A(\underline{x})\ \forall \underline{x} \in \underline{X}\tag{2.6}$$

sowie zusammen mit AND- und OR-Operatoren die beiden de Morganschen Gesetze:

$$AND^c\,[\mu_A(\underline{x}),\,\mu_B(\underline{x})] = OR\,[\mu_A{}^c(\underline{x}),\,\mu_B{}^c(\underline{x})]\ \text{und}\tag{2.7a}$$

$$OR^c\,[\mu_A(\underline{x}),\,\mu_B(\underline{x})] = AND\,[\mu_A{}^c(\underline{x}),\,\mu_B{}^c(\underline{x})].\tag{2.7b}$$

Die Komplementaritätsbedingungen

$$AND\,[\mu_A(\underline{x}),\,\mu_A{}^c(\underline{x})] = 0\ \ \text{und}\ \ OR\,[\mu_A(\underline{x}),\,\mu_A{}^c(\underline{x})] = 1\tag{2.7c}$$

gelten $\forall \underline{x} \in \underline{X}$ nur für das beschränkte Produkt und die beschränkte Summe.

Bemerkungen

1. Die am häufigsten verwendete Komplementbildung ergibt sich für $\lambda=0$:

$$\mu_A{}^c(\underline{x}) = 1 - \mu_A(\underline{x}) \qquad \forall \underline{x} \in \underline{X}$$

2. Das beschränkte Produkt wird in einigen Literaturstellen auch 'beschränkte Differenz' genannt.

3. Neben den oben definierten Verknüpfungen existieren auch parametrische Varianten zur Umsetzung von AND und OR, wie beispielsweise das Kompensatorische AND, bei denen das Ergebnis noch von einem einstellbaren Parameter abhängig ist. Es gilt

$$\mu_{A \lozenge B}(\underline{x}) = \mu_{A*B}(\underline{x})^{1-g} * \mu_{A+B}(\underline{x})^g$$

mit dem Kompensationsgrad $g \in [0,1]$. Bei Variation von $g \in [0,1]$ kann das kompensatorische AND kontinuierlich im Bereich zwischen der algebraischen Summe ($g \approx 1$) und dem algebraischen Produkt ($g \approx 0$) eingestellt werden.

Wenn die zu verknüpfenden unscharfen Mengen auf jeweils unterschiedlichen Grundbereichen $X_1, ..., X_n$ definiert sind, lassen sich die bisher definierten Operatoren formal nicht anwenden. Mit Hilfe des kartesischen Produkts kann statt dessen ein neuer Definitionsbereich geschaffen werden, auf dem sich die gewünschten Verknüpfungen durchführen lassen.

Unscharfes kartesisches Produkt (fuzzy cartesian product)

Es seien die unscharfen Mengen $A_1, ..., A_n$ auf den Grundbereichen $X_1, ..., X_n$ gegeben. Dann ist das kartesische Produkt $K_P = A_1 \otimes A_2 \otimes ... \otimes A_n$ eine unscharfe Menge im Produktraum $X_1 \times X_2 \times ... \times X_n$ mit den Elementen $\underline{x} = (x_1, x_2, ..., x_n)$ und deren Zugehörigkeitswerten

$$\mu_{K_P}(\underline{x}) = \mu_{K_P}(x_1, x_2, ..., x_n) = \min [\mu_{A1}(x_1), \mu_{A2}(x_2), ..., \mu_{An}(x_n)]. \quad (2.8)$$

Bemerkungen

1. Der Vektor $\underline{x}$ (z.B. als Merkmalsvektor eines zu klassifizierenden Objekts) gehört also so sehr zu $A_1 \otimes ... \otimes A_n$ wie die Komponente $x_i \in X_i$ mit dem kleinsten Zugehörigkeitswert $\mu_i(x_i)$.

2. Das kartesische Produkt bildet die Grundmenge für alle möglichen unscharfen Relationen r oder Funktionen f zwischen Variablen A_l auf X_l.

3. Im Fall scharfer Mengen A_i legt das kartesische Produkt $A_1 \otimes ... \otimes A_n$ die Menge aller im Grundbereich 'existierenden' Tupel $(x_1, ..., x_n)$ fest. Im Fall unscharfer Mengen werden diese Tupel mit einem Zugehörigkeitswert $\mu(x_1,...,x_n) = \min[\mu_1(x_1),...,\mu_n(x_n)]$ gewichtet. Falls eines der Objekte x_i nicht zur entsprechenden Menge A_i gehört, d.h. $\mu_i(x_i)=0$, gehört keines der entsprechenden Tupel $(x_1 ...,x_i,...,x_n)$ zum unscharfen kartesischen Produkt $A_1 \otimes ... \otimes A_n$.

Beispiel 1: *Unscharfes kartesisches Produkt*

Es seien zwei unscharfe Mengen A_1und A_2 mit dreieckförmigen ZGF gegeben. Die ZGF des kartesischen Produkts läßt sich dann gemäß Abbildung 2.7 darstellen.

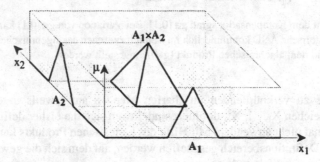

Abb. 2.7. ZGF des unscharfen kartesischen Produkts $A_1 \otimes A_2$.

Beispiel 2: *Unscharfes kartesisches Produkt*

Es seien zwei unscharfe Mengen A_1und A_2 gegeben mit

$$A_1 = \{(x_1; \mu_{A1}(x_1)) \mid \forall x_1 \in \mathbb{R}: \mu_{A1}(x_1) = \min [1, x_1]\},$$

$$A_2 = \{(x_2; \mu_{A2}(x_2)) \mid \forall x_2 \in \mathbb{R}: \mu_{A2}(x_2) = \min [1, x_2]\}.$$

Die Elemente des kartesischen Produkts $K_P = A_1 \otimes A_2$ sind Wertepaare $\underline{x} = (x_1, x_2)$ auf dem Grundbereich $\mathbb{R}^2$ mit den Zugehörigkeitswerten

$$\mu_{K_P}(\underline{x}) = \min [1, x_1, x_2].$$

2.1.3 Linguistische Variablen

Die Partitionierung des Grundbereichs kann mit Hilfe einer *Linguistischen Variablen* (LV) formal beschrieben werden, deren Werte nicht Zahlen, sondern Symbole wie *klein*, *mittel* oder *groß* sind. Auf Grund ihrer verbalen Natur lassen sich diese Symbole oder Terme etwa mit Hilfe der ZGF $\mu_{klein}(x)$, $\mu_{mittel}(x)$ oder $\mu_{groß}(x)$ auf einen Grundbereich $X \subset \mathbb{R}$ abbilden.

Auch auf diese symbolischen, verbalen oder *linguistischen* Werte lassen sich Operationen anwenden. Der Operator *nicht* kann mit der schon besprochenen Komplementbildung nachgebildet werden. Weitere Operatoren sind Konzentration und Dilatation. Ein Konzentrationsoperator reduziert niedrige Zugehörigkeitswerte prozentual stärker als hohe, selektiert stärker und kann als verbaler *sehr*-Operator angesehen werden. Eine übliche Konzentrationsoperation ist

$$klein \rightarrow sehr\ klein:\quad \mu_{con(klein)}(x) = \mu_{klein}^{2}(x)\ \forall x \in X.$$

Dilatationsoperatoren verstärken dagegen eher niedrige als hohe Zugehörigkeitswerte und können als *mehr-oder-weniger*-Operatoren interpretiert werden. Eine übliche, zu $\mu_{con(A)}(x)$ duale Dilatationsoperation ist

$$klein \rightarrow recht\ klein:\quad \mu_{dil(klein)}(x) = \mu_{klein}^{2}(x)\ \forall x \in X.$$

Der Einfluß von Konzentration und Dilatation auf die drei ZGF der Terme *klein*, *mittel* und *groß* einer linguistischen Variablen ist in Abbildung 2.8 dargestellt.

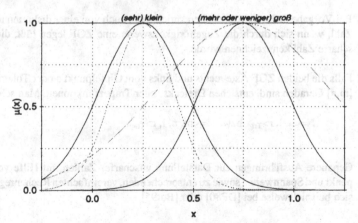

Abb. 2.8. Einfluß von Konzentration und Dilatation.

2.1.4   Unscharfe Zahlen und das Erweiterungsprinzip

Wenn die ZGF unscharfer Mengen auf der Grundmenge der reellen Zahlen $\mathbb{R}$ definiert sind und bestimmte zusätzliche Forderungen erfüllen, kann man auch von unscharfen Zahlen sprechen. Diese spielen als mögliche Werte der Ein- und Ausgangsgrößen oder bestimmter Systemparameter eine Rolle. Beispielsweise werden Künstliche Neuronale Netze vorgeschlagen, die unscharfe Zahlen als Gewichte verwenden. Im folgenden werden Definition, Notation sowie einige elementare Rechenregeln nach dem Vorschlag von [DP80] dargestellt.

Unscharfe Zahl, unscharfes Intervall (fuzzy number, fuzzy intervall)

Eine unscharfe Menge N auf der Grundmenge $\mathbb{R}$ ist eine unscharfe Zahl, wenn seine ZGF $\mu_N(x)$ genau ein Maximum bei x=a besitzt, und wenn $\mu_N(a) = 1$ gilt. Die Stelle a heißt *Gipfelpunkt* von N. Falls $\mu_A(x_o)=1$ in genau einem zusammenhängenden Intervall [n,m] gilt, ist N ein unscharfes Intervall mit dem Toleranzbereich [n,m].

Die Unschärfe ist durch die beiden Werte $l, r \in \mathbb{R}$, die linke und rechte *Spannweite*, bestimmt. Für dreiecksförmige ZGF gilt beispielsweise

$$\mu_N(a-l) = \mu_N(a+r) = 0 \quad \text{oder} \quad \mu_N(m-l) = \mu_N(n+r) = 0 . \qquad (2.9)$$

Bemerkungen

1. Bei Vorgabe diskreter Stützstellen spricht man auch von einer diskreten unscharfen Zahl, wenn sich durch die Zugehörigkeitswerte eine ZGF legen läßt, die eine unscharfe Zahl kennzeichnen würde.

2. Falls die beiden ZGF-Äste rechts und links vom Gipfelpunkt a oder Toleranzbereich [m,n] Geraden sind, entstehen Dreiecks- oder Trapezfunktionen. Man schreibt

   $N=<a, l, r>_{Tri}$ bzw. $I=<m, n, l, r>_{Trap}$.

3. Genauere Ausführungen zur Darstellung unscharfer Zahlen mit Hilfe von Gipfelpunkt und Spannweiten sowie zu entsprechenden, vereinfachten Rechenregeln finden sich beispielsweise bei [DP80] oder [Bot95].

Um mit unscharfen Zahlen rechnen zu können, insbesondere auch Abbildungen und Funktionen festlegen und berechnen zu können, werden die Rechenregeln zwischen scharfen Zahlen auf den Bereich der unscharfen Zahlen erweitert.

Es existieren mehrere alternative Definitionsvorschläge; hier wird das in seiner ersten Version von Zadeh in [Zad73] vorgeschlagene 'Erweiterungsprinzip' vorgestellt. Entscheidend für alle Varianten ist, daß bei Reduktion der verwendeten unscharfen Zahlen auf Singletons (als Vertreter scharfer Zahlen) die bekannten Rechengesetze weiterhin gültig bleiben. In diesem Sinne handelt es sich also nicht um eine Veränderung bestehender Gesetzmäßigkeiten, sondern um eine echte Erweiterung.

Erweiterungsprinzip (*extension principle*)

Gegeben sei eine Abbildung

$$f: X_1^* ... ^* X_n \to Y \text{ mit } y = f(\underline{x}), \underline{x} = (x_1, ..., x_n) \tag{2.10}$$

sowie n unscharfe Mengen $A_i \subset P(X_i)$, i=1,...,n mit den ZGF $\mu_i(x_i)$. Dann ist das Abbildungsergebnis $B = f(\underline{A}) = f(A_1, ..., A_n)$ definiert durch

$$\mu_B(y) = \begin{cases} \sup \min_{x \in Rn: f(x) = y} [\mu_1(x_1), ..., \mu_n(x_n)], & \text{falls } \exists y = f(\underline{x}) \\ 0 & \text{sonst.} \end{cases} \tag{2.11}$$

Das Supremum sup (.) ist dabei der asymptotische Maximalwert. Falls mehrere Vektoren $\underline{x}$ auf dasselbe Ergebnis y abgebildet werden, wird $\mu_B(y)$ durch den größten aller Zugehörigkeitswerte $\mu_{Kp}(\underline{x}) = \min [\mu_1(x_1), ..., \mu_n(x_n)]$ des kartesischen Produkts bestimmt, für den y = f($\underline{x}$) gilt.

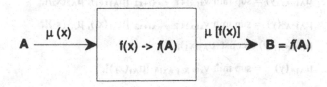

Abb. 2.9. Erweiterungsprinzip.

Beispiel: *Exponentialfunktion*

Gegeben seien die eindimensionale Exponentialfunktion

$$y = f(x) = \exp\left[-(x-5)^2\right]$$

und die unscharfe Menge

$$A = \{(3;0.1),\ (4;0.4),\ (5;0.5),\ (6;1),\ (7;0.3)\}.$$

Nach dem Erweiterungsprinzip läßt sich f auf **A** anwenden. Die Werte $x_1=3$ und $x_2=7$ beziehungsweise $x_3=4$ und $x_4=6$ führen jeweils zu gleichen Abbildungsergebnissen. Zur Bildung von **B** wird jeweils der größere Zugehörigkeitswert übernommen. Damit ergibt sich

$$B = f(A) = \{\exp[-4];0.3),\ (\exp[-1];1),\ (1;0.5)\}.$$

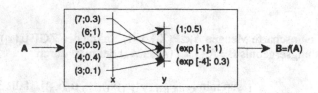

Abb. 2.10. Beispiel einer erweiterten Potenzierung **B** = *exp* (A).

Beispiel: *Erweiterte Grundrechenarten*

Mit den unscharfen Zahlen A_1, $A_2 \in \mathbb{R}$ und der reellen Zahl a werden die erweiterte Addition, Multiplikation und Potenzierung wie folgt berechnet:

$$\mu_{A1+A2}(y) = \sup \min \forall_{x1,x2 \in \mathbb{R}:\ y = x1+x2}\ [\mu_{A1}(x_1),\ \mu_{A2}(x_2)],$$

$$\mu_{A1 \bullet A2}(y) = \sup \min \forall_{x1,x2 \in \mathbb{R}:\ y = x1+x2}\ [\mu_{A1}(x_1),\ \mu_{A2}(x_2)],$$

$$\mu_{const \bullet A1}(y) = const \cdot \mu_{A1}(x_1),$$

$$\mu_{A1^a}(y) = \sup \min \forall_{x1 \in \mathbb{R}:\ y = x1^a}\ [\mu_{A1}(x_1)],$$

Eine einfache Möglichkeit zur Interpretation des Erweiterungsprinzips verdeutlicht die folgende Abbildung 2.11. Wenn die einzelnen Eingangsvektoren $\underline{x}_i$ mit Zugehörigkeitswerten $\mu_A(\underline{x}_i) \in [0,1]$ versehen sind, sind auch die jeweiligen Abbildungsergebnisse y nach Zugehörigkeit $\mu_B(y)$ zu bewerten.

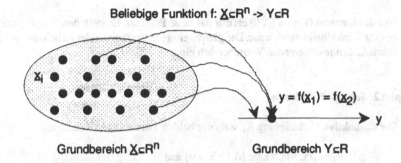

Abb. 2.11. Abbildung von Eingangsvektoren $\underline{x}_i$ auf Ergebniswerte y.

Es entsteht eine unscharfe Ausgangsmenge **B**. Das Erweiterungsprinzip legt $\mu_B(y)$ auch für den Fall eindeutig fest, daß unterschiedliche Objekte $(\underline{x}_i)$ mit unterschiedlichen Zugehörigkeitswerten $\mu_A(\underline{x}_i)$ auf gleiche Werte y abgebildet werden.

2.1.5 Unscharfe Relationen

Relationen stellen Beziehungen zwischen Objekten her, also beispielsweise zwischen Zahlen. Zweistellige Relationen R^2 lassen sich durch Paarmengen darstellen, die auf dem kartesischen Produkt X×Y der einzelnen Grundmengen X und Y definiert sind. Sie werden durch Prädikate der Form ('=', '>', '<', '=1') erzeugt und nehmen Werte $R \in \{0,1\}$ an. Mehrere Relationen R_1, R_2, ... können durch logische Verknüpfung ihrer Prädikate miteinander verbunden werden. Relationen vergleichen die im kartesischen Produkt als existierend festgelegten Wertetupel miteinander.

Beispiel 1: *Scharfe Relationen*

Die zweistelligen Relationen

$$R_{WH1} = \{(x, y) \mid \forall x,y \in \mathbb{R}: y = -x\} \text{ und } R_{WH2} = \{(x, y) \mid \forall x,y \in \mathbb{R}: y = x\}$$

können als Mengen aller Wertepaare (x, y) aufgefaßt werden, die auf den beiden Winkelhalbierenden des kartesischen Koordinatensystems in $\mathbb{R} \times \mathbb{R}$ liegen.

Die konjunktive Verknüpfung der beiden zugrundeliegenden Prädikate liefert als Ergebnis die Relation

$$R_{RESULT} = R_{WH1} \wedge R_{WH2} = \{(x, y) \mid \forall x,y \in \mathbb{R}: \ (y=x) \wedge (y=-x)\} = \{(0, 0)\}.$$

Nur das Element $(x, y) = (0, 0)$ erfüllt das neue Prädikat. Es stellt den Schnittpunkt der beiden Winkelhalbierenden dar. Die gleichzeitige Gültigkeit beider Relationen auf $\mathbb{R} \times \mathbb{R}$ schränkt den resultierenden Wertebereich ein.

Beispiel 2: *Scharfe Relationen*

Die disjunktive Verknüpfung $R_1 \vee R_2$ der beiden zweistelligen Relationen

$$R_1 = \{(x, y) \mid \forall x,y \in [0,1]: x > y\} \text{ und}$$

$$R_2 = \{(x, y) \mid \forall x,y \in [0,1]: y > x\}$$

ist Lösung des besonders im Bereich der Künstlichen Neuronalen Netzwerke diskutierten XOR-Problems, das in Paragraph 3.5 beschriebenen wird. Wenn x und y als Boolsche Variablen aufgefaßt werden, so gilt

$$R_1 \vee R_2 = XOR\ (x, y) = \begin{cases} 0 & \text{wenn } x=y \\ 1 & \text{sonst}. \end{cases}$$

Unscharfe Relationen stellen in Erweiterung der scharfen Relationen unscharfe Beziehungen zwischen Objekten her, also beispielsweise zwischen scharfen oder unscharfen Zahlen.

Unscharfe Relation

Eine unscharfe Relation $\mathbf{R}$ ist eine unscharfe Menge, deren Elemente Wertetupel $(x_1, x_2, ..., x_n)$ mit gradueller Zugehörigkeit sind:

$$\mathbf{R} = \{((x_1,x_2,...,x_n); \mu_R(x_1,x_2,...,x_n)) \mid x_i \in X_i, \mu_R(x_1,x_2,...,x_n) \in [0,1]\}.$$

$$(2.12)$$

$\mathbf{R}$ beschreibt also eine unscharfe Beziehung zwischen Elementen, die auf dem kartesischen Produktraum $X_1 \times ... \times X_n$ definiert sind. Diese Elemente können die x_i selbst oder unscharfe Mengen A_l auf X_i sein.

Im Falle unscharfer Mengen A_l muß die Hyperfläche $\mu_R(x_1,x_2,\ldots,x_n)$ unterhalb derer des entsprechenden unscharfen kartesischen Produkts $\mu_{KP}(x_1,x_2,\ldots,x_n)$ liegen, also mit $\underline{x} = (x_1,x_2,\ldots,x_n)$

$$\mu_R(\underline{x}) \leq \mu_{KP}(\underline{x}). \tag{2.13}$$

Bemerkung

Diese Forderung bedeutet, daß die Zugehörigkeiten von $\underline{x}$ zum unscharfen kartesischen Produkt nicht durch Anwendung einer unscharfen Relation **R** vergrößert werden können. Dies gilt insbesondere auch, wenn **R** das Eingangs-Ausgangs-Übertragungsverhalten einer Blackbox nach Abbildung 2.9 beschreibt, wobei dann ohne Beschränkung der Allgemeinheit $y = x_n$ als Ausgangsvariable angenommen sei.

Beispiel: *Unscharfe Relationen*

Als Beispiel für eine unscharfe Relation **R** dient das Prädikat ($\approx$), das eine Einheitsverstärkung $B/A\approx1$ im Übertragungsverhalten eines Blackbox-Systems darstellt. Der Ausdruck $A\approx B$ für zwei Mengen $A,B \subset X$ bedeutet, daß die Einzelelemente $x \in X$ ähnlich zu A wie zu B gehören, d.h. $\forall x \in X: \mu_A(x)\approx\mu_B(x)$. Dies gilt erweitert auch für unscharfe Mengen $A\approx B$. Diese Ungleichung kann auch in Form einer unscharfen Relation zwischen Elementen x_A und $y=x_B$ dargestellt werden:

$$R = \{((x_A,y); \mu(x_A,y)) \mid \mu(x_A,y)\approx1 \text{ für } y\approx x_A \}.$$

In Abbildung 2.12 ist beispielhaft eine *passende* ZGF für das Prädikat ($\approx$) mit $\mu_R(x_A,x_B) = \exp[-(x_A-x_B)^2]$ dargestellt.

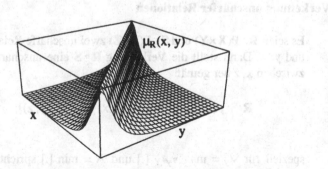

Abb. 2.12. Unscharfe Relation **R** zur Darstellung von $A\approx B$.

Abbildung 2.13 zeigt zwei weitere typische Anwendungen, einen Klassifizierer zur Lösung des Zweiklassenproblems mit quasibinärer Entscheidungsfindung sowie einen allgemeinen Klassifizierer, der auch als Basisbaustein zur unscharfen Approximation von Funktionen verwendet wird.

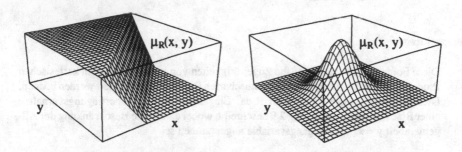

Abb. 2.13-14. Zweiklassenproblem und Klassifikator oder Basiseinheit
zur Funktionsapproximation.

Bemerkung

Zweistellige unscharfe Relationen $R = \{((x_1,x_2); \mu(x_1,x_2))|\ x_1 \in X_1,\ x_2 \in X_2\}$ können in Matrixform dargestellt werden, wenn X_1 und X_2 abzählbar viele Elemente x_1 und x_2 enthalten.

Auch unscharfe Relationen auf unterschiedlichen Grundbereichen können miteinander verknüpft werden, wenn eine vermittelnde Variable vorhanden ist.

Verkettung unscharfer Relationen

Es seien $R \in P(X \times Y)$ und $S \in P(Y \times Z)$ zwei unscharfe Relationen zwischen x, y und y, z. Dann stellt die Verkettung $R \circ S$ eine unscharfe Relation auf $X \times Z$ zwischen x, z her gemäß

$$R \circ S:\ \mu_{R \bullet S}\,(x, z) = \vee_y\,[\mu_R\,(x, y) \wedge \mu_S\,(y, z)]; \qquad (2.14)$$

speziell für $\vee_y = \max\ \forall_{y \in Y}\,[.]$ und $\wedge = \min\,[.]$ spricht man von max-min-Verkettung. Die Maximumbildung wird verwendet, da mehrere mögliche Werte y ein erfolgreiches Abbilden von x-Werten auf z-Werte ermöglichen können.

Wenn $\wedge$ mit Hilfe des algebraischen Produkts ($\cdot$) dargestellt wird, entsteht die Max-Prod-Verkettung

$$R_{\blacktriangle}S: \mu_{R_{\blacktriangle} S}(x, z) = \vee_y [\mu_R(x, y) \cdot \mu_S(y, z)]. \qquad (2.15)$$

Bemerkung

Es seien $R \in P(X \times Y)$ und $S \in P(Y \times Z)$ unscharfe Relationen zwischen jeweils abzählbar vielen Elementen. Dann kann die Verkettung $R \circ S$ als Matrizenoperation dargestellt werden. Die *Max-Min-Verkettung* kann beispielsweise nach dem Schema der gewöhnlichen Matrizenmultiplikation berechnet werden, wobei die Multiplikation durch Minimumbildung und die Addition durch Maximumbildung zu ersetzen sind.

Beispiel: *Verkettung zweier unscharfer Relationen als Matrizenoperation*

Es seien $R = P(X \times Y)$ und $S = P(Y \times Z)$ mit $X = \{x_1, x_2\}$, $Y = \{y_1, y_2, y_3\}$ und $Z = \{z_1, z_2\}$. Mit den Zugehörigkeitsmatrizen

$\mu_R(x, y)$:	y_1	y_2	y_3
x_1	0.4	0.5	0
x_2	0.8	1	0.2

$\mu_S(y, z)$:	z_1	z_2
y_1	0.4	0.7
y_2	0	1
y_3	0.1	0.5

ergibt sich das *Max-Min*-Verkettungsprodukt

$\mu_R(x, y) \circ \mu_S(y, z)$:	z_1	z_2
x_1	0.4	0.4
x_2	0.1	0.2

2.2 Übertragungsverhalten von Fuzzy-Systemen

Wenn Fuzzy-Methoden zur Systembeschreibung benutzt werden sollen, wird das Übertragungsverhalten nicht durch ein Gleichungssystem, sondern mit Hilfe verbaler unscharfer IF...THEN...-Regeln ausgedrückt. Diese Regeln werden zu einer *Regelbasis* zusammengefaßt. Das Übertragungsverhalten des Systems ist damit nicht exakt, sondern unscharf festgelegt.

Bei einer Beschreibung der Regelunschärfen durch Intervalle würden scharfe Eingangswerte auf scharfe Ausgangsintervalle abgebildet. Eine unscharfe Systembeschreibung mit Hilfe unscharfer Mengen erzeugt dementsprechend unscharfe Ausgangsmengen. Die zusätzliche Information der Expertenbewertung pflanzt sich also auf den Ausgang fort.

Zur Beschreibung eines unscharfen Systems müssen zunächst die beteiligten linguistischen Variablen bestimmt und die Variabilitätsbereiche mit Hilfe von unscharfen Mengen partitioniert werden. Anschließend werden die Übertragungsregeln von Experten aufgestellt oder in einem automatischen Prozeß generiert. Dabei können unterschiedliche Regeltypen verwendet werden, die den Schlußfolgerungs- oder Inferenzmechanismus mitbestimmen. Zwei Beispiele mit linguistischen Variablen x_1, x_2 und y sind im folgenden dargestellt:

$$\text{Typ 1: } \text{IF } x_1 = A_1 \quad \text{AND } x_2 = A_2 \quad \text{THEN } y = B, \qquad (2.16a\text{-}b)$$

$$\text{Typ 2: } \text{IF } x_1 = A_1 \quad \text{AND } x_2 = A_2 \quad \text{THEN } y = f(x_1, x_2) \,.$$

Im ersten Fall wird einem unscharfen Arbeitspunkt $(x_1,x_2) = (A_1,A_2)$ ein unscharfer Wert y=B zugeordnet, im zweiten ein von den konkreten Eingangsgrößen x_1 und x_2 abhängiges Model $y = f(x_1, x_2)$, das zur Beschreibung dynamischen Verhaltens auch Differentiale enthalten kann.

Numerische Zahlenwerte lassen sich in Form von Singletons in die Verarbeitung integrieren. Sowohl die Regelanzahl als auch die Form und Lage der ZGF ist zunächst unbekant. Bei deren Festlegung ist insbesondere darauf zu achten, daß die Partitionierung der Eingangsgrößen x_i vollständig erfolgt, d.h. alle möglichen numerischen Eingangswerte wenigstens einer ZGF zugeordnet werden können. Gute Resultate für dreieckförmige ZGF werden in der Regel erzielt, wenn sich benachbarte ZGF beim Zugehörigkeitswert 0.5 überschneiden. Bereiche der Partitionierung mit dichter Lage der ZGF erlauben - wie in Abb. 2.15 angedeutet - eine höhere Auflösung und führen über ein feiner abstimmbares Regelwerk zu einer differenzierteren Reaktionsbereitschaft.

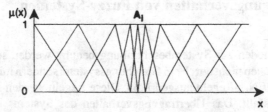

Abb. 2.15. Inhomogene Partitionierung eines eindimensionalen Grundbereichs.

2.2.1 Fuzzy-Systeme als Approximatoren

Unscharfe Systeme können als universelle Approximatoren angesehen werden, sie können also jede reelle stetige Funktion infinitesimal genau nachbilden. Im allgemeinen wird dabei eine infinite Anzahl von Regeln vorausgesetzt. Eine ausführliche Beweisführung ist beispielsweise bei [Wan94] angegeben. Die Genauigkeit der Approximation steht in Konkurrenz zur Interpretierbarkeit des resultierenden Übertragungsverhaltens, das bei geringer Regelanzahl größer wird.

Unscharfe IF...THEN...-Regeln vom Typ (2.16a) können als unscharfe Relationen interpretiert werden, die zur Funktionsapproximation dienen. Ein schematisches Diagramm mit einer Eingangs- und einer Ausgangsgröße ist in Abbildung 2.15 gezeigt.

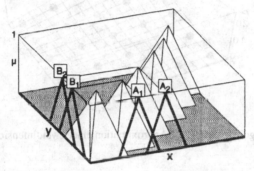

Abb. 2.16. Fuzzy-System als Approximator einer eindimensionalen Kurve.

Zur Festlegung der Regelbank

$$\text{IF}\quad x=A_l\quad \text{THEN}\quad y=B_l \tag{2.17}$$

werden die unscharfen Arbeitspunkte (A_l, B_l) auf der zu approximierenden Kurve angeordnet; die Regeln sind durch jeweils eine von A_l und B_l abhängige unscharfe Relation $R_l = R_l\,(A_l, B_l)$ repräsentiert.

Jede Regel ordnet dem unscharfen Eingangswert einen unscharfen Ausgangswert zu. Im Raum der Ein- und Ausgangswerte entstehen Gebiete, innerhalb deren die Punkte mehr oder weniger stark zu der Regeln gehören. Man spricht von *unscharfen Punkten*. Die Aneinanderreihung ineinandergreifender unscharfer Punkte bestimmt den Kurvenzug der zu approximierenden Funktion. Zum Erzeugen scharfer

Kurvenzüge ist eine geeignete Defuzzifikationsmethode auszuwählen (siehe unten). In Abbildung 2.16 bestimmt die Maximummethode die höchste Höhenlinie des Zugehörigkeitsgebirges.

Bei einem System mit zwei Eingangswerten x_1, x_2 und einem Ausgangswert y entsteht nach Abbildung 2.17 das anschauliche Bild einer Kennfeldfläche, wie sie aus der Regelungstechnik bekannt ist. Die Genauigkeit der Approximation läßt sich auch hier durch Erhöhen der Punktzahl und Variation der ZGF verbessern.

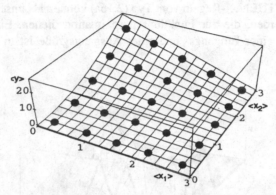

Abb. 2.17. Regelplazierung zur Approximation einer zweidimensionalen Kurve.

Die grauen Kreisflächen repräsentieren die Orte im Eingangs-Ausgangswerte-Raum, an denen die Maxima der ZGF liegen. Die Zugehörigkeitswerte wären hier in der vierten Dimension zu zeichnen.

Bemerkung

> In vielen Fällen wie beispielsweise beim Reglerentwurf für komplexe nichtlineare Systeme ist die zu approximierende Hyperfäche (Kennfeld des Reglers) unbekannt. Bei Vorgabe einer gewünschten Regelanzahl bedeutet die Optimierung des Entwurfs die Justierung der entsprechenden unscharfen Relationen, bis das gewünschte Gesamtübertragungsverhalten erreicht ist. Die Überlappungen der einzelnen unscharfen Relationen bestimmen dabei das Interpolationsverhalten des Gesamtsystems. Falls bereits ein funktionierender Regler mit einer geringen Anzahl eigener freier Einstellparameter (wie beispielsweise ein PI-Regler) existiert, werden die unscharfen Punkte auf der Hyperfläche des existierenden Regler-Kennfeldes angebracht und interaktiv oder mit Hilfe eines automatischen Adaptionsprozesses optimiert. Dazu lassen sich Lernstrategien verwenden, wie sie aus dem Bereich der Künstlichen Neuronalen Netzwerke bekannt sind. Wenn das unscharfe System neu entworfen wird, dann kann der Entwurfsvorgang jedenfalls einfach interpretiert werden.

Ein vollständiges Verfahren zur Systemapproximation, wie es in der Regelungstechnik oder Systemidentifikation verwendet werden kann, ist mit Eingangskodierung, Fuzzy-Inferenzmaschine (regelbasierte Datenverarbeitung) und Defuzzifikation
in Abbildung 2.18 dargestellt.

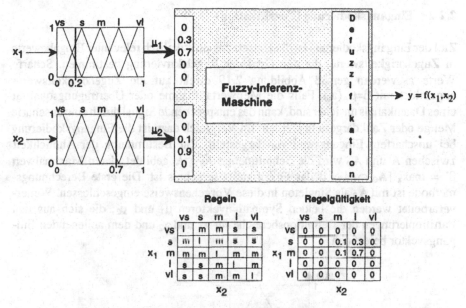

Abb. 2.18. Blockdiagramm der Signalverarbeitung in einem unscharfen System.

Die Systembeschreibung ist durch die abgebildete Regelbank gegeben. Die Eingangskodierung setzt gemessene Eingangssignale x_1 und x_2 in Sympathievektoren
$\mu_1 = (0\ \ 0.3\ \ 0.7\ \ 0\ \ 0)^T$ und $\mu_2 = (0\ \ 0\ \ 0.1\ \ 0.9\ \ 0)^T$ um und aktiviert einzelne
vorgegebene Regeln (i) mit einem Faktor β_i. Im Beispiel nach Abbildung 2.18
werden vom aktuell anliegenden Eingangsvektor x die folgenden vier Regeln
aktiviert:

$$IF\ x_1 = s\ \ AND\ x_2 = m\ \ THEN\ y = m\ \ mit\ \beta = 0.1$$

$$IF\ x_1 = s\ \ AND\ x_2 = l\ \ THEN\ y = s\ \ mit\ \beta = 0.3$$

$$IF\ x_1 = m\ AND\ x_2 = m\ \ THEN\ y = l\ \ mit\ \beta = 0.1$$

$$IF\ x_1 = m\ AND\ x_2 = l\ \ THEN\ y = m\ \ mit\ \beta = 0.7\ .$$

Die Fuzzy-Inferenzmaschine leitet daraus einen unscharfen Ausgangswert ab, der durch Defuzzifikation in einen scharfen Ausgangswert $y=f(x_1,x_2)$ umgewandelt wird. Diese drei Schritte werden im folgenden genauer beschrieben.

2.2.2 Eingangskodierung (Fuzzifikation)

Ziel der Eingangskodierung ist die Umsetzung physikalisch relevanter Eingabewerte in Zugehörigkeitswerte, die den Grad der Regelaktivierung bestimmen. Scharfe Werte a_0 werden gemäß Abbildung 2.19 direkt auf die Zugehörigkeitswerte abgebildet mit $\beta = \mu_A(a_0)$. Falls die Meßwertaufnahme oder Übertragungsqualität eines Datenkanals unsicher sind, kann das entsprechende Signal durch eine unscharfe Menge oder Zahl dargestellt werden. Im Vergleich dazu ist die Eingangskodierung bei unscharfem Eingangswert A_0 dargestellt. Zur Bestimmung der Ähnlichkeit zwischen A und A_0 wird die Schnittmenge $A_0 \cap A$ gebildet, deren Maximalwert $\beta' = \max_x [A_0 \cap A] > \beta$ das Fuzzifikationsergebnis ist. Die erste Berechnungsmethode ist mit A_0 als Singleton in diese Vorgehensweise eingeschlossen. Weiterverarbeitet werden die beiden Sympathievektoren μ_1 und μ_2, die sich aus den Partitionierungen der Definitionsbereiche für x_1 und x_2 und dem anliegenden Eingangsvektor berechnen.

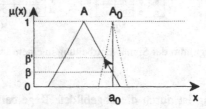

Abb. 2.19. Eingangskodierung (Fuzzifikation) eines scharfen oder unscharfen Eingabewerts a_0 oder A_0.

2.2.3 Fuzzy-Inferenz durch Approximatives Schließen

In diesem Absatz wird gezeigt, wie eine Fuzzy-Inferenzmaschine auf Eingangswerte reagiert, für deren Abbildung keine expliziten Regeln angegeben sind, für die der Ausgangswert also 'berechnet' werden muß.

Die Variabilitätsbereiche der Eingangs- und Ausgangsbereiche werden auf das Intervall $[-1,1]$ standardisiert, wenn positive und negative Werte zugelassen sind, und auf das Intervall $[0,1]$, falls nur positive Werte möglich sind. Typischerweise werden bis zu sieben linguistische Variablen berücksichtigt, die Partitionen mit drei bis sieben ZGF aufweisen. Bei N Regeln mit jeweils zwei Eingangsgrößen x_1 und x_2 sieht die Regelbasis in disjunktiver Form wie folgt aus:

$$\text{IF } x_1 = A_{1i} \text{ AND } x_2 = A_{2i} \text{ THEN } y = B_i \quad \forall i = 1, \ldots, N. \qquad (2.18)$$

Wenn die aktuellen Eingangswerte die Bedingungswerte der Regeln genau treffen, wird der entsprechende Wert des Konsequenzteils an den Ausgang y weitergeleitet. Bei Zwischenwerten an den Eingängen x_i wird y durch ein Interpolationsverfahren berechnet, das durch die verwendete Inferenzmethode bestimmt ist. Mit der Mamdani-, Larsen-, Takagi-Sugeno- und Tsukamoto-Inferenzmethode werden vier sehr häufig verwendete Verfahren vorgestellt, die sich zur direkten Implementation auf Künstlichen Neuronalen Netzwerken eignen.

Mamdani- und Larsen-Inferenzmethode (*max-min-, max-prod-inference*)

Beide Inferenzmethoden stellen Erweiterungen des 'modus ponens' zum Schlußfolgern in kartesischer Logik dar. Bei einem System mit zwei Eingangsgrößen $x_1 = a_1$ und $x_2 = a_2$ wird der Ausgangswert y=B' beispielsweise nach dem folgenden, zu verallgemeinernden Schema erzeugt:

| Regel: | IF $x_1 = A_1$ AND $x_2 = A_2$ THEN y=B |
| Eingangswerte: | $x_1 = a_1$ $x_2 = a_2$ |

Ausgangswert: y=B' .

Die unscharfe Regel wird als unscharfe Relation **R** auf $X_1 \times X_2 \times Y$ interpretiert, und die unscharfen Eingangswerte $\underline{x} = (x_1, x_2)$ als unscharfe Relation **S** auf $X_1 \times X_2$. Die gewünschte gleichzeitige Gültigkeit von **R** und **S** erlaubt die Anwendung der Verkettungsregeln für unscharfe Relationen, um das unscharfe Ergebnis **B'** zu berechnen, also

$$B' = R \circ A' . \qquad (2.19)$$

Die einfachste Methode zur Bestimmung der unscharfen Relation **R** aus den unscharfen Parametern A_1, A_2 und **B** der Regel besteht in der Anwendung des unscharfen kartesischen Produkts als größtmöglicher unscharfer Relation. Sie heißt Mamdani- oder Max-Min-Inferenzmethode. Wegen der konjunktiven Verknüpfung von x_1 und x_2 im Bedingungteil der Regel ergibt sich **R** als Durchschnitt zweier unscharfer Relationen $\mathbf{R}^1$ und $\mathbf{R}^2$ zu

$$\mathbf{R} = \mathbf{R}^1 \cap \mathbf{R}^2 = (\mathbf{A}_1 \otimes \mathbf{B}) \cap (\mathbf{A}_2 \otimes \mathbf{B}). \qquad (2.20)$$

Die Zugehörigkeitsfunktion für **B'** berechnet sich mit Hilfe der Max-Min-Ver-kettungsregel zu

$$\mu_B(y) = \max{}_{x \in X} \min \left[\mu_R(x_1, x_2, y), \mu_{a1}(x), \mu_{a2}(x) \right] =$$
$$= \max{}_{x \in X} \min \left[\mu_{A1}(x), \mu_{A2}(x), \mu_B(y), \mu_{a1}(x), \mu_{a2}(x) \right] =$$
$$= \min \left[\mu_{A1}(a_1), \mu_{A2}(a_2) \right], \mu_B(y) \right]. \qquad (2.21)$$

Der Wert $\beta = \min \left[\mu_{A1}(a_1), \mu_{A2}(a_2) \right]$ repräsentiert den Aktivierungsgrad β der Regel durch den aktuellen Eingangswertevektor (a_1, a_2) in einer im allgemeinen nicht-linearen Form.

Die Erweiterung dieser Inferenzmethode auf die Wirkung mehrerer Regeln (i), die durch unscharfe Relationen $\mathbf{R}_l$ beschrieben werden, ist in Abbildung 2.20 beispiel-haft für ein unscharfes System $y = f(x)$ mit einer Eingangsvariable x und einer Aus-gangsvariable y dargestellt.

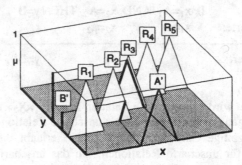

Fig. 2.20. Mamdani-Inferenzmethode mit fünf Regeln $\mathbf{R}_l$ zur Systembeschreibung und Singletons im Konsequenzteil der Regeln.

Die Konsequenzwerte B_i der Regeln sind skalare Zahlen (Singletons). Wie in Abbildung 2.20 dargestellt können mehrere Regeln gleichzeitig aktiviert sein und einen Beitrag zum unscharfen Ausgangswert **B'** leisten. Deshalb wird das Gesamt-ergebnis **B'** als Vereinigung der regelbezogenen Einzelergebnisse B_i' bei aktuellem unscharfen Eingangswert $x = \mathbf{A'}$ nach (2.21) interpretiert.

Bei aktuellem unscharfen Eingangswert x=A' ergibt sich y=B' gemäß

$$
\begin{aligned}
\mu_{B'}(y) &= \max_{i,\,x \in X} \min [\mu_{Rf}(x,y), \mu_{A'}(x)] = \\
&= \max_{i,\,x \in X} \min [\mu_{Ai}(x), \mu_{Bi}(y), \mu_{A'}(x)] = \\
&= \max_{i,\,x \in X} [\mu_{Ai \cap A'}(x)], \mu_{Bi}(y)] = \\
&= \max_{i,\,x \in X} \min [\beta_i, \mu_{Bi}(y)] \; .
\end{aligned}
\tag{2.22}
$$

Die Regelaktivierung ist $\beta_i = \max_{x \in X} [\mu_{Ai \cap A'}(x)]$. Für $\beta_i = 1$ trägt die Regel (i) in vollem Umfang mit B_i' zum unscharfen Ausgangswert $B' = \cup_{(i)} B_i'$ bei. Dieser hängt auch von den Aktivierungen benachbart angeordneter Relationen oder Regeln ab. Wenn der Eingangswert A' kontinuierlich von A_l nach A_{l+1} übergeht, wird der Beitrag B_{l+1}' ein- und der von B_l' ausgeblendet. Deshalb wird (2.22) als Interpolationsformel zwischen benachbarten Regelbeiträgen interpretiert. Bei Anwendung der im folgenden beschriebenen COG-Methode zur Defuzzifikation von B' entstehen stetige, differenzierbare Übergangsbereiche. Die Ergebnisse von Regeln mit gleichem Konsequenzwert B_l liefern durch die Operation $\max_{i,\,\dots}[.]$ ein gemeinsames Teilergebnis '$\max_{x \in X} \min [\beta_i, \mu_{Bi}(y)]$'. Die Häufigkeit entsprechend aktivierter Regeln geht nicht in den Ausgangswert B_l ein.

Defuzzifikation. Zur Verbindung des unscharfen Systems mit der Außenwelt ist ein scharfer Ausgangswert y aus B' abzuleiten. Dafür stehen eine Reihe von Methoden zur Verfügung [Bot95]. Eine Auswahl wird in Abschnitt 2.2.4 beschrieben. Vorab sei die Schwerpunkt- oder Center-of-Gravity-Methode (COG) erläutert. Der defuzzifizierte Ausgangswert y=f(x) wird als gewichteter Mittelwert <y> von $\mu_{B'}(y)$ auf Y interpretiert, normalisiert durch den mittleren Zugehörigkeitswert <$\mu_{B'}(y)$>. Es gilt

$$
y = \frac{\int_Y y\, \mu_{B'}(y)\, dy}{\int_Y \mu_{B'}(y)\, dy} \; .
\tag{2.23}
$$

Wenn $\mu_{B'}(y)$ aus einer Menge gewichteter Singletons y_i besteht wie beispielsweise in Abbildung 2.20, dann vereinfacht sich (2.23) mit $\mu_{Bi'}(y_i) = \beta_i$ zu

$$
y_{singleton} = \sum_{y_i \in Y} \frac{\beta_i}{\sum_{y_i \in Y} \beta_i} \, y_i \; .
\tag{2.24}
$$

Bei Verwendung von Regeltypen, die durch (2.18) beschrieben werden, wird jedem unscharfen Eingangsvektor ein konstanter (unscharfer) Ausgangswert zugeordnet, der nicht von den Eingangsgrößen abhängt. Der aktuelle Ausgangswert y=f($\underline{x}$) hängt von den aktuell anliegenden Eingangswerten nur über die Regelaktivierungen ab. Das Interpolationsverhalten bei den Max-*-Inferenzmethoden weist deshalb eine treppenförmige Struktur mit Plateaus und flachen Steigungen im Bereich der unscharfen Arbeitspunkte auf, wie beispielhaft in Abbildung 2.21 dargestellt.

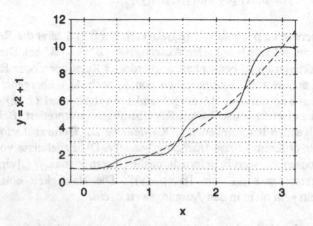

Abb. 2.21. Nachbildung des Funktionsverlaufs $y = x^2 + 1$ mit Hilfe der
Max-Min-Inferenzmethode [- - Originalverlauf, – Nachbildung].

Die Verwendung alternativer Vorschriften zur Berechnung des kartesischen Produkts 'min [$\mu_{A \cap A'}(x)$, $\mu_B(y)$]' in (2.21) oder (2.22) führen zu alternativen Inferenzmethoden und Ausgangswerten **B'**. Wenn das kartesische Produkt zwischen A_1 und A_2 durch Minimumbildung und das mit **B** durch Multiplikation berechnet wird, entsteht die Max-Prod- oder Larsen-Inferenzmethode mit

$$\mu_B(y) = \max_{i, x \in X} [\beta_i \cdot \mu_{Bi}(y)] . \qquad (2.25)$$

Beispiel: *Regler-Übertragungsverhaltens nach der Mamdani-Inferenzmethode*

Die Funktionalität des Mamdani-Inferenzverfahren zur Beschreibung eines einfachen unscharfen Systems läßt sich alternativ auch nach Abbildung 2.22 darstellen. Das unscharfe System beschreibt einen Regler zur Einstellung einer optimalen Raumtemperatur. Das Übertragungsverhalten wird durch zwei unscharfe Regeln mit den beiden Eingangsvariablen 'Temperatur' T und 'Luftfeuchtigkeit' H als Sensoren sowie der Ausgangsvariable 'Ventilstellung' S als Aktuator beschrieben.

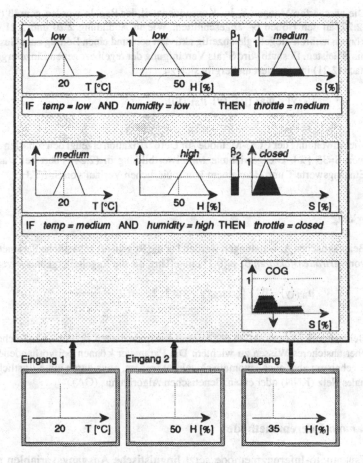

Abb. 2.22. Blockdiagramm eines einfachen Mamdani-Reglers.

An diesem System liegen die beiden aktuellen Eingangswerte T=20 [°C] und H=50[%] an[1]. Die Regelaktivierungen $\beta_i = w_i$ berechnen sich dann zu

$$\beta_1 = \min [\mu_{low}(20), \mu_{low}(50)] \quad \text{und}$$
$$\beta_2 = \min [\mu_{medium}(20), \mu_{high}(50)] .$$

---

[1] Analog dazu kann ein PI-Regler beschrieben werden, an dessen Eingängen das Fehlersignal x_1 und seine zeitliche Änderung $x_2 = dx_1/dt$ liegen, und der als Ausgangssignal die Änderung $y = dv/dt$ der Stellgröße v produziert.

Die unscharfen Mengen S_i im Konsequenzteil der Regeln werden gemäß (2.21) oder
(2.22) an den Höhen β_i abgeschnitten. Wie in Abbildung 2.20 und 2.21 dargestellt
können mehrere Regeln gleichzeitig aktiviert sein und einen Beitrag zum Gesamtergebnis S' leisten. Deshalb wird S' als Vereinigung der regelbezogenen Einzelergebnisse S_i'
nach (2.21) interpretiert und ergibt sich zu

$$\mu_{S'}(y) = \max [\mu_{S1'}(y), \mu_{S2'}(y)].$$

Die Anwendung der COG-Methode zur Defuzzifikation erzeugt den scharfen Ausgangswert S=35 [%]. Die gewichtete Mittelwertbildung in (2.24) führt bei Variation der
Eingangswerte T und H zu einem kontinuierlichen Verlauf von S=f(T,H).

Bemerkung

Bei praktischen Anwendungen werden für die Regeln oft zusätzliche Parameter in Form
von *Vertrauensfaktoren* $\beta_i' \in [0,1]$ eingeführt, die die Regelteilergebnisse verändern:

$$\mu_{B'i}(y) = \beta_i' \cdot \beta_i \cdot \mu_{Bi}(y), \quad i = 1, 2. \tag{2.26}$$

Bei manueller Konstruktion der Inferenzmethode dienen sie dazu, eher sicheres gegen
eher unsicheres Wissen zu wichten. Die Parameter können bei vorhandenen Muster-
ergebnissen aber auch automatisch gelernt werden, etwa durch ein Künstliches Neuronales Netz (KNN) oder einen Genetischen Algorithmus (GA).

Tsukamoto-Inferenzmethode

Die Tsukamoto-Inferenzmethode setzt linguistische Ausgangsvariablen mit streng
monotoner ZGF voraus, Dreiecks- oder Glockenfunktionen sind nicht erlaubt. Sie
zeichnet sich gegenüber der Mamdani- oder Larsenmethode dadurch aus, daß bei
gleichem Approximationsfehler auch bei einer größeren Anzahl von Eingangsvariablen oft weniger Regeln benötigt werden. Bei gegebener unscharfer Regel der
Form

$$\text{IF } x_1 = A_{1i} \text{ AND } x_2 = A_{2i} \text{ THEN } y = B_i, \quad i = 1, 2. \tag{2.27 a}$$

berechnen sich die Aktivierungsgrade der Regeln zu

$$\beta_i = \min [\mu_{1i}(x_1), \mu_{2i}(x_2)], \quad i = 1, 2. \tag{2.27 b}$$

Diese werden durch eine inverse Abbildung mit Hilfe der streng monotonen ZGF im Konsequenzteil - wie in Abbildung 2.23 gezeigt - direkt in scharfe Teilergebnisse y_i umgesetzt, die von $\beta_i(x)$ abhängen. Es gilt

$$y_i = \mu_{Bi}{}^{-1}(\beta_i). \qquad (2.28)$$

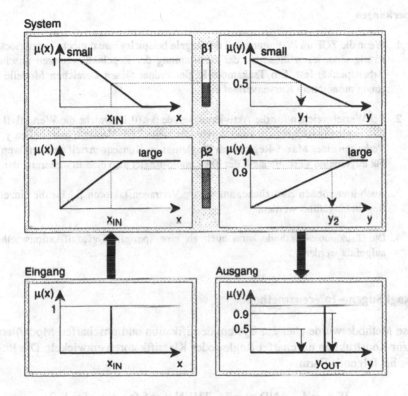

Abb. 2.23. Fuzzy-Inferenzmethode nach Tsukamoto mit einer Eingangsvariablen x
und zwei Regeln:
IF x=small THEN y=small
IF x=large THEN y=large.

Das scharfe Ausgangsergebnis wird durch die mit den Aktivierungsgraden β_i gewichtete Summe $\sum_i (.)$ der Einzelergebnisse y_i berechnet. Für das obige System gilt

$$y(x) = \sum_{y_i \in Y} \frac{\beta_i}{\sum_{y_i \in Y} \beta_i}\ y_i = \frac{\beta_1 \cdot y_1(\beta_1) + \beta_2 \cdot y_2(\beta_2)}{\beta_1 + \beta_2}. \qquad (2.29)$$

Die Berechnungsvorschrift (2.29) ist dieselbe wie bei den Max-*-Inferenzmethoden mit Singletons y_i im Konsequenzteil nach (2.24), allerdings sind die zu gewichtenden Singletons jetzt von den Eingangsgrößen abhängig. Damit besteht die Möglichkeit, die in Abbildung 2.21 dargestellten Plateaus mit Steigungen zu versehen.

Bemerkungen

1. Wenn die ZGF im Bedingungsteil der Regeln beispielsweise dreiecks- oder glocken-förmig sind, legen diese bei der Bestimmung der Regelaktivierungen unscharfe Arbeitspunkte fest. Ein Tsukamoto-Regler ordnet diesen Bereichen Modelle mit streng monotonem Kurvenverlauf zu.

2. Bei Wertebereichen für die Aktivierungsgrade $\beta_i \in (0,1)$, welche die Werte $\beta=0$ und $\beta=1$ explizit ausschließen, kann durch sehr steile ZGF-Verläufe and Stellen y_i das Verhalten eines Max-*-Reglers mit Singletons im Konsequenzteil emuliert werden. Für allgemeine Verläufe stellt der Tsukamoto-Regler also eine Erweiterung dar.

3. Auch hier können zusätzliche, anlernbare Vertrauensfaktoren β_i' für die einzelnen Regeln eingeführt werden.

4. Die Tsukamoto-Methode kann auch als eine spezielle Defuzzifikationsmethode aufgefaßt werden.

Takagi-Sugeno-Inferenzmethode

Diese Methode wurde eher zur Systemidentifikation und unscharfen Modellierung als zur Konstruktion unscharfer Regler oder Klassifikatoren entwickelt. Die Regel-basis hat folgende Form:

$$\text{IF } x_1 = A_{11} \text{ AND } x_2 = A_{21} \text{ THEN } y_i = f_i(x_1, x_2), \quad i = 1, 2.$$

$$(2.30a)$$

Im Unterschied zu den vorangegangenen Methoden ist der Konsequenzteil der Regeln hier nicht durch feste unscharfe Mengen vorgegeben, sondern berechnet sich mit Hilfe vorzugebender Funktionen f_i direkt aus den scharfen Eingangswerten x_i. Die Partitionierung der Eingangsgrößen geschieht entsprechend mit Hilfe überlap-pender trapezoidaler ZGF, das Inferenzschema ist in Abbildung 2.24 dargestellt. Die Aktivierungsgrade β_i berechnen sich wie bei den anderen Inferenzmethoden zu

$$\beta_i = \min[\mu_{1i}(x_1), \mu_{2i}(x_2)], \quad i = 1, 2.$$

$$(2.30\,b)$$

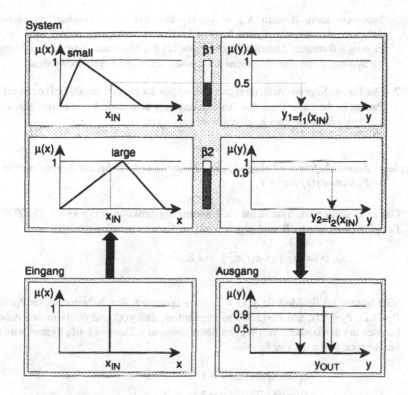

Abb. 2.24. Inferenzschema bei der Takagi-Sugeno-Methode

Die Ausgangsgrößen y_i sind wie bei der Tsukamoto-Inferenzmethode im allgemeinen von den Eingangsgrößen x_i abhängig; die konkrete Abhängigkeit wird jetzt direkt bestimmt durch Zuordnung von lokalen Modellen f_i: $y_i = f_i(\underline{x})$ zu den durch die Partitionierung der Eingangsgrößen festgelegten unscharfen Arbeitspunkten oder -bereichen. Damit berechnet sich das Gesamtergebnis zu

$$y(x) = \sum_{y_i \in Y} \frac{\beta_i}{\sum_{y_i \in Y} \beta_i} \, y_i = \frac{\beta_1 \cdot y_1 + \beta_2 \cdot y_2}{\beta_1 + \beta_2} . \tag{2.31}$$

Bemerkungen

1. Meistens werden die f_i als Linearkombinationen der Eingangswerte angesetzt zu

$$f_i(x_1, x_2) = c_{0i} + c_{1i} x_1 + c_{2i} x_2.$$

Jeder unscharfe Bereich $A_{1i} \times A_{2i}$ repräsentiert einen unscharf angegebenen Arbeitspunkt, dem ein eigenes lineares lokales Modell f_i zugeordnet wird. Im Fall $c_{1i} = c_{2i} = 0$ entsteht dasselbe Ergebnis wie bei der Mamdani- oder Larsen-Methode für $B_l = c_{0i}$, wenn also Singletons als Konsequenzterme angesetzt werden.

2. Die Takagi-Sugeno-Methode eignet sich wegen der großen Anzahl frei bestimmbarer Parameter besonders gut zur Anwendung mit automatischen Lernverfahren. Sie wurde als Strategie zum Reglerentwurf entwickelt.

Beispiel: *Eigenschaften der Takagi-Sugeno-Inferenzmethode bei der Approximation der Funktion $y(x) = x^2 + 1$*

Das zu modellierende System hat die Übertragungsfunktion $y(x) = x^2 + 1$. Die ZGF der Partitionierung von $x \in \mathbb{R}$ sind gegeben mit

$$\mu_{Ai}(x) = \exp[-(x-x_i)^4/\sigma_i^2], \quad \sigma_i \in \mathbb{R}.$$

Vier lineare lokale Modelle $y(x) = m_i x + b_i$ werden den Arbeitspunkten $P_0=(0,1)$, $P_1=(1,2)$, $P_2=(2,5)$, and $P_3=(3,10)$ so zugeordnet, daß $y(x)$ und dy/dx in den Arbeitspunkten mit den tatsächlichen Werten übereinstimmen. Das unscharfe System wird also beschrieben durch die vier Regeln

$$\text{IF } x=A_1 \text{ THEN } y = 1$$
$$\text{IF } x=A_2 \text{ THEN } y = 2x$$
$$\text{IF } x=A_3 \text{ THEN } y = 4x - 3$$
$$\text{IF } x=A_4 \text{ THEN } y = 6x - 8.$$

Die Regelaktivierungen β_i ergeben sich zu

$$\beta_i = \sup_{x \in X} \mu_{Ai \cap A}(x_{IN}) = \mu_{Ai}(x_{IN}).$$

Abbildung 2.25 zeigt verschiedene Modellverläufe $y(x)$ bei Variation des Parameters σ_i. Der Approximationsfehler ist in einem weiteren Bereich der Punkte P_i gering, da die linearen lokalen Modelle einstellbare Steigungen erlauben. In den Interpolationsgebieten ist die Einstellung der σ_i kritisch, die Partition der Eingangsgröße x muß mit optimal überlappenden ZGF festgelegt werden. Im Fall der automatischen Modellierung durch Lernen bedeutet dies, daß auch die Parameter der ZGF im Bedingungsteil der Regeln gelernt werden müssen.

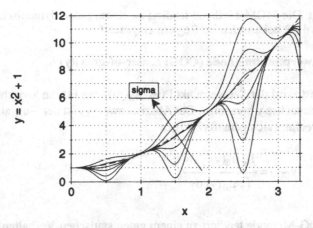

Fig. 2.25. Nachbildung des Funktionsverlaufs $y = x^2 + 1$ mit Hilfe der Takagi-Sugeno-Inferenzmethode mit verschiedenen Varianzwerten sigma=σ_i.
[- - Original – Approximation]

2.2.4 Ausgangskodierung (Defuzzifikation)

Die Umwandlung unscharfer Werte in scharfe heißt Defuzzifikation. Sie wird immer dort notwendig, wo unscharfe Werte an andere Signalverarbeitungsmodule weitergegeben werden, die nur skalare Werte verarbeiten können. Eine Auswahl üblicher Verfahren ist im folgenden beschrieben.

Max-Defuzzifikations-Methode (MAX)

Aus der unscharfen Menge **B** wird der numerische Wert y_{MAX} der Basisvariablen mit dem größten Zugehörigkeitswert $\mu_B(y_{MAX})$ als Ausgangswert ausgewählt, d.h. $\mu_B(y_{MAX}) \rightarrow$ max. Nachteil dieser Methode ist, daß unbeabsichtigte große Sprünge des Ausgangswerts schon bei kleinen Variationen der Eingangswerte auftreten können. Falls mehrere (m) Maxima vorhanden sind, kann auch Minimal-, Maximal- oder Mittelwert der dazugehörigen numerischen Werte gewählt werden.

Mittelwert-Max-Defuzzifikations-Methode (MOM: mean-of-max)

Als scharfer Ausgangswert wird der arithmetische Mittelwert der lokalen Maxima

$$y_{MOM} = 1/m \sum_{i=1,\dots,m} y_i \tag{2.32}$$

gewählt. Die MOM-Methode tendiert zu einem guten dynamischen Verhalten und wird oft bei unscharfen Reglern eingesetzt.

Flächenschwerpunktmethode (COG: center-of-gravity)

Zunächst wird der Schwerpunkt $P(y_P, \mu_B(y_P))$ der Fläche zwischen $\mu_B(y)$ und Abszissenachse y berechnet. Der Abszissenwert y_P ist der Ausgangswert y_{COG}. Er berechnet sich gemäß (2.23) zu

$$y_{COG} = \frac{\int_y \mu_B(y)\, y\, dy}{\int_y \mu_B(y)\, dy} \, . \tag{2.33}$$

Die COG-Methode tendiert zu einem guten statischen Verhalten und wird bei sehr unterschiedlichen Anwendungen, auch beim Reglerentwurf, eingesetzt. Die Auswirkungen von kleineren Störungen oder Variationen der ZGF $\mu_B(y)$ werden durch die Integration abgeschwächt.

Bemerkungen

1. Bei den bisher beschriebenen Defuzzifikationsmethoden werden zuerst die Teilergebnisse kombiniert, und anschließend wird das Gesamtergebnis defuzzifiziert (*combine first, defuzzify next*). Wenn bei Vorgabe bestimmter Eingangsvektoren x mehrere Regeln mit gleichen oder ähnlichen Konsequenzwerten stark feuern, wird dieses Wissen durch die Maximumbildung bei der Kombination der Regelergebnisse eliminiert und bei der Defuzzifikation nicht berücksichtigt. Die Häufigkeit, mit der ein bestimmtes Ergebnis vorhergesagt wird, geht damit nicht in den eigentlichen Schlußfolgerungsprozeß ein. Dieser Nachteil tritt bei der im folgenden beschriebenen Tsukamoto-Defuzzifikations-Methode nicht auf.

2. Weitergehende Ausführungen sind beispielsweise bei [Lea1990a,b] zu finden.

Tsukamoto-Defuzzifikations-Methode

Sie wurde in Zusammenhang mit der oben beschriebenen Tsukamoto-Inferenzmethode entwickelt, kann aber durchaus auch allgemeiner angewendet werden. Die Aktivierungsgrade β_i der einzelnen Regeln (i) werden gemäß (2.28) mit Hilfe der ZGF $\mu_{Bi}(y)$ im Konsequenzteil direkt in scharfe Einzelergebnisse y_i umgesetzt:

$$y_i = \mu_{Bi}^{-1}(\beta_i) \, .$$

Anschließend wird der Ausgangwert durch eine mit den Aktivierungsgraden gewichtete Summe der Einzelergebnisse berechnet:

$$y = \frac{\sum_i \beta_i \cdot y_i}{\sum_i \beta_i};$$ (2.34)

Die einzelnen Regelergebnisse werden hier zuerst defuzzifiziert und anschließend
kombiniert (defuzzify first, combine next). Wenn also mehrere Regeln auf denselben
y-Ausgangswert weisen, wird dieser stärker gewichtet.

2.2.5 Versteckte Variablen

In komplexen unscharfen Systemen ist es oft sinnvoll, zusätzliche 'versteckte' linguistische Variablen einzuführen, wie dies auch bei der täglichen Entscheidungsfindung von Menschen angewendet wird. Als Beispiel möge die automatische
Helligkeitseinstellung bei einer Photokamera nach Abbildung 2.26 dienen.

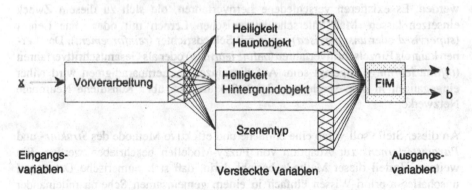

Abb. 2.26. Automatische Belichtungseinstellung bei eine Photokamera.

Ziel ist es, aus den Eingangsmeßwerten $\underline{x}$ bei gegebener Szenerie die optimalen
Werte für die Belichtungszeit t und die Blendenöffnung b einzustellen, auch für
Schnappschüsse oder helle Objekte vor dunklem Hintergrund oder umgekehrt. Statt
eine direkte Modellierung mit $t=t(\underline{x})$ und $b=b(\underline{x})$ zu versuchen, werden zunächst die
linguistischen Variablen Helligkeit von Hauptobjekt b_M und Hintergrund b_B sowie
Szenerie s eingeführt. Die Lage des Hauptobjekts ist aus den Autofokusdaten bekannt.

Die Verwendung linguistischer Variblen erlaubt nun eine zweistufige Abbildung $f_1: \underline{x} \rightarrow (b_M, b_B, s)$ und $f_2: (b_M, b_B, s) \rightarrow (t, b)$ mit Hilfe von unscharfen Regeln, die nach Vorgabe professioneller Photographen aufgestellt und eventuell automatisch an vorhandene Trainingsdaten adaptiert werden. Beispielsweise können die Meßdaten den Schluß nahe legen, daß es sich beim aktuellen Szenerietyp um eine Landschaft oder ein Portrait handelt. Die konkrete Blendeneinstellung wird im zweiten Schritt in Abhägigkeit vom Szenerietyp berechnet.

Dieses Vorgehen entspricht dem eines Photographen, der sein Expertenwissen zum Einsatz bringt. In diesem Fall wäre es erheblich schwieriger und fragwürdiger, eine sinnvolle Variable 'Szenerie' mit physikalisch meßbaren Werte zu definieren, als einfach eine linguistische Variable.

2.2.6 Automatische Adaption

Die Adaption der freien Parameter eines Fuzzy-Modells kann sich kritisch und zeitaufwendig gestalten. Nachdem die ZGF interaktiv eingestellt sind, kann die Qualität in den meisten Fällen durch den Einsatz automatischer Lernverfahren verbessert werden. Es existieren verschiedene Lernverfahren, die sich zu diesem Zweck einsetzen lassen. Man unterscheidet zwischen Lernen mit oder ohne Lehrer (*supervised* oder *unsupervised*) sowie mit Schiedsrichter (*reinforcement*). Das Lernen kann als Einzelschrittverfahren (*online learning*) oder als Gesamtschrittverfahren (*offline learning*) angelegt sein. Auf die einzelnen Lernparadigmen wird näher eingegangen in den Abschnitten 3.2.2, 3.4 und 3.5 über Künstliche Neuronale Netzwerke.

An dieser Stelle soll vorab eine einfache und effektive Methode des *Struktur-* und *Parameterlernens* zur Adaption von Fuzzy-Modellen beschrieben werden. Ein weiterer Vorteil dieser Methode besteht darin, daß sich numerische Daten und unscharfes a-priori-Wissen einfach in einem gemeinsamen Schema miteinander verbinden lassen.

Lernen mit Tabellenschema

Ziel ist es, die grundsätzliche Struktur des gewünschten Fuzzy-Modells mit Hilfe unscharfer IF...THEN...-Regeln festzulegen und die freien Parameter der ZGF zu bestimmen. Dazu werden Eingangs-Ausgangs-Trainingsdatenpaare der Form $\{(\underline{x}^{(1)}, y^{(1)}), ..., (\underline{x}^{(N)}, y^{(N)})\}$ verwendet. Nachdem die Inferenz- und die Defuzzifikationsmethoden vorab festgelegt sind, wird der Lernalgorithmus in den folgenden fünf Schritten realisiert (siehe auch [Wan94]).

Schritt 1: Definition der linguistischen Variablen

Die in Frage kommenden Eingangs- und Ausgangsgrößen werden auf Bedeutung für die Systembeschreibung und gegenseitige Abhängigkeit untersucht. Als Ergebnis werden die relevanten Größen als linguistische Variablen deklariert und entsprechende separate Partitionen definiert. Ein Beispiel ist in Abbildung 2.27 dargestellt.

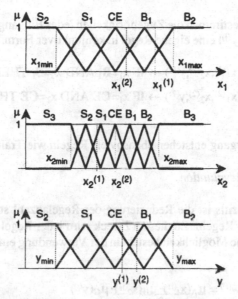

Abb. 2.27. Beispielhafte Partitionen von Ein- und Ausgangsvariablen x_1, x_2 und y. Die Trainingsdaten sind mit hochgestelltem Index $^{(j)}$ numeriert.

Sehr oft werden Partitionen mit einer ungeraden Anzahl von Termen eingesetzt, die mit dreieckförmigen ZGF beschrieben sind.

Schritt 2: Regelgenerierung

Zunächst werden mit den Zugehörigkeitswerten der aktuellen Ein- und Ausgabedaten $x_i^{(j)}$ und $y^{(j)}$ zu den ZGF der entsprechenden Partition der Grad der Übereinstimmung zwischen den Daten und den linguistischen Termen bestimmt. Im Beispiel nach Abbildung 2.27 ergeben sich unter anderem

$$\mu_{B1}(x_1^{(1)}) = 0.6 \quad \text{und} \quad \mu_{B2}(x_1^{(1)}) = 0.4 .$$

Die Trainingsdaten $x_1^{(j)}$, $x_2^{(j)}$ und $y^{(j)}$ werden separat den Termen mit maximalem Zugehörigkeitswert innerhalb der Partition zugeordnet. Beispielhaft gilt

$x_1^{(1)}$ wird B_1 zugeordnet,

$x_1^{(2)}$ wird CE zugeordnet.

Anschließend bestimmen die Zugehörigkeiten jedes Eingangs-Ausgangs-Trainings-paars $(x_1^{(j)},x_2^{(j)},y^{(j)})$ eine eigene Regel in konjunktiver Form. Im obigen Beispiel gilt

$$(x_1^{(1)},x_2^{(1)},y^{(1)}) \rightarrow \text{IF } x_1=B_1 \text{ AND } x_2=S_1 \text{ THEN } y=CE \qquad (2.35)$$

$$(x_1^{(2)},x_2^{(2)},y^{(2)}) \rightarrow \text{IF } x_1=CE \text{ AND } x_2=CE \text{ THEN } y=B_1 \;.$$

Bei diesem Vorgang entstehen ebensoviele Regeln wie Trainingspaare existieren.

Schritt 3: Regelevaluation

Ziel dieses Schritts ist die Reduzierung der Regelanzahl sowie eine Eliminierung gegensätzlicher Regeln. Zu diesem Zweck wird jeder Regel ein Gewicht $w^{(j)} \in [0,1]$ zugeordnet. Eine Möglichkeit besteht in der Verwendung einer Produktstrategie entsprechend

$$w^{(j)} = \underbrace{\mu_A(x_1^{(j)}) \cdot \mu_B(x_2^{(j)})}_{\beta^{(j)}} \cdot \mu_C(y^{(j)}) \;. \qquad (2.36\,a)$$

Danach repräsentiert eine Regel um so mehr die Trainingsdaten, je deutlicher die einzelnen Terme mit ihren Erzeugerdaten übereinstimmen. $w^{(j)}$ wird durch Multiplikation des Regelaktivierungsgrades $\beta^{(j)}$ mit der Aktivierung $\mu_C(y^{(j)})$ des lokalen Modells bei Anlegen des Erzeugerdatensatzes $(x_1^{(j)},x_2^{(j)},y^{(j)})$ berechnet. Für die beiden in Schritt 2 erzeugten Regeln ergeben sich die Gewichte zu

$$w^{(1)} = \mu_{B1}(x_1^{(1)}) \cdot \mu_{S1}(x_2^{(1)}) \cdot \mu_{CE}(y^{(1)}) =$$

$$= 0.6 \cdot 0.8 \cdot 0.8 = 0.384$$

$$w^{(2)} = \mu_{CE}(x_1^{(2)}) \cdot \mu_{CE}(x_2^{(2)}) \cdot \mu_{B1}(y^{(2)}) =$$

$$= 0.6 \cdot 1 \cdot 0.8 = 0.480 \;.$$

Eine Alternative zur Produktstrategie besteht in der Verwendung des Minimum-

Operators zur Repräsentation des verbalen AND bei der Berechnung des Regel-aktivierungsgrades $\beta^{(j)}$. Statt (2.36 a) gilt dann

$$w^{(j)} = \underset{\Uparrow}{\underset{\beta^{(j)}}{\min}} \ [\mu_A(x_1^{(j)}), \mu_B(x_2^{(j)})] \cdot \mu_C(y^{(j)}) \qquad (2.36 \ b)$$

Falls sich die Regeln von einem Experten heuristisch einschätzen lassen, können sie mit einem zusätzlichen Vertrauensfaktor $\mu^{(j)}$ versehen werden. Die $w^{(j)}$ berechnen sich dann zu

$$w^{(j)+} = w^{(j)} \cdot \mu^{(j)}. \qquad (2.37)$$

Schritt 4: Kombinierte unscharfe Regelbasis

Die in Schritt 2 generierten Regeln werden in einem Tabellenschema zusammen-gefaßt. Im Fall zweier Eingangs- und einer Ausgangsvariablen entsteht für das obige Beispiel das Schema nach Abbildung 2.28.

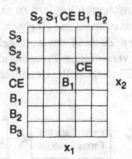

Abb. 2.28. Tabellenschema zur Darstellung einer unscharfen Regelbasis.

Die Regeln werden nach ihren Bedingungs- und Konsequenzteilen auf die Boxen der Tabelle verteilt. In Abbildung 2.28 sind die beiden Regeln aus (2.35) eingetragen. Vorhandenes Expertenwissen über das Verhalten des unscharfen Systems kann durch zusätzliche Integration von Regeln (beispielsweise 'Panik-Regeln') oder Elimination hinzugefügt werden.

Um den Regelsatz eindeutig zu gestalten darf jede Box des Tabellenschemas nur eine oder keine Regel enthalten. Falls eine Box mehr als eine Regel enthält, werden alle - bis auf die mit dem größten Regelgewicht - eliminiert. Eine Regel ist in mehrere Kästchen einzutragen, wenn entweder der Bedingungteil nicht vollständig angegeben ist oder die Regel in disjunktiver Form mit Verwendung eines OR-Operators vorliegt.

Das Tabellenschema ermöglicht eine gemeinsame Kodierung numerischer und linguistischer Information in einem einheitlichen System.

Schritt 5: Berechnung der Übertragungsfunktion

Im letzten Schritt wird die Übertragungsfunktion der entstandenen Regelbank berechnet. Dazu ist eine geeignete Kombination der in den vorangegangenen Abschnitten beschriebenen Inferenz- und Defuzzifikationsmethoden anzuwenden.

Selbstorganisierender unscharfer Regler (*self-organizing fuzzy controller, SOC*)

Eine weitere einfache Methode zur Adaption von unscharfen Systemen ist durch das Prinzip des selbstorganisierenden unscharfen Reglers (SOC) gegeben. Die ersten Arbeiten zu diesem Thema wurden Mitte der siebziger Jahre veröffentlicht. SOC sind zu den ersten lernenden unscharfen Reglern zu zählen. Sie arbeiten als kombinierte Regel- und Identifikationssysteme mit Nachschlagtabelle und adaptieren ihre Regelstrategie an den aktuellen Zustand des zu regelnden Prozesses. Zur Regelmodifikation verwenden SOC vereinfachte Prozeßmodelle. Ein generisches Blockdiagramm ist in Abbildung 2.29 dargestellt. Detaillierte Informationen finden sich beispielsweise bei [Ped94].

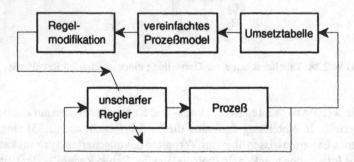

Abb. 2.29. Selbstorganisierender unscharfer Regler (SOC).

2.3 Anwendungsbeispiele

In diesem Abschnitt sollen einige praktische Anwendungsbeispiele vorgestellt werden, die zeigen, in welcher Variationsbreite Fuzzy-Methoden eingesetzt werden können. Die ausgewählten Beispiele sollen typische Vorgehensweisen aufzeigen und gehören in die Themenbereiche Klassifikation, Bildverstehen und Reglerentwurf.

2.3.1 Klassifikation

Während die Darstellung von Sachverhalten mit Hilfe von Bildern den Vorteil bietet, große Informationsmengen einfach wiederzugeben, tritt gleichzeitig der Nachteil auf, daß die Information eher qualitativ und subjektiv perzipiert wird. Das macht es schwierig, bestimmte Bildobjekte oder -inhalte automatisch zu erkennen oder zu verarbeiten. Während der Mensch beispielsweise durch Imagination in komplexen Bildern auch unterbrochene Linien oder geometrische Figuren leicht als Einheit erkennen kann, wird ein Computerprogramm an dieser Aufgabe oft scheitern. Das liegt daran, daß Menschen größere visuelle Bereiche auch als Ganzes perzipieren und abstrakte Assoziationsmuster darauf anwenden, indem sie die Information kleiner lokaler Regionen verknüpfen.

Im folgenden werden zwei typische Verfahren zur Fuzzy-Klassifikation vorgestellt, die dem Bereich Bildverstehen zugeordnet werden können.

Im ersten Verfahren geht es darum, mit Hilfe einer regelbasierten Klassifikation geschlossene Konturen nach Ähnlichkeit zu identifizieren, um sie einem bekannten Objekt zuordnen zu können. Im zweiten Verfahren kommt die Fuzzy-C-Means-Methode zum Einsatz, wie sie detailliert und in verschiedenen Varianten beispielsweise bei [Bez80] beschrieben ist. Damit sollen beispielhaft ein Standarddatensatz (Iris-Blüten) sowie menschliche Lippenkonturen klassifiziert werden.

Regelbasierte Klassifikation: Identifikation menschlicher Lippenkonturen

Oft interessieren insbesondere bestimmte Objekte innerhalb eines Bildes, während die vollständige Information für den eigentlichen Zweck eher hinderlich ist. Form und Position der Objekte lassen sich in einem ersten Schritt der Bildverarbeitung mit Hilfe von geschlossenen Konturen festlegen. Bei Verwendung eines monochromatischen Bildes können hierzu konventionelle Methoden zur Rauschunterdrückung, Filterung und Kantendetektion zum Einsatz kommen [Jäh89].

Die Konturen desselben Objekts werden je nach Aufnahmeperspektive variieren. Deshalb soll aufgezeigt werden, wie Objekte mit Hilfe einer natürlich-sprachlichen Beschreibung identifiziert werden können.

Zur Identifikation der Mundform können Merkmale wie *Länge*, *Breite* oder *umschlossene Fläche* herangezogen werden. Diese quantitativ exakt bestimmbaren Größen sind aber für die tatsächliche Lippenform nur wenig repräsentativ. Um eine differenziertere Aussage über die Form treffen zu können, müssen lokale Charakteristiken der Kontur mit in Betracht gezogen werden. Der bei [TMK87] zur Identifikation verschiedener Fruchtarten vorgestellte Algorithmus geht zu diesem Zweck davon aus, daß die Objektkontur durch einen Polygonzug aus kleinen Geradensegmenten mit äquidistanter Länge approximiert ist (Abbildung 2.30).

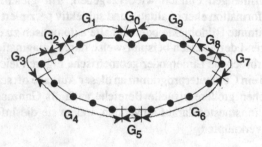

Abb. 2.30. Konturdarstellung einer Mundform.

Bei Lippenkonturen lassen sich Start- und Endpunkte der Segmentierung einfach durch die Mundwinkel festlegen. Für jedes Segment (i) wird anschließend der arithmetische Mittelwert

$$[\Delta\alpha_i]^+ = \tfrac{1}{2}(\Delta\alpha_{i-1} + \Delta\alpha_{i+1}) = \tfrac{1}{2}(|\alpha_i - \alpha_{i-1}| + |\alpha_{i+1} - \alpha_i|) \qquad (2.38)$$

der Winkeldifferenzen $\Delta\alpha_{i-1}$ und $\Delta\alpha_{i+1}$ zu den beiden unmittelbar benachbarten Segmenten bestimmt. Segmente mit ähnlichem $[\Delta\alpha_i]^+$ lassen sich zu N Gruppen G_1 bis G_N zusammenfassen. Dies geschieht durch Vorgabe eines Schwellwerts $\Delta\alpha_{max}$. Wird dieser überschritten, so ist damit der Beginn eines neuen Segments gekennzeichnet. Ein adaptiver lokaler Schwellwert kann beispielsweise mit Hilfe einer Fuzzy-Inferenzmaschine F_1 erzeugt werden, die neben dem Mittelwert $[\Delta\alpha_i]^+$ zusätzlich auch die Differenz

$$[\Delta\alpha_i]^- = \tfrac{1}{2}(\Delta\alpha_{i+1} - \Delta\alpha_{i-1}) = \tfrac{1}{2}(|\alpha_i - \alpha_{i-1}| - |\alpha_{i+1} - \alpha_i|) \qquad (2.39)$$

berücksichtigt. Nach Partitionierung der beiden Winkelskalen für $[\Delta\alpha_i]^+$ und $[\Delta\alpha_i]^-$ wird der Schwellwert mit linguistischen Regeln der Form

$$\text{IF } [\Delta\alpha_i]^+ = A_l \text{ AND } [\Delta\alpha_i]^- = B_l \text{ THEN } \Delta\alpha_{max} = c_i \qquad (2.40)$$

festgelegt. Um die Qualität einer Gruppe G_j mit $j=1,\ldots,N$ zu bestimmen, werden nach Abbildung 2.31 die Terme *gerade*, *gekrümmt* und *gewinkelt* definiert.

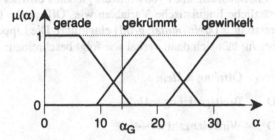

Abb. 2.31. Qualitätsbestimmung der Gruppen G_j.

Die dazugehörigen unscharfen Mengen werden durch die angegebenen ZGF repräsentiert. Die Gruppencharakteristik für ein aktuelles G_j wird durch eine gleichseitige Dreiecksfunktion $\mu_j(\alpha)$ festgelegt, deren Gipfelpunkt a_j gleich dem Erwartungswert E_j der zu G_j gehörenden Winkeldifferenzen $\Delta_j\alpha_i$ $(i=1,\ldots,n_j)$ ist, während die Stützlänge l_j des Dreiecks der Standardabweichung σ_{ji} gleichgestzt wird:

$$a_j = E_j = 1/n_j \sum_{i=1,\ldots,nj} \Delta_j\alpha_i \quad \text{und} \qquad (2.41)$$

$$l_j = \sigma_{ji} = 1/(n-1) \sum_{i=1,\ldots,nj} (\Delta_j\alpha_i - a_j)^2. \qquad (2.42)$$

Diese Darstellung entspricht einer Partition, die auch Streuungen innerhalb der Gruppen berücksichtigt. Die maximalen Zugehörigkeitswerte der konjunktiven Verknüpfung mit den ZGF der drei Terme über alle Winkeldifferenzen $\Delta_j\alpha_i$ bestimmen die Zugehörigkeiten der Gruppen zu den Kategorien *gerade*, *gekrümmt* und *gewinkelt* nach

$$\mu_{\text{geradlinig (j)}} = \max\alpha \, [\min \, [\mu_{\text{geradlinig}}(\alpha), \mu_j(\alpha)]], \qquad (2.43\ \text{a-c})$$

$$\mu_{\text{gekrümmt (j)}} = \max\alpha \, [\min \, [\mu_{\text{gekrümmt}}(\alpha), \mu_j(\alpha)]],$$

$$\mu_{\text{winkelig (j)}} = \max\alpha \, [\min \, [\mu_{\text{winkelig}}(\alpha), \mu_j(\alpha)]].$$

Die in Abbildung 2.31 eingezeichnete Gruppe α_G ist damit festgelegt durch ihren Sympathievektor

$$\mu_G = (0.5, 0.2, 0)^T.$$

Dies bedeutet, daß die Geradlinigkeit von G mit 0.7 und die Gekrümmtheit mit 0.3 bewertet wird. Winkeligkeit wird ausgeschlossen.

Eine weitere Fuzzy-Inferenzmaschine F_2 beurteilt die globale Form der Kontur. Dazu werden weitere zusätzliche linguistische Variablen wie 'Öffnung'= {*klein, mittel, groß*} und 'Breitspreizung'= {*klein, mittel, groß*} eingeführt. Die Lippenkonturform bei Artikulation eines /u/ läßt sich dann verbal wie folgt beschreiben:

IF	Öffnung = *klein*	(2.44)
AND	Breitspreizung = *klein*	
AND	Winkelanzahl = *(~4)*	
AND	Kurvenanzahl = *viel*	
THEN	/u/ .	

Regeln dieser Art werden für alle charakteristischen Lippenkonturformen gespeichert. Darauf basierend berechnet und identifiziert die Fuzzy-Inferenzmaschine F_2 aktuell vorliegende Konturen. Wenn dieser Prozeß gelingt, kann die Maschine als Lippenleseautomat beispielsweise zur Unterstützung von Spracherkennungssystemen eingesetzt werden.

Bemerkungen

1. Besondere Bedeutung erfährt das Wissen um solche Visual Speech Movements überall dort, wo sprecherunabhängige Spracherkennungsalgorithmen auf rein akustischer Basis bislang nur unbefriedigende Ergebnisse liefern. Ein Beispiel für die Nützlichkeit zusätzlicher visueller Hinweise bieten die Unterschiede zwischen /m/ und /n/: während die akustischen Qualitäten sehr ähnlich sind, läßt sich eine eindeutige Differenzierung durch den Lippenverschluß beim /m/ herbeiführen. Unzulänglichkeiten des akustischen Signals kommen insbesondere bei stark verrauschten oder frequenzbandbegrenzten Signalen zum Tragen.

2. Ohne Vorhandensein des akustischen Signals ist auch der Aufbau eines eigenständigen Lippenleseautomaten denkbar. Wegen der häufigen Mehrdeutigkeiten der

visuellen Komponente, beispielsweise zwischen /p/, /b/ und /m/, sind dann zusätzliche semantische Informationen über die Sprache heranzuziehen.

3. Es ist darauf zu achten, daß die Summe der Zugehörigkeitswerte eines Objekts zu
   den Clustern stets gleich eins ist.

Fuzzy-C-Means-Klassifikation: Iris-Datensatz

Die automatische Klassifikation des handverlesenen Iris-Datensatzes nach [And39]
hat sich zu einem der Standardtests für alle neuen Klassifikatoren entwickelt.
Anderson bemaß 150 Exemplare der Iris oder Schwertlilie, die in drei verschiedenen
Arten mit unterschiedlicher Blütenfarbe vorkommt: Sestosa, Versicolor und Virgi-
nica. Er versuchte, eine schematische Klassifikation mit Hilfe der vier Merkmale
Kelchblattlänge f_1, *Kelchblattbreite* f_2, *Blumenblattlänge* f_3 und *Blumenblattbreite*
f_4. Die folgende Abbildung 2.32 zeigt die Überschneidungen der drei Arten in diesen
Merkmalswerten. Der vollständige Datensatz ist im Anhang A_1 aufgelistet.

Zur Clusterbildung und zur Klassifikation soll hier der Fuzzy-C-Means-Algorithmus
(FCM) verwendet werden, wie er beispielsweise bei [Dez84] beschrieben ist. Dieser
Algorithmus generiert bei Vorgabe der gewünschten Clusteranzahl n die optimale
Clusterposition und radialsymmetrische Zugehörigkeitgrenzen.

Die Zugehörigkeitswerte $\mu_{i,j} \in [0,1]$ einer einzelnen Schwertlilie (i) zur Art (j) sind
während des Clusterbildungs- und Klassifikationsprozesses normalisiert.

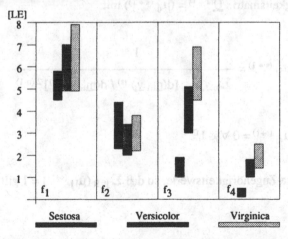

Abb. 2.32. Merkmalsüberschneidungen der drei Irisarten

Mit den Merkmalsvektoren $\underline{m}_i$ und der Blumenanzahl N=150 werden iterativ die folgenden fünf Schritte ausgeführt:

Schritt 1

Wähle
- die gewünschte Clusteranzahl n mit $2 \leq n \leq N$ ($\rightarrow$ n=3)
- ein Distanzmaß d ($\rightarrow$ Euklidische Distanz) und einen Kontrastparameter q>1,
- die Initialisierung der Zugehörigkeitsmatrix $\underline{U}^{(0)} = (\mu_{ij})^{(0)}$ der $\underline{m}_i$ zu den Arten Q_j mit

$$\sum_{j=1, \ldots, n} \mu_{ij} = 1 \text{ und } 0 < \sum_{j=1, \ldots, N} \mu_{ij} < N=150 . \qquad (2.45)$$

Schritt 2

Berechne die n neuen Clusterzentren $\underline{v}_j^{(s)}$ des Iterationsschrittes s zu

$$\underline{v}_j^{(s)} = \frac{\sum_{i=1, \ldots, N} (\mu_{ij}^{(s)})^q * \underline{m}_i}{\sum_{i=1, \ldots, N} (\mu_{ij}^{(s)})^q} . \qquad (2.46)$$

Schritt 3

Es seien $I_i = \{j \in \{1, \ldots, n\} \mid d(\underline{m}_i, \underline{v}_j) = 0\}$ und $I_i^C = \{1, \ldots, n\} \setminus I_i$. Berechne die neue Zugehörigkeitsmatrix $\underline{U}^{(s+1)} = (\mu_{ij}^{(s+1)})$ mit

Fall $I_i = \varnothing$:

$$\mu_{ij}^{(s+1)} = \frac{1}{\sum_{k=1, \ldots, n} [d(\underline{m}_i, \underline{v}_j)^{(s)} / d(\underline{m}_i, \underline{v}_k)^{(s)}]^{2/(q-1)}} \qquad (2.47\ a)$$

Fall $I_i \neq \varnothing$:

$$\mu_{ij}^{(s+1)} = 0 \ \forall j \in I_i^C. \qquad (2.47\ b)$$

Normalisiere die Zugehörigkeitswerte, so daß $\sum_{j \in I_i} (\mu_{ij}^{(s+1)}) = 1$ gilt.

Schritt 4

Abbruch der Iteration bei $\|\underline{U}^{(s+1)} - \underline{U}^{(s)}\| \leq \varepsilon$, wobei $\|.\|$ eine zu d passende Matrixnorm und $\varepsilon > 0$ ein vorgegebener Wert sind.

Schritt 5

Das Objekt (i) wird dem Cluster (j) zugeordnet, für den gilt:

$$\mu_{ij} \geq u_{ik} \quad \forall \, k \neq j, \text{ d.h. } \mu_{ij} \to \max_j . \tag{2.48}$$

Der FCM-Algorithmus besitzt sehr gute Konvergenzeigenschaften und eignet sich besonders, wenn im Groben hyperkugelförmige Cluster angenommen werden. Die Klassifikationsergebnisse hängen vom Kontrastparameter q ab. Ein Wert von 1 entspricht dem Grenzfall einer harten Klassifikation (die Zugehörigkeiten können nur Werte von 0 oder 1 annehmen). Bei größerem q werden unschärfere Klassengrenzen zugelassen. Für q=1 entsteht eine Singularität des Operators. Je nach Wahl von q kann die Anzahl der Fehlklassifizierungen bis auf fünf (für q=1.1) reduziert werden. Die Clusterzentren liegen dann bei

$$\underline{v}_1 = (5.01, \, 3.43, \, 1.46, \, 0.25)^T,$$
$$\underline{v}_2 = (5.94, \, 2.77, \, 4.26, \, 1.33)^T,$$
$$\underline{v}_3 = (6.59, \, 2.97, \, 5.55, \, 2.03)^T.$$

Fuzzy-C-Means-Klassifikation: Suche nach bewegungstypischen Videobildern

Ziel des folgenden Beispiels ist es, aus einem Videofilm, der die Bewegungen eines sprechenden Gesichts darstellt, eine bestimmte Anzahl von charakteristischen Einzelbildern zu bestimmen, die für den Sprechvorgang repräsentativ sind. Damit soll in einem folgenden Schritt das Sprechbewegungsverhalten modelliert werden. Ein beispielhaftes, vorverarbeitetes Videobild ist in Abbildung 2.33 a dargestellt.

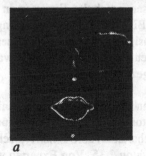 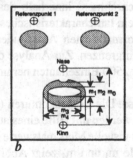

Abb. 2.33. *a* Typisches Videobild, *b* Schema zur Merkmalsextraktion.

Vorbemerkungen. Sprechbewegungen dienen dazu, ein intendiertes akustisches Signal zu erzeugen. Die Bewegungen der einzelnen Sprechorgane (insbesondere Lippen, Zähne, Zunge) stehen innerhalb eines gesprochenen Kontextes strukturell in Wechselbeziehung und werden innerhalb einer größeren Lautumgebung beeinflußt. Diese Bewegungen enthalten in der Regel genügend Informationen, um das Lippenablesen und damit ein reduziertes Sprachverstehen auch für Hörgeschädigte zu erlauben. Da der größte Informationsgehalt im Bewegungsverlauf der Lippen liegt, kann die Modellierung der für das Lippenablesen relevanten Gesichtsbewegungen auf der Basis der Lippenkonturen postuliert werden.

Im folgenden soll es um das Bestimmen einer geringen Anzahl spezifischer *Schlüsselbilder* gehen, die zur Entwicklung einer realitätsnahen Computeranimation von sprechenden Gesichtern [BE96, Bot96a], einer automatischen Ableitung der Gesichtsbewegungen aus dem akustischen Signal [Bot97] oder eines Lippenableseautomaten verwendet werden können. Die Bestimmung dieser Bilder geschieht in zwei Stufen: Zunächst werden Videofilme mit einer großen Anzahl gesprochener Texte aufgenommen und von Experten interaktiv bearbeitet. Dabei werden die tatsächlichen Sprachlaute bestimmt und für jeden Laut ein charakteristisches Bild festgelegt. In der zweiten Stufe werden diese Bilder nach Ähnlichkeit klassifiziert, und die Klassenzentren bestimmen die Schlüsselbilder. Für die Klassifikation werden in diesem Beispiel einfache Distanzmerkmale gemäß Abbildung 2.33 verwendet. Die drei Referenzpunkte auf Stirn und Nase dienen der Festlegung eines Referenzsystems für Kopfkoordinaten. Die Sprechbewegungen sind durch Öffnungs- und Schließprozesse gekennzeichnet, die sich in den Merkmalsverläufen widerspiegeln. Nach Voruntersuchungen kann ein Bewegungsmodell postuliert werden, bei dem charakteristische Bilder in den Extrem- und Wendepunkten der Merkmalsverläufe angeordnet sind; die Verläufe in den Zwischenbereichen lassen sich durch Interpolation nachbilden.

Akustische Voranalyse. Im akustischen Signal werden die Lautgrenzen bestimmt. Sie bilden den Suchrahmen, innerhalb dessen geschulte Experten in Zeitlupeneinstellung jeweils ein lautcharakteristisches Bild festgelegen. Abbildung 2.34 zeigt den Verlauf des normalisierten Amplitudensignals für einen typischen Satz mit eingezeichneten Lautgrenzen. Zur Analyse deutscher Texte müssen etwa 100 Sätze mit insgesamt etwa 2500 Einzellauten herangezogen werden.

Visuelle Voranalyse. Die Lippenkonturen (außen und innen) sowie einige physiologische Fixpunkte werden mit Hilfe eines automatischen Bildverarbeitungssystems bestimmt und durch visuelle Merkmalswerte charakterisiert. Einen typischen Verlauf der Lippenmerkmale m_1 und m_4 zeigt Abbildung 2.35. Von Experten werden diejenigen Halbbilder des Videofilms markiert, die am besten mit den subjektiven

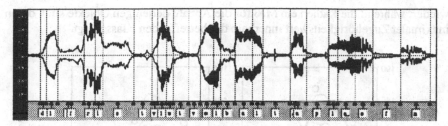

Abb. 2.34. Zeitverlauf der Amplitude eines akustischen Signals.

Empfindungen einer optimalen Artikulation der produzierten Laute übereinstimmen. Sie befinden sich meistens in Extrem- oder Wendepunkten und sind auf der Zeitachse mit einem Phonemzeichen gekennzeichnet.

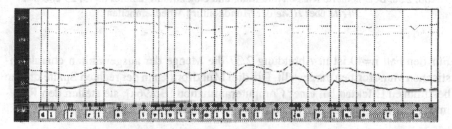

Abb. 2.35. Zeitverläufe der visuellen Parameter m_1 bis m_4.

In einigen Fällen, beispielsweise für die Laute [h, g, k], sind keine eindeutigen Bilder festzulegen; sie treten visuell in den Gesichtsbewegungen nur unwesentlich in Erscheinung und sind nicht perzipierbar. Bei einer späteren Animation werden aus diesem Grunde keine charakteristischen Bilder für die entsprechenden Laute eingesetzt.

Aufbau der Schlüsselbildbibliothek. Die n markierten charakteristischen Bilder werden auf der Basis ihrer Merkmalsvektoren $\underline{m}^i = (m^i_1, \ldots, m^i_5)^T{}_{i=1,\ldots,n}$ klassifiziert. Die den Klassenzentren $\underline{v}_{j\,j=1,\ldots,M}$ nähesten realen Vektoren bauen die Bibliothek der charakteristischen Schlüsselbilder auf.

Als Klassifikator soll ebenfalls der FCM-Algorithmus verwendet werden. Bei Vorgabe von n Klassen entsteht für jeden Sprecher eine Bibliothek von n Grauwertbildern. Abbildung 2.36 zeigt beispielhaft die Projektion von $n_1=15$ und $n_2=25$ Klassenzentren auf die Merkmalsachsen $(m_1)/(m_3)$ für eine bestimmte Sprecherin. Für Ordinate und Abzisse sind als Arbeitseinheit *Bildschirmpunkte* angenommen. Die Mittelpunkte der eingezeichneten Kreise geben die Lage der Klassenzentren

wieder, während die Radien ein Maß für die Anzahl derjenigen Objekte sind, deren
maximaler Zugehörigkeitswert innerhalb der betreffenden Klasse liegt.

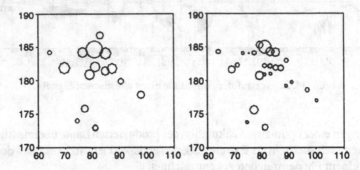

Abb. 2.36. Beispielhafte Klassenverteilung und Objekthäufigkeit für n=15, 25 und p=2,
Breite über *Höhe* der Mundkontur [Arbeitseinheiten].

Für den Fall n=40 ist in Abbildung 2.37 die Menge der ausgewählten charakteristischen Mundformen dargestellt. Die drei Mundformen in der rechten Spalte dienen
bestimmten Effekten bei einer Computeranimation [Bot96a]; sie stellen den Ruhemund, einen lachenden und einen traurigen Mund dar (v.o.n.u.).

Abb. 2.37. 40 charakteristische Mundformen, Ruhemund, lächelnder und trauriger Mund.

Einige der Mundbilder sind relativ ähnlich. Sie unterscheiden sich insbesondere
durch ihre Anordnung innerhalb des Gesichtsbildes.

2.3.2 Reglerentwurf

Prinzipiell existieren eine Reihe unterschiedlicher Systemstrukturen zum effizienten Einsatz von Fuzzy-Reglern, sowohl mit als auch ohne zusätzlichen Einsatz von menschlichen Bedienern. Zunächst sei anhand von Abbildung 2.38 kurz das Verhalten zeitdiskreter PI-Regler innerhalb von geschlossenen Regelkreisen beschrieben.

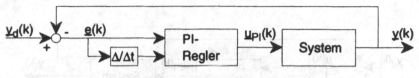

Abb. 2.38. Geschlossener Regelkreis.

Das Fehlersignal $\underline{e}(k)$ sei die Differenz zwischen dem Systemausgangssignal $\underline{y}(k)$ als Istwert und einem vorgegeben Sollwert $\underline{y}_d(k)$ zum Zeitpunkt (k). $\underline{e}(k)$ und seine inkrementale Änderung

$$\Delta\underline{e}(k) = \underline{e}(k) - \underline{e}(k-1) \qquad (2.49)$$

liefern die Eingangssignale für den PI-Regler. Dessen Ausgangssignale

$$\underline{u}_{PI}(k) = \underline{u}_{PI}(k-1) + \Delta\underline{u}_{PI}(k) \qquad (2.50)$$

führen das System. $\Delta\underline{u}_{PI}(k) = f\,[\underline{e}(k), \Delta\underline{e}(k)]$ wird so aus $\underline{e}(k)$ und $\Delta\underline{e}(k)$ bestimmt, daß der Regler das System bei kleinen externen Störungen stabil in den gewünschten Zustand mit Istwert $\underline{y}(k) \approx \underline{y}_d(k)$ zurückführt.

Wenn ein bereits installierter und mit hinreichend guten Ergebnissen arbeitender Regler optimiert werden soll, bieten sich nach Abbildung 2.39 zwei Verfahren an. In Abbildung 2.39a arbeitet der Fuzzy-Regler parallel zum bereits existierenden Regler und liefert einen gewichteten Beitrag für die Stellgröße. Es gilt

$$\underline{u}(k) = \alpha \cdot \underline{u}_{PI}(k) + (1-\alpha) \cdot \underline{u}_{FUZ}(k). \qquad (2.51)$$

Neben dem Übertragungsverhalten des zusätzlichen Fuzzy-Reglers ist jetzt auch der Faktor $1-\alpha$ einzustellen.

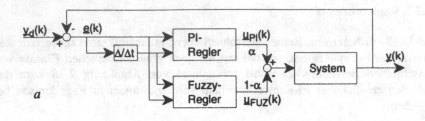

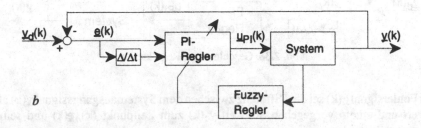

Abb. 2.39. Optimierung eines bereits vorhandenen Reglers,
a durch bereichsweises Einblenden eines zusätzlichen Fuzzy-Reglers,
b durch Variation der Parameter des PI-Reglers.

In Bereichen für $\underline{y}_d(k)$ und $\underline{e}(k)$, in denen der PI-Regler anerkannt zuverlässig arbeitet, wird $\alpha \approx 1$ angesetzt, in Bereichen, für die sich die optimale Regelstrategie nur qualitativ abschätzen läßt, soll mit $\alpha \approx 0$ im wesentlichen der Fuzzy-Regler arbeiten.

In Abbildung 2.39b arbeitet der Fuzzy-Regler als Beobachter und schätzt während des Betriebs die Parameter des PI-Reglers auf der Basis der Ein- und Ausgangssignale des Systems beziehungsweise des PI-Reglers. Dies führt zu einem adaptiven Reglerkonzept. Der Fuzzy-Regler kann als strategische Vorgabe auch Mustererkennungsaufgaben übernehmen und die einzustellenden PI-Parameter je nach Systemzustand aus einer vorhandenen, das heißt vorab gespeicherten, Bibliothek auswählen.

Ferner kann der Fuzzy-Regler zur plausiblen Eingabe der Stellgrößen dienen, also als anschauliche Mensch-Maschine-Schnittstelle. Das Blockschaltbild einer möglichen Realisierung zeigt Abbildung 2.40. Oft werden in diesem Fall nicht die Eingangsgrößen des Prozesses zur Entscheidungsfindung auf den Fuzzy-Regler geführt, sondern bestimmte interne Zustandsgrößen, die den momentanen Systemzustand charakterisieren.

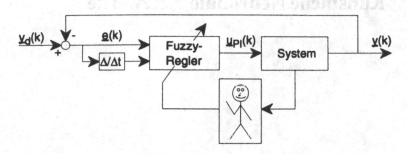

Abb. 2.40. Fuzzy-Regler als Mensch-Maschine-Schnittstelle

Der Entwickler bekommt eine elegante Möglichkeit, durch interaktive Variation der Reglerparameter direkt in das Verhalten des Gesamtsystems einzugreifen und Korrekturen zur Feinabstimmung vorzunehmen.

Eine Systemstruktur mit alleinigem Fuzzy-Regler wird sehr häufig praktisch eingesetzt und ist theoretisch weitgehend beschrieben [DHR96]. Den Regler kann man sich dabei auch aus mehreren Subsystemen mit jeweils eigenen Wissensbasen bestehend vorstellen (Regeln und ZGF), so daß er leicht zu parallelisieren ist.

Für weitergehende Darstellungen zum Entwurf von Fuzzy-Reglern sei auf [Sug85a,b], [Ped89], [KKG93], [DHR96] oder [PDH97] verwiesen.

3 Künstliche Neuronale Netzwerke

Künstliche Neuronale Netzwerke (KNN) adaptieren gezielt die Struktur und das Verhalten ihrer biologischen Vorbilder. Sie können als Multiprozessorsysteme aufgefaßt werden, die hierarchisch strukturiert aus vernetzten Einzeleinheiten bestehen. Ihre Funktionalität ist nicht fest vorprogrammiert, sondern wird erst durch Verfahren wie "Versuch und Irrtum" oder "Lernen am Beispiel" erzeugt. Sie lernen anhand von Erfolgen oder Mißerfolgen. Wenn bei einer konventionellen Modellierungsaufgabe ein mathematisches Modell vorgegeben ist, das durch Variation der Parameter an das zu lösende Problem anzupassen ist, dann werden bei KNN lediglich Modelle für den Einzelprozessor, das künstliche Neuron, und die Vernetzungsstruktur vorgegeben. Die Adaption entsteht durch gewichtetes Ein- oder Ausblenden der einzelnen Neuronen in unterschiedlichen Schichten des KNN. Bei Vorgabe nichtlinearer Modelle für die einzelnen Prozessoreinheiten entsteht durch die Vernetzung ein hohes Potential für die Schaffung nichtlinearer Übertragungseigenschaften, welches die eigentliche Adaptivität ermöglicht.

Diese Eigenschaft macht KNN für solche Gebiete attraktiv, in denen zwar keine vollständige Information über das Prozeßmodell zur Verfügung steht, aber dafür beispielhafte Trainingsdaten existieren. Da weiterhin das Ergebnis durch Parallelverarbeitung der beteiligten Einzelprozessoren entsteht, läßt sich der KNN-Algorithmus im allgemeinen leicht auf digitale Parallelrechner oder auch auf Spezialhardware übertragen, um die Verarbeitungsgeschwindigkeit zu erhöhen. Schon an dieser Stelle kann festgehalten werden, daß bei den meisten KNN der Trainingsprozeß erheblich länger dauert als die einfache Signalverarbeitung im gelernten Zustand. Sofern das KNN offline trainiert werden kann und nicht während des eigentlichen Betriebs neu adaptiert werden muß, sind in vielen Fällen moderne Digitalrechner für die Bearbeitungsgeschwindigkeit ausreichend.

KNN können in sehr unterschiedlichen Gebieten eingesetzt werden, beispielsweise in der Medizin, den Natur-, Wirtschafts- oder Sozialwissenschaften, nicht zuletzt in vielen Bereichen der Technik. Im einzelnen kann es dabei um Mustererkennung,

Klassifikation, ein- und mehrdimensionale Signalbearbeitung, Datenkompression, Zeitreihenanalyse und -prädiktion, Optimierung komplexer nichtlinearer Modelle oder um regelungstechnische Aufgaben gehen.

3.1 Biologisches Vorbild

3.1.1 Neuronen

Das Wort *Neuron* ist aus dem Griechischen abgeleitet und bedeutet in direkter Übersetzung *Nerv* oder *Nervenzelle*. Neuronen stellen die elementaren Einheiten des Nervensystems dar, die in einem kompliziert verwobenen Netzwerk untereinander Informationen austauschen oder weiterverarbeiten. Sie können als signalverarbeitende Elementarprozessoren aufgefaßt werden, die durch komplexe biochemische und elektrische Vorgänge die eingehenden Reize aufnehmen, kombinieren und als *Erregung* beziehungsweise Signal weiterleiten. Abbildung 3.1a zeigt als Beispiel eine Mikrofotografie eines floureszierend eingefärbten, bewegungssensitiven Neurons zur Verarbeitung visueller Reize im Facettenauge einer Fliege.

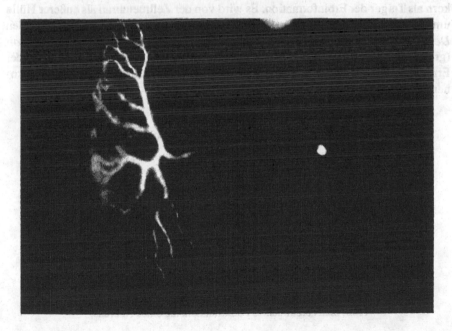

Abb. 3.1. Neuron zur visuellen Reizverarbeitung bei der Fliege
(mit freundlicher Genehmigung von Prof. M. Egelhaaf, Universität Bielefeld).

Im Körper eines Lebewesens existieren gleichzeitig sehr unterschiedliche, speziali-
sierte Neuronentypen. Die *Rezeptoren* oder Sinneszellen nehmen Reize aus der Umwelt auf und wandeln sie in elektrochemische Erregungen um, andere Neuronen
verarbeiten im Verband diese Signale weiter oder führen sie an *Effektoren*, die den
Reiz durch eine Reaktion, beispielsweise eine Muskelfaserkontraktion, beantworten.
Die *Kommandozellen* beeinflussen fördernd oder hemmend das Verhalten weiterer
Neuronen und können auch kurze Ablaufprogramme speichern.

Die Funktionsweise dieser Zellverbände kann aus Sicht eines Ingenieurs mit einem
Kommunikationsnetz zwischen Einzelteilnehmern verglichen werden. Im Abschnitt
3.1.3 werden beispielhaft Aufbau und Funktionsweise der Retina des Auges als
komplexes, hochspezialisiertes Neuronennetzwerk näher erläutert.

Physiologie eines Neurons

Trotz ihrer unterschiedlichen Form, Größe und Aufgabe liegt allen Neuronen ein
gemeinsames Funktionsschema zugrunde, das im folgenden einführend erläutert
werden soll (Abbildung 3.2). Das Neuron besitzt wie alle lebenden Zellen einen Zell-
kern als Träger der Erbinformation. Es wird von der Zellmembran als äußerer Hülle
umschlossen und läßt sich nach seiner Funktionsweise grob in drei Teile gliedern, den
Dendriten (griechisch: Verästelung), das *Soma* (griechisch: Körper) und das *Axon*
(griechisch: Achse). In einem Neuronennetzwerk sind die Dendriten zum Zweck der
Erregungs- beziehungsweise Signalübertragung mit den Axonenden anderer Neuronen verbunden.

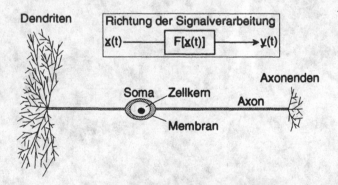

Abb. 3.2. Vereinfachtes Funktionsschema eines Neurons.

Die Verbindungsstellen, die *Synapsen* (griechisch: Kontakt, Verbindung) sind von großer Bedeutung für die Funktionsweise des Netzwerkes. Die Variabilität von Verteilung und Qualität der synaptischen Kontakte bestimmt die Merk- und Lernfähigkeit des Netzwerkes. Die innerhalb und zwischen Neuronen ablaufenden biochemischen Prozesse lassen sich durch Ionenwanderung und Membranpotentialänderungen erklären. Dabei entstehen Sequenzen impulsartiger Anregungen (*spikes*) mit Frequenzen bis zu 200 [Hz]. Diese lassen sich als kleinste erregungsübertragende Wirkungsquanten auffassen, mit deren Hilfe komplexe zeitliche Signalverläufe erzeugt werden.

Dendrit

Der Dendrit stellt mit seiner durch die baumartige Struktur sehr großen Gesamtoberfläche eine Art Auffangnetz für Ausgangssignale anderer Neuronen dar, die gesammelt an das Soma weitergeleitet werden. Die Integration der an den Dendriten eingehenden Signale geschieht nach Abbildung 3.2 sowohl nach zeitlichen, als auch nach räumlichen Vorgaben [AR88], [EB95]. Die zeitliche Summation trägt dem Phänomen Rechnung, daß an synaptischen Kontakten schnelle Impulsfolgen übergeben werden. So entstehen insgesamt elektrochemische Potentiale in Form ansteigender Rampenfunktionen. Diese ergeben sich aus der zeitlichen Abfolge und den Amplituden der Einzelimpulse. Durch biochemische Depolarisation flacht das Potential nach einer Haltezeit wieder ab. Die räumliche Summation berücksichtigt das Phänomen autonom arbeitender Vorgängerprozessoren, deren Ausgangssignale mit individueller Amplitude jeweils für eine kurze Zeit am Dendriten anliegen. Sie spiegelt die unterschiedlichen Dendritenlängen, die räumliche Verteilung der synaptischen Kontakte mit den Vorgängerneuronen und die daraus resultierenden Verzögerungseffekte bei der Informationsübertragung wider. Der Dendrit akkumuliert die durch zeitliche Summation entstandenen Einzelsignale ($x_1(t)$, $x_2(t)$ und $x_3(t)$ in Abbildung 3.3) und leitet sie an das Soma weiter. Dabei werden erregende und hemmende Signale gemeinsam bearbeitet, die durch unterschiedliche chemische Botenstoffe, elektrische Polarisation oder synaptische Verschaltung entstehen können.

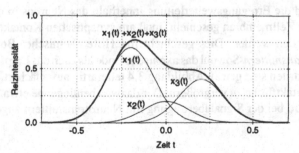

Abb. 3.3. Räumlich-zeitliche Reizsummation.

Soma

Alle integrierten Signale werden im Soma zusammengefaßt und weiterverarbeitet. Das Soma arbeitet wie eine komplexe verfahrenstechnische Fabrik, in
deren Einzelaggregaten eine Vielzahl chemischer Substanzen mit- und gegeneinander wirken. Als Resultat entsteht ein Black-Box-Übertragungsverhalten
mit Begrenzercharakteristik. Wenn das Gesamtsignal einen bestimmten Schwellwert überschreitet, *feuert* das Neuron. Das mit kurzer Zeitverzögerung produzierte Ausgangssignal wird an das Axon weitergegeben und als schnellfolgende
Impulssequenz weitergeleitet.

Axon

Das Axon stellt den Übertragungskanal zwischen Dendrit, Soma und synapti-
schem Kontakt dar. Die Unterschiedlichkeit von Neuronen drückt sich auch in
der Form ihrer Axone aus. Wenn eher Information verarbeitet werden soll, wie
beispielsweise im Gehirn, sind die Axone relativ kurz; sie besitzen aber eine
große Anzahl axonischer Enden, um Kontakt zu anderen Neuronen herzustellen.
Dagegen haben Neuronen zur reinen Erregungsweiterleitung - wie beispielsweise in Nervenfasern - häufig lange Axonen, so daß zeitverzögernde synaptische Kontakte vermieden werden. Der Informationstransport innerhalb eines
Axons geschieht als *Aktionspotential* in Form einer schnellen Verschiebung von
elektrischen Raumladungszonen in der Zellmembran. Dieses entsteht wesentlich
durch Polarisierung oder Depolarisierung von Kalium- und Natriumionen. Bei
einer maximalen Axonlänge von etwa 1 [m] können Geschwindigkeiten von 100
[m/s] erreicht werden. Es wird so verständlich, warum viele signalverarbeitende
Reflexzentren der Gliedmaßen zur weiteren Verkürzung von Reaktionszeiten im
Rückenmark liegen und nicht im Gehirn.

Synapse

Während die Erregungsweiterleitung innerhalb des Neurons in der Ummante-
lung der Zellmembran geschieht, muß am synaptischen Kontakt diese Grenze
überwunden werden. Dies geschieht mit Hilfe chemischer Botenstoffe, den
Neurotransmittern. Sowohl das axonische Ende als auch das Empfängerterminal
am Dendriten sind gemäß Abbildung 3.4 tellerartig aufgefächert, um die effektive Kontaktfläche zu vergrößern. Der dazwischenliegende etwa 20 [nm] dicke
Spalt wird bei der Signalübertragung mit Neurotransmittern angefüllt.

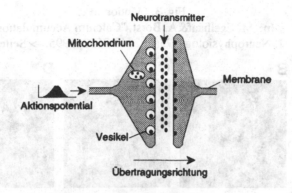

Abb. 3.4. Synaptischer Kontakt.

Das axonische Ende enthält unter anderem *Mitochondrien* (griechisch: Faden, Knötchen), welche Neurotransmitter produzieren, und *Vesikel* (lateinisch: Bläschen), die sie temporär speichern. In synaptischen Kontakten im Gehirn können gleichzeitig unterschiedliche Neurotransmitter wirksam sein. Bei Ankunft des Aktionspotentials am axonischen Ende wandern die Vesikel zum synaptischen Spalt und geben quasisynchron die in ihnen gespeicherten Moleküle des Neurotransmitters frei. Diese diffundieren durch den Spalt hindurch und werden vom Empfängerterminal aufgenommen. Dort initiieren sie Reaktionen, die zum Aufbau der Dendritenpotentiale führen, und werden dabei neutralisiert.

Neben erregenden, hemmenden und modulierenden synaptischen Kontakten existieren weitere Arten von Synapsen, auf die hier nicht weiter eingegangen werden soll. Als Empfängerterminal kann neben dem Dendriten auch das Soma oder ein anderes Axon dienen. Neuronen können auch direkt oder über andere indirekt auf sich selbst rückgekoppelt sein. Neben diesen chemischen Synapsen sind außerdem Arten bekannt, bei denen die Reizweitergabe direkt elektrisch erfolgt, also ohne den Umweg über einen explizit chemischen Stofftransport. Vereinfachend kann gesagt werden, daß die Informationsweitergabe innerhalb von Neuronen in erster Linie elektrisch erfolgt, zwischen kontaktierten Neuronen dagegen chemisch.

In den Abbildungen 3.5 a-d sind die Hauptzweige des Dendriten eines Neurons zur Verarbeitung visuell perzipierter Bewegungen in der Fliege dargestellt. Der Fliege wurde in ihrer rechten Sichthälfte einige Sekunden lang ein visuelles Muster präsentiert. Vor der Versuchsdurchführung wurde das Neuron mit einer fluoreszierenden Calciumverbindung angereichert. Über verschiedene chemische

Fig. 3. "Motion in …".
In: M. Egelhaaf&A. Borst, "Calcium Accumulation…",
J. Neurophysiology, 73(6):2540-2552, 1995. -> Seite 2545.

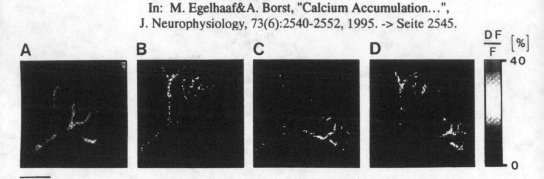

100 μm

Abb. 3.5. Hauptzweige des Dendriten eines Neurons zur Verarbeitung visuell
perzipierter Bewegungen in der Fliege, Fluoreszenzbilder
A ohne Bewegungsperzeption,
B bei Musterpräsentation in der oberen,
C unteren, D oberen und unteren rechten Sichthälfte
(mit freundlicher Genehmigung der Autoren nach [EB95]).

Reaktionen entsteht mit der relativen Änderung der meßbaren Fluoreszens DF/F [%]
ein Maß für die dabei akkumulierte Erregungsleitung und -verarbeitung in bestimmten Bereichen des Dendriten. In Abbildung 3.5 A ist das rohe Fluoreszenbild ohne
visuelle Präsentation dargestellt, während die Abbildungen 3.5 B, C, D die über
Helligkeitsschwellwerte farbkodierten Änderungen bei Musterpräsentation in der B
oberen, C unteren, D oberen und unteren rechten Sichthälfte der Fliege zeigen.

3.1.2   Neuronenverbände

Die Neuronen eines Lebewesens sind je nach Art der von ihnen zu verarbeitenden
Signale und je nach aktuellem Verarbeitungsschritt stark spezialisiert, sie übernehmen
unterschiedliche Aufgaben innerhalb eines Gesamtsystems. Während insbesondere
das Gehirn höherer Lebewesen, namentlich des Menschen, als hocheffektives, uni-
verselles biologisches Multiprozessorsystem Gegenstand von Forschungsinteressen
ist, finden sich auch an anderen Stellen des Körpers signalverarbeitende Neuronenverbände. Der zugrunde liegende Konstruktionsplan sieht vor, durch Dezentrali-
sierung schneller auf eintreffende Reize reagieren zu können. Die Sauriern hatten aus
diesem Grunde ein zweites Gehirn im Rückenmark. Ein weiteres anschauliches
Beispiel stellt die Retina des Auges dar, deren grundsätzliche Funktionsweise in
Abschnitt 3.1.3 beschrieben wird.

Die Komplexität realer Neuronenverbände entsteht einerseits durch die hohe Anzahl und verzweigte Vernetzung ähnlicher und verschiedenartiger Neuronen, andererseits auch durch unterschiedlich wirkende synaptische Kontakte. Die schematische Skizze eines Neuronenverbandes zeigt beispielhaft Abbildung 3.6. An den Verdickungen liegen Zellkörper. Die Packungsdichte ist etwa um den Faktor 100 höher als dargestellt.

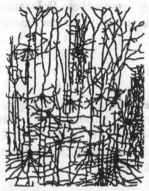

Fig. 3.6. Schematische Skizze eines senkrechten Schnitts durch den Neokortex einer Katze (modifiziert nach Ramón y Cajal (1909)).

Neuronenverbänden im Hirnbereich sind folgende Eigenschaften gemeinsam:

Parallelität

Die hohe Verarbeitungsleistung von Neuronenverbänden entsteht durch massive Parallelverarbeitung vieler asynchron arbeitender Einzelneuronen oder synchroner Neuronenfelder. Einige Teile des Neuronenverbandes können als *festverdrahtete* Struktur vorgegeben sein, während andere durch Lernprozesse herangebildet werden.

Rückkopplung

Viele der parallelgeschalteten Neuronen sind direkt oder über indirekte Rückkopplungen mit sich selbst verbunden, so daß lokal geschlossene Regelkreissysteme entstehen.

Hierarchie

Makroskopisch ergibt sich eine relativ strenge hierarchische Anordnung in biologischen Neuronenverbänden. Vorgeschaltete Einheiten beschäftigen sich mit der Vorverarbeitung der Sensorsignale und leiten ihre Resultate an höhere Einheiten weiter, die abstrakte Operationen wie beispielsweise Mustervergleiche nach Kategorien wie *langes Haar, große Augen* oder *kleine Nase* durchführen.

Verteilte Wissensspeicherung

Daten werden ähnlich wie in einem Foto-Hologramm über die gesamte Struktur verteilt gespeichert. Muster werden anhand übergeordneter abstrakter Inhalte erkannt.

Adaptionsfähigkeit

Neuronenverbände haben grundsätzlich die Eigenschaften, durch Abstraktion und Generalisierung lernfähig zu sein und ihre tatsächliche Netzwerkstruktur durch Selbstorganisation in einem Trainingsprozeß herauszubilden. In diesem Zusammenhang sei auch ihre Fähigkeit zur Neuordnung des Netzwerks bei äußeren Störungen erwähnt.

Robustheit

Bei großen Neuronenverbänden ist die aktuelle Funktionalität nur bedingt von der Wirkung einzelner Neuronen abhängig; selbst bei Totalausfall weniger Neuronen wird sich nur eine geringfügige Änderung ergeben, gerade weil die eigentliche Information verteilt gespeichert ist. Auch bei verrauschten oder unscharfen Eingabedaten kann der Vergleich der Eingabedaten mit vorhandenen, gespeicherten Mustern noch gut funktionieren.

Entscheidungsfähigkeit

Neuronenverbände im Hirnbereich sind zur Entwicklung sehr komplexer Entscheidungsstrategien oder Problemlösungen fähig. Bisherige Methoden der künstlichen Intelligenz leisten dies bei weitem nicht.

3.1.3   Funktionsweise des menschlichen Gehirns

Die Fähigkeiten des Gehirns, enorm große Datenmengen in Realzeit zu verarbeiten und schnell weitreichende Entscheidungen zu treffen, haben schon Plato (427-347 v. Chr.) und Aristoteles (384-322 v. Chr.) beschäftigt. Allein die kontinuierliche Aufnahme visueller und akustischer Daten über Augen und Ohren macht eine (unbewußte) Vorverarbeitung, Reduktion und Klassifikation der eingehenden Daten nach

Kategorien wie *wichtig, vielleicht wichtig, völlig unwichtig* oder *interessant* und *uninteressant* unerläßlich; die verbalen Bezeichnungen sollen dabei lediglich der von außen betrachteten Charakterisierung von Zuständen dienen.

Es kann davon ausgegangen werden, daß alle Verarbeitungsprozesse in mehreren hierarchisch strukturierten Ebenen als assoziative Vergleiche ablaufen. Wenn also beispielsweise ein Gesicht als visuelles Eingangsmuster mit bekannten, gespeicherten Gesichtern verglichen wird, um die entsprechende Person zu identifizieren, wird dieser Vergleich als Resultat der komplexen Vernetzung auf vielen neuromorphologischen Ebenen gleichzeitig geführt. Dabei werden keineswegs nur sensorische Eingangssignale vom Gehirn verarbeitet, sondern auch selbst produzierte interne Signale. Die Komplexität der tatsächlichen Vorgänge wird besonders deutlich, wenn Prozesse wie das Träumen, das Vorstellen oder Phantasieren in die Beschreibung einbezogen würden. Die dabei auftretenden unscharfen Kategorien und ihr Zusammenwirken lassen sich zukünftig vielleicht mit Hilfe von Fuzzy-Methoden genauer beschreiben und zu einem umfassenderen Funktionsmodell integrieren.

Ein interessantes Fallbeispiel wird bei [Kar96] erwähnt. Während einer Operation wurde ein Teil des Gehirns eines Patienten irrtümlich elektrisch stimuliert. Nach der Genesung sagte der Patient aus, während der Operation bestimmte Erlebnisse nacherlebt zu haben. Die Ärzte führten diese Erlebnisse auf die Elektrostimulation zurück, welche die Erinnerung so deutlich erscheinen ließ, daß ein starkes Realitätsgefühl entstand. Ähnliche Erlebnisse werden auch von Personen berichtet, die bestimmte haluzinogene Drogen eingenommen haben, die Einfluß auf die Funktionalität der synaptischen Kontakte nehmen.

Bemerkung: *Das Prinzip Hoffnung*

In einem Tierexperiment wurden zwei gleichaltrige gesunde Ratten in jeweils ein mit Wasser gefülltes Gefäß gesetzt, in dem sie sofort zu schwimmen begannen. Der Versuchsleiter maß die Zeitspanne, bis sie soweit ermüdeten, daß sie das Schwimmen aufgaben. In das eine Gefäß wurde kurz nach Versuchsbeginn ein Holzstück gelegt, auf dem sich die Ratte sofort festkrallte. Dieses wurde nach zehn Sekunden gewaltsam wieder entfernt. Die Ratte mit entwendetem Holzstück schwamm nun sehr lange Zeit weiter, während die andere bereits nach viel kürzerer Zeit aufgab. Während also die kurzzeitig motivierte *Aussicht auf Rettung* als intern und selbständig produziertes Signal den gedanklichen Zustand des *Willens und Mutes zum Überleben* über lange Zeit aufrecht erhalten konnte, war diese Kontinuität bei dem anderen Tier offensichtlich nicht möglich. Man kann daraus schließen, daß die bei Denkprozessen beteiligten Parameter über interne Rückkopplungen beeinflußt werden und selbsterhaltend oder -hemmend wirken können, da die von außen auf die Ratten wirkenden Reize nach Entfernen des Holzstücks sehr ähnlich waren. Aus eher psychologisch motivierter Sicht kann der Vorgang mit Hilfedes abstrakten Begriffs *Hoffnung* als unscharfer Variable modelliert werden. Auch an dieser Stelle wird also deutlich, daß sich eine Systembeschreibung durch Neuronale Netze und Fuzzy- Methoden ergänzen kann. Bemerkenswert ist auch, daß dieses Experiment vielen Lesern und Zuhörern - eventuell durch eigene Erfahrung - unmittelbar einleuchtend ist.

Einige Eigenheiten des menschlichen Gehirns

Aufbau und Funktionalität des menschlichen Gehirns vereinigen seit alters das Interesse von Medizinern, Psychologen, Naturwissenschaftlern und Philosophen. Die Forschungsinteressen gewannen neue Aspekte, als Ingenieure daran gingen, durch gezielte Imitationsversuche die Arbeitsweise dieses enorm effektiven Biocomputers nachzubilden. Im folgenden soll deshalb ein kurzer Überblick über den strukturellen Aufbau aus physiologischer und funktionaler Sicht gegeben werden. Aus den komplexen Aufgabenverteilungen der einzelnen Hirnregionen sowie der großen Anzahl verschalteter Neuronen wird deutlich, daß die globale Funktionalität nur unzureichend mit Hilfe konventioneller mathematischer Methoden beschrieben werden könnte. Einzelne Prozesse - wie die Modellierung auditiver oder visueller Perzeption und die Entscheidungsfindung anhand von Mustererkennungsaufgaben - wurden dagegen bereits erfolgreich mit Hilfe von Fuzzy-Methoden modelliert (zum Beispiel bei [MC93], [Mas94]).

Das menschliche Gehirn bildet den Abschluß des Rückenmarks, welches längs durch den Körper in die Wirbelsäule eingebettet ist und umgekehrt auch als verlängerter Teil des Gehirns angesehen werden kann. Während das Gehirn die Kommandozentrale im Zentralnervensystem darstellt, sind dem Rückenmark vorwiegend vorverarbeitende, reflexbildende und weiterleitende Aufgaben zugeordnet. Wie in Abbildung 3.7a angedeutet gliedert sich das Gehirn in mehrere Teilabschnitte, die sich im Laufe eines evolutionären Prozesses ausgebildet haben. Diese unterscheiden sich strukturell und nach Art ihres Aufgabenbereichs.

Es werden drei grundsätzliche Abschnitte unterschieden: Rautenhirn, Mittelhirn und Vorderhirn. Das Rautenhirn besteht aus dem an das Rückenmark anschließenden Nachhirn mit Zentren zur Regulation von Atmung und Blutkreislauf sowie dem Hinterhirn mit zwei durch die beiden Kleinhirnhälften (Cerebellum) gebildeten Auswüchsen. Aufgabe des Hinterhirns ist die schnelle räumliche Koordinierung bestimmter sensorischer Reize und dazugehöriger Muskelbewegungen. Aufgabe des anschließenden Mittelhirns ist das Aufrechterhalten des Körpergleichgewichts und die Regulierung der entsprechenden Bewegungen sowie die mögliche Hemmung bestimmter Reflexe. Über das Mittelhirn ist das Vorderhirn verbunden, das sich in vier grundsätzliche Regionen aufgliedert: das Zwischenhirn mit Thalamus, Hypothalamus und Scheidewand, die Retina der Augen sowie die beiden Großhirnhälften.

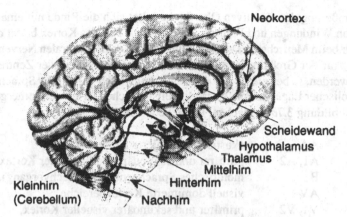

Abb. 3.7a. Schematische Darstellung der Hirnregionen
(modifiziert nach [Hei95]).

Das Zwischenhirn kontrolliert Stoffwechsel, Kreislauf sowie Wärme- und Wasserhaushalt.

Die Retina liegt als quasi-ausgelagerter Teil des Vorderhirns im Augapfel und ist dort für die Aufnahme, Vorverarbeitung und Datenkompression visueller Signale zuständig. Auf ihre Wirkungsweise wird im anschließenden Abschnitt 3.1.3 näher eingegangen. Die Neuronen der ca. 2-5 [mm] dicken Rinde der beiden Großhirnhälften (Kortex; lateinisch: Rinde) sind hauptsächlich an übergeordneten symbolischen Verarbeitungsprozessen beteiligt; in ihnen können auch die Bewußtseinsvorgänge lokalisiert werden. Für bewußtes Erleben ist oft eine Großhirnhälfte dominant [Spe70].

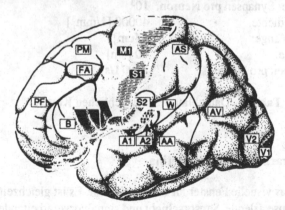

Abb. 3.7b. Regionale Verteilung der Sinnesverarbeitung auf der Großhirnrinde
(modifiziert nach [Hei95]).

Zur Vergrößerung der effektiven Oberfläche faltet sich die Rinde mit einer großen Anzahl von Windungen und Furchen. Den größten Teil des Kortex bildet der Neokortex, der beim Menschen bis zu 70% aller Neuronen des zentralen Nervensystems vereinigt. Auf der Großhirnrinde können verschiedene Felder oder Zentren unterschieden werden, so beispielsweise die Bewegungs-, Seh-, Hör- oder Sprachzentren. Ein symbolischer Lageplan mit Zuständigkeitsbereichen ist auf der vorhergehenden Seite in Abbildung 3.7b angegeben. Darin bedeuten unter anderem

AA	akustisch dominierte Kortexbereiche,
A1, A2	primärer und sekundärer auditorischer Kortex,
B	motorisches Sprachzentrum (Sprechvorgang),
AV	visuell dominierte Kortexbereiche,
V1, V2	primärer und sekundärer visueller Kortex,
AS	sensorisch dominierte Kortexbereiche,
S1, S2	primärer und sekundärer sensorischer Kortex.

Weitergehende detaillierte Darstellungen sind beispielsweise in [NF92], [Ges92], [HW92], [ZR94] oder [Hei95] zu finden.

In Tabelle 3.1 sind die Größenordnungen einiger geschätzter, die Neuronen im Gehirn kennzeichnender Mittelwerte angegeben, die einen Eindruck von Quantität und Qualität der ablaufenden Operationen widerspiegeln (nach [Kar96]).

Neuronenanzahl:	10^{11}
Anzahl der Synapsen pro Neuron:	10^3
Neuronendichte:	40000 [1/mm^3]
Dendritenlänge:	1 [cm]
Axonlänge:	10 [cm]
Operationen pro Neuron:	100 [1/s]

Tab. 3.1. Datenblatt des menschlichen Kortex.

3.1.4 Signalverarbeitung in der Retina

Das Auge stellt das visuelle Fenster für das Gehirn dar. Es ist gleichzeitig optisches Instrument mit Linse, Blende, Sensorschicht und signalvorverarbeitender Computer. Seine Funktionsweise ähnelt der einer vollautomatischen digitalen Kamera. Die

Arbeitsweise und die nach räumlichen und funktionalen Kriterien gegliederte Struktur dieses Fensters sollen im folgenden näher erläutert werden, um zu zeigen, wie Neuronenverbände mit Hilfe übergeordneter Vorgaben an die Bearbeitung bestimmter Aufgaben optimal angepaßt werden können.

Neuronale Struktur des Sehapparats

Die Retina besteht aus einer dichten Matrix von neuronalen Photorezeptoren, welche die von der Linse fokussierten Photonen in Nervenreize umwandeln. Sie reagieren in einem äußerst großen Helligkeitsbereich sowohl im Sonnenlicht als auch bei Sternenschein. Wie in Abbildung 3.8 schematisch angedeutet, existieren zwei verschiedene Arten spezialisierter Rezeptorzellen, die Stäbchen und die - viel selteneren - Zapfen. Zapfen sind für das Sehen am Tage zuständig und liefern Farbbilder, indem sie entweder rote, grüne oder blaue photoempfindliche Pigmente einlagern. Stäbchen reagieren als chemische Photomultiplizierer etwa hundertmal empfindlicher auch auf wenige Photonen, sie übernehmen das Sehen bei geringer Beleuchtung, liefern dafür aber nur Grauwertinformation.[1] Ihre Reaktionszeit ist etwa fünfmal geringer.

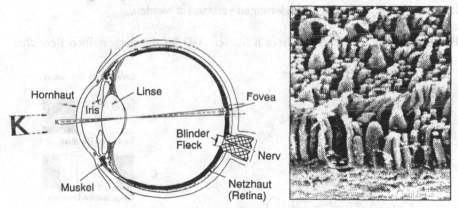

Abb. 3.8. Sagittalschnitt durch das Auge, Stäbchen und Zapfen
als optische Rezeptorzellen in der Retina
(modifiziert nach [Hei95]).

Stäbchen und Zapfen haben eine unterschiedliche räumliche Verteilung auf der Retina. Am hinteren Augenpol, etwa in der Verlängerung der Linsenachse, liegt eine besonders hohe Konzentration von Zapfen, die Fovea. Diese Stelle ist fein differenziert

---

[1] Daraus leitet sich das Sprichwort *In der Nacht sind alle Katzen grau* ab.

und dient dem scharfen Sehen. Zur Peripherie hin wird der Bau der Retina gröber, sie dient hier im wesentlichen der Vergrößerung des Gesichtsfeldes; ein gewünschtes Fixieren von Gegenständen findet durch Augenbewegung so statt, daß das Abbild zur Fovea wandert. An der Austrittsstelle des optischen Nervs liegt ein blinder Fleck.

Die Photorezeptoren wandeln Licht in elektrische Signale um, die von anderen Neuronen weiterverarbeitet werden. Die entstehenden abstrakteren Informationen oder Bildmerkmale werden von den Sehnerven zum visuellen Kortex weitergeleitet. gemäß Abbildung 3.9 verteilen sich die Sehnerven der beiden Augen so, daß die linke und rechte Hemisphäre des Gesichtsfeldes über Kreuz in die rechte und linke Großhirnrinde übertragen werden.

Hier entsteht ein systematisches Abbild der Stimuli durch Anordnung unterschiedlicher Neuronencluster in Streifenmustern. Diese Cluster sind sensitiv für verschiedene Reize. Einfache Neuronen reagieren auf Streifen des Bildes von bestimmter Länge und Orientierung oder auf Kreise, andere auf Bewegungen von Ecken oder Kanten. Kompliziertere Neuronen verarbeiten Signale beider Augen. Das Phänomen des räumlichen Sehens kann damit vereinfachend als eine Überlagerung von monokularen und binokularen Größenänderungen verstanden werden.

Bei Defekten an den eingezeichneten Stellen A-D für die dargestellten Bereiche seines Sichtfeldes.

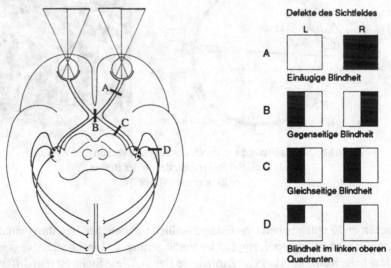

Abb. 3.9. Übertragung der visuellen Information von der Retina auf den Neokortex.

Bildverarbeitung in der Retina

Die Stäbchen und Zapfen der Retina sind zunächst mit bipolaren Neuronen ver-
schaltet, die wiederum ihre Signale an Ganglienzellen weitergeben. Die Axonen der
Ganglien bilden die Sehnerven. An beiden Übergängen wird ensprechend Abbildung
3.10 durch horizontal verschaltete Interneuronen eine über die Retina verteilte räumliche Vernetzung erreicht, die das Herausarbeiten von Bildmusterelementen erlaubt.

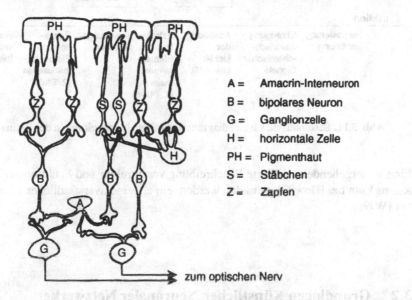

A =   Amacrin-Interneuron
B =   bipolares Neuron
G =   Ganglionzelle
H =   horizontale Zelle
PH =   Pigmenthaut
S =   Stäbchen
Z =   Zapfen

zum optischen Nerv

Abb. 3.10. Verschaltung der Neuronen in der Retina, Signalverarbeitung.

So wird es möglich, daß bestimmte Ganglienzellen nur richtungs- und muster-
abhängige Veränderungen weitergeben. Mit einem Tiefpaßverhalten der Rezeptorzellen, das eine Integrationszeit von etwa 0.1 [s] aufweist, wird die visuelle Information in abstraktere positions- und bewegungsabhängige Einheiten überführt. Die
Quantität der dabei entstehenden Datenreduktion wird ersichtlich, wenn man bedenkt,
daß die Retina etwa 120 Millionen Stäbchen und 7 Millionen Zapfen enthält, aber nur
etwa eine Million Ganglienzellen, die den Sehnerv bilden und die Information an die
Großhirnrinde weiterleiten. In der Nähe des hinteren Augenpols besteht nahezu eine
1:1-Verbindung zwischen den Photorezeptoren und den Ganglien, so daß hier die
gewünschte hohe räumliche Auflösung erreicht wird. In Abbildung 3.11 ist ein vereinfachtes Blockdiagramm zur Signalverarbeitung in der Retina angegeben, das als
Grundlage für die Entwicklung einer künstliche Retina mit Hilfe von neuromorphen
Chips in Siliziumtechnologie dienen kann [KM96], [WR96].

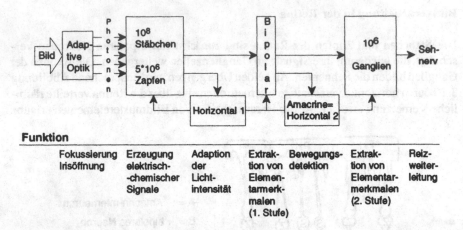

Funktion

Fokussierung Irisöffnung	Erzeugung elektrisch- -chemischer Signale	Adaption der Licht- intensität	Extrak- tion von Elemen- tarmerk- malen (1. Stufe)	Bewegungs- detektion	Extrak- tion von Elementar- merkmalen (2. Stufe)	Reiz- weiter- leitung

Abb. 3.11. Schematisches Blockdiagramm zur Signalverarbeitung in der Retina.

Eine weitergehende detaillierte Beschreibung von Struktur und Funktionsweise der Retina kann bei [Dow87] gefunden werden, ein allgemeinverständlicher Überblick bei [WJ96].

3.2   Grundideen Künstlicher Neuronaler Netzwerke

Bei der funktionalen Modellierung von Neuronenverbänden werden vereinfachte, standardisierte Übertragungsfunktionen für die Neuronen postuliert und die Neuronenverbände zu strukturierten Einheiten, *Netzwerktopologien*, zusammengefaßt. Die so entstehenden *Künstlichen Neuronalen Netzwerke* (KNN) bestehen im allgemeinen aus einer großen Anzahl informationsaustauschender Modellneuronen (*Zellen* oder *Neuronen*) mit ähnlichen charakteristischen Eigenschaften, beispielsweise der Soma-aktivierung durch Akkumulation der gewichteten Eingangssignale oder der Berechnung und Weiterleitung des axonischen Aktionspotentials.

Die Signalverarbeitung innerhalb von KNN geschieht durch parallele Aufspaltung der Information in Grundeinheiten, die dann getrennt oder in hierarchischen Funktionsblöcken kombiniert weiterverarbeitet werden. Anschauliche Beispiele im biologischen Vorbild sind die Zerlegung der Farbinformation in Amplitudenanteile des Rot-, Grün- und Blausignals oder die Aufspaltung komplexer Bildinhalte in Grundelemente oder *Prototypmerkmale* wie Ecken, Kanten, Linien, Flächen oder daraus abgeleitete komplexe Gebilde. Die Speicherung und die Assoziation von Bildern geschieht im Gehirn auf der Basis dieser oder ähnlicher Prototypen. Dies führte als Konsequenz zur Entwicklung mehrschichtiger KNN, bei der jede Schicht aus einer relativ großen Anzahl einzelner Zellen bestehen kann. Insgesamt zeigte es sich aber, daß allein durch die Einführung einer neuen Neuronenschicht eine gezielte Prototypenbildung nicht erreicht werden kann, sondern das gespeicherte Wissen vielmehr in nicht interpretierbarer Form räumlich verteilt abgespeichert ist.

Obwohl es bei der Modellierung des biologischen Vorbildes sinnvoll wäre, die grundsätzliche Vorgehensweise einer Prototypenbildung auch in KNN zu berücksichtigen, wurde das Hauptaugenmerk in den Anfangsjahren zunächst auf die Entwicklung universeller Topologien und Algorithmen gelegt. Erst in neuerer Zeit wird verstärkt der Versuch unternommen, unscharfe Prototypmerkmale oder grundsätzliche funktionale Kategorien der Signalverarbeitung bei der Modellierung mit heranzuziehen. Zwei Beispiele dafür sind die Radialbasisfunktions-Netzwerke, die auf Ähnlichkeiten bei der Aktivierung in räumlich benachbarten Neuronenverbänden eingehen, sowie bestimmte Fuzzy-Neuronale Netzwerke. Sie werden in folgenden Kapiteln beschrieben. In einigen Fällen kann die exakte funktionale Äquivalenz zwischen Fuzzy-Inferenzmaschinen und KNN nachgewiesen werden.

3.2.1 Netzwerktopologie

Die KNN-Topologie beschreibt die Anzahl der künstlichen Neuronen innerhalb eines Netzwerkes sowie deren Verbindungsmatrizen v_{ij} und w_{jk}. Die funktionalen Eigenschaften eines KNN sind durch seine *Neurodynamik* festgelegt, also durch Algorithmen, die bestimmen, wie Muster gelernt, abgefragt, mit bekannten Mustern verglichen oder assoziiert werden. Einige sehr häufige ein- oder mehrschichtige Netzwerktopologien sind in Abbildung 3.12 dargestellt. Die Neuronen oder Zellen sind dabei durch Kreise gekennzeichnet.

Die *Eingangsschicht* nimmt die anliegenden Eingangsvektoren auf und verteilt die einzelnen Werte weiter, die *Ausgangsschicht* speichert den Ausgangsvektor. Bei vielen Netzwerktopologien sind außerdem eine oder mehrere *verdeckte Schichten* vorhanden, die zwischen Ein- und Ausgangsschicht vermitteln. Grundsätzlich werden *vor-* und *rückwärtsgekoppelte* sowie *konkurrierende* Topologien (feedforward, backward, competitive) je nach Richtung der Informationsweitergabe während der Funktionsphase des KNN unterschieden; während der Trainingsphase liegen meistens auch die entgegengesetzten Informationsrichtungen vor. Wie Abbildung 3.12 zeigt, können durch Kombination auch gemischte Topologien entstehen.

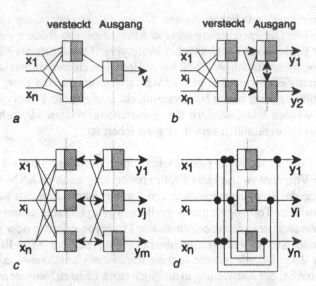

Abb. 3.12. Grundsätzliche KNN-Topologien:
a zweischichtig vorwärts gekoppelt, *b* zweischichtig in Wettbewerb (competitive),
c zweischichtig dynamisch, *d* rückgekoppelt (rekurrent).

Das Beispiel einer sehr einfachen Netzwerktopologie soll anhand der Abbildung 3.13 näher erläutert werden. Es handelt sich dabei um ein vorwärtsgerichtetes KNN mit den drei Zell-Schichten Z_{1i}, Z_{2j}, Z_{3k}. Jede Schicht ist mit einem Programmmodul vergleichbar, das bei festgelegten Ein- und Ausgabeschnittstellen eine bestimmte Aufgabe erfüllt (z.B. Zwischenspeicherung, Vorverarbeitung, Merkmalsextraktion). Die Zellen benachbarter Schichten sind über *Gewichte* v_{ij}, w_{jk} miteinander verbunden, die die Stärke der synaptischen Kontakte repräsentieren. Die Zellen Z_{1i} der Eingabeschicht werden aus linearen Neuronenmodellen gebildet (siehe Abschnitt 3.2).

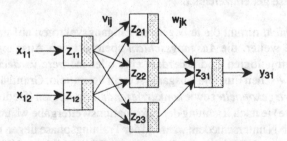

Abb. 3.12 *d*. Beispiel einer aus drei Schichten bestehenden Netzwerktopologie mit versteckter (*hidden*), Ein- und Ausgabeschicht sowie trainierbaren Gewichten.

Zum Zeitpunkt t liegt der Eingangsvektor $\underline{x}_1(t) = [x_{11}(t), x_{12}(t)]^T$ an. Die Zellen Z_{1i} erzeugen einen Ausgangsvektor $\underline{y}_1(t) = [y_{11}(t), y_{12}(t)]^T$, der mit den Gewichten v_{ij} multipliziert an den Eingang $\underline{x}_2$ der Zellschicht Z_{2i} geführt wird. Es gilt

$$\underline{x}_2(t) = [x_1(t), x_2(t), x_1(t), x_2(t), x_1(t), x_2(t)]^T.$$

Die Ausgänge $y_{2j}(t)$ der versteckten Schicht bilden die Eingänge x_{3j} der Ausgangszelle Z_{31}:

$$\underline{x}_3(t) = [y_{21}(t), y_{22}(t), y_{23}(t)]^T.$$

Am Ausgang von Z_{31} entsteht das Ausgangssignal $y_{31}(t)$.

Bemerkung

> Viele Autoren zählen die Eingangszellen nicht als eigene Schicht mit, da diese lediglich die Eingangssignale speichern und unverändert weitergeben. Nach dieser Zählweise ist also das KNN in Abbildung 3.25 zweischichtig.

Genaue mathematische Analysen wie beispielsweise bei [HKP91] und [Zel94] können aufzeigen,

* wie komplex ein KNN sein muß, um eine Aufgabe ausführen zu können,
* wieviel Information dann gespeichert werden kann,
* wie schnell und präzise das KNN lernt,
* wie verläßlich es ein gewünschtes Ausgangssignal bei Vorhandensein von zusätzlichem Rauschen oder bei fehlerhaften Eingangssignalen produziert,
* welche Eingangs-Ausgangs-Stabilität es bei wiederholtem Lernen aufweist,
* inwiefern das Lernen zusätzlicher Trainingsmuster die bereits gespeicherten Muster verändert und
* wie das KNN auf den Ausfall einzelner Neuronen reagiert.

3.2.2   Lernverfahren

Ein KNN bildet einen Eingabe- auf einen Ausgabevektorraum ab. Lernen wird als Veränderung dieser Abbildung verstanden. Das KNN soll sich dabei so verändern, daß eine gewünschte Abbildung verbessert wird. Man kann zwei Arten des Lernens unterscheiden, das Lernen der Struktur (z.B. Anzahl, Typ, Verbindung von Neuronen und Schichten) und das Lernen von Kennwerten (synaptische Übertragungsfaktoren, axonische Schwellwerte). Der Lernvorgang ist beendet und wird abgebrochen, wenn die gewünschten Ausgangssignale hinreichend genau reproduziert werden.

Ausgehend vom biologischen Vorbild wurde ein große Anzahl unterschiedlicher Lernregeln entwickelt, die durch verschiedene Lerngleichungen zur Variation der freien Parameter gekennzeichnet sind. Einige der Verfahren beziehen sich speziell auf dazugehörige KNN.

Bemerkung

Lernregeln für KNN sind mathematische Optimierungsverfahren, die nach Vorgabe eines robusten Konvergenzverhaltens entwickelt wurden. Die einzelnen Lernschritte müssen deshalb im biologischen Vorbild nicht nachvollziehbar sein, obwohl das Gesamtkonzept durch gezieltes Abgucken motiviert ist.

Online-, Offline-Lernen (Einzel-, Gesamtschritt-Lernen)

Der Lernvorgang wird anhand von bekannten Trainingsmustern in zeitlich auf-einanderfolgenden Lernzyklen durchgeführt, die aus der Präsentation der Muster und der Adaption oder Korrektur der freien Netzwerkparameter bestehen. Wird diese Korrektur nach jedem einzelnen Trainingsmuster durchgeführt, spricht man von *Online-Lernen*. Im Gegensatz dazu werden beim *Offline- (Batch) Lernen* mehrere Muster nacheinander angelegt und erst die aufsummierten Fehlersignale zur Korrektur herangezogen.

Zunächst soll jetzt eine grobe Einteilung der verschiedenen Lernverfahren erfolgen. Dazu können drei methodische Klassen unterschieden werden, das überwachte, unüberwachte und verstärkende Lernen.

Überwachtes Lernen (*supervised learning*)

Für bestimmte Testmuster sind *richtige* Antworten oder Klasseneinteilungen (bzw. ein *Lehrer*- oder *Supervisor*) bekannt. Das Lernen erfolgt *überwacht* durch Versuch-und-Irrtum-Entscheidungen des Lehrermoduls. Die Abweichung des zunächst generierten vom gewünschten Ausgangssignal stellt das Fehlersignal dar, das es zu minimieren gilt. Beispiele sind die Widrow-Hoff- und die Back-propagation-Lernregeln, die im nächsten Abschnitt detailliert dargestellt werden.

Unüberwachtes Lernen (*unsupervised, self-organizing learning*)

Der *Lehrer* wird erst während des Lernens aufgebaut, liegt also bei Beginn noch nicht vor. Das Lernen geschieht hier vielfach schneller, und die entsprechenden KNN sind weniger komplex aufgebaut. Bekannte Beispiele stellen die Hebb- oder Hebb-Oja-Lernregeln dar [Heb49, Oja82]. Eine besondere Klasse von KNN, die mit unüberwachtem Lernen trainiert werden, sind die Self-Organizing Maps (SOM), die im Abschnitt 3.4 beschrieben werden [Koh89].

Eine spezielle Art des unüberwachten Lernens stellt das *Wettbewerbslernen* (*competitive learning*) dar. Wie bereits in Abbildung 3.12 angedeutet, konkurrieren mehrere Ausgabezellen darum, den aktuellen Ausgabewert liefern zu dürfen. Nach Beendigung des Lernvorgangs haben sie sich auf unterschiedliche Eingangsmuster spezialisiert, und die anderen sind jeweils abgeschaltet. Da die Lage der aktuellen Gewinnerzellen innerhalb einer Schicht sehr stark von der Anfangsinitialisierung abhängt, werden versteckte Schichten nicht mit konkurrierendem Lernen trainiert.

Bestärkendes Lernen (*reinforcement learning*)

Ein Reinforcement- (Güte-, Schiedsrichter-) Signal gibt an, ob sich die Adaptionsleistung des KNN verbessert oder verschlechtert hat und ob die Korrelation der getroffenen Entscheidungen mit dem Prozeßsignal vergrößert oder verkleinert werden soll. Bekannte Beispiele für KNN, die mit verstärkendem Lernen trainiert werden, sind die ART-Topologien und das ARIC-Fuzzy-Neuronale Netzwerk.

3.2.3 Stabilitäts-Plastizitäts-Dilemma

Stabilität eines KNN bedeutet die Fähigkeit, einmal Gelerntes gespeichert zu halten, und beschreibt den Gleichgewichtszustand der freien KNN-Parameter. Während ein weiterer Lernzyklus mit einem bereits bekannten Muster die gewünschte Abbildung oder Klassifikation dann nur wenig verändern wird, kann das Anlegen eines gänzlich neuen Trainingsmusters die Parameter sehr stark verändern. Dies bedeutet, daß das KNN gespeicherte Muster (bzw. sein 'Gedächtnis') verliert. Das Trainieren neuer Muster sollte bei solchen KNN-Topologien also vermieden werden.

Andererseits ist es nicht wünschenswert, beim Auftreten definitiv neuer Trainingsmuster das gesamte KNN erneut trainieren zu müssen. Die Modifizierbarkeit eines

KNN mit der Vorbedingung einer nur unwesentlich veränderten Funktionalität, also die Fähigkeit, alte Muster bei Präsentation neuer zu bewahren, heißt *Plastizität*[1]. Ein wesentliches Entwicklungsziel für KNN-Topologien ist es deshalb, eine hohe Plastizität bei gleichzeitiger Stabilität zu erreichen. Beide Phänomene stehen miteinander in Konkurrenz. Diese Problemstellung ist als *Stabilitäts-Plastizitäts-Dilemma* bekannt und wird durch folgende Fragestellung beschrieben: "Wie können neue Assoziationen hinreichend gut angelernt werden, ohne daß dabei altes Wissen vergessen wird?"

---

[1] Dieser Begriff stammt aus der Werkstoffwissenschaft und ist ein Maß dafür, wie sehr ein Stoff deformiert werden kann, ohne seine charakteristischen Eigenschaften zu verlieren.

3.3 Neuronenmodelle

Diesem Abschnitt stellt verschiede Neuronenmodelle vor. Bei der mathematischen Modellierung werden dabei vereinfachte, standardisierte Übertragungsfunktionen postuliert, die Neuronenverbände werden zu strukturierten Einheiten zusammengefaßt. Das Verhalten der drei im Abschnitt 3.1.1 beschriebenen Funktionseinheiten eines Neurons wird nach Abbildung 3.13 separat modelliert.

An den Synapsen (j) werden ausschließlich binäre Signale übergeben. Die Qualität der Kontakte ist durch Gewichtungsfaktoren w_j nachgebildet. Der Dendrit stellt einen Zwischenspeicher für die gewichteten Eingangsgrößen x_j dar. Im Soma geschieht die Akkumulation der Eingangswerte (Σ_j ...) sowie eine Aktivierung des Aktionspotentials für das Axon (z.B. Schwellwertbildung S). Das Axon leitet dieses Signal weiter und erzeugt das Ausgangssignal y ($x_1,...,x_n$).

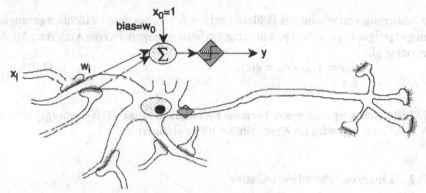

Abb. 3.13. Biologisches Neuron und Modellneuron mit zusätzlichem Schwellwerteingang.

3.3.1 Adaptive Linearkombination (Adaline)

Die wohl einfachste Modellierung des Neuronenverhaltens geht von einer einfachen Linearkombination der Eingangssignale x_i mit Hilfe von variablen Koeffizienten w_i aus. Diese bilden die Qualität der - in Lernprozessen entwickelten - synaptischen Kontakte nach, während die Summation der Reizintegration im Soma entspricht. Als Ergebnis entsteht das reellwertige Ausgangssignal

$$y = w_0 + \Sigma_{j=1,...,n} \ w_j \ x_j = w_0 + \underline{w}^T \underline{x}, \quad y \in \mathbb{R} \qquad (3.1)$$

mit dem *Eingangsvektor* $\underline{x} \in \mathbb{R}^n$ und dem *Gewichtsvektor* $\underline{w} \in \mathbb{R}^n$. Durch Variation der

Koeffizienten kann dieses Prozessorelement in einem iterativen Prozeß an gewünschte Übertragungsfunktionen angepaßt werden, es entsteht das *Adaline* (*adaptive linear combiner element*; [WH60]) nach Abbildung 3.14.

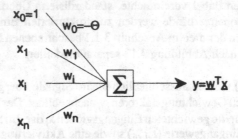

Abb. 3.14. Adaptives Linearkombinations-Element (Adaline).

Zu Justierung von $\underline{w}$ wird das Fehlersignal $\varepsilon = y_k - y_d$ aus dem tatsächlich erzeugten Ausgangssignal y_k und dem gewünschten y_d herangezogen. Für die Änderung $\Delta\underline{w}$ der Gewichte gilt

$$\Delta\underline{w} = \underline{w}_{k+1} - \underline{w}_k = g(\varepsilon). \tag{3.2}$$

Die historisch vorgeschlagene Lernregel g ist als Widrow-Hoff-Lernregel oder α-LMS bekannt und wird im Abschnitt 3.4 näher erläutert.

3.3.2 Lineares Schwellwert-Gatter

Das Lineare Schwellwert-Gatter (LSG) kann auf Postulierungen von [CP43] zurückgeführt werden. Es arbeitet als Addierer mit Schwellwertbildung und erzeugt ein binärwertiges Ausgangssignal $y \in \{0,1\}$. Mit dem Eingangsvektor $\underline{x} \in [-1,1]^n$ und dem Gewichtsvektor $\underline{w} \in \mathbb{R}^n$ ergibt sich als akkumuliertes Aktivitätssignal z $(\underline{w},\underline{x})$ mit

$$z\,(\underline{w},\underline{x}) = \sum_{j=1,\dots,n} w_j\, x_j = \underline{w}^T \underline{x}\,, \tag{3.3}$$

wobei die Summation über alle Eingangswerte erfolgt. Bei Zusammenschaltung mehrerer LSG werden für den Fall $y \in \{0,1\}$ die x_j wenigstens der Nachfolgeeinheiten nur binäre Werte annehmen können. Dies stellt einen Sonderfall von Gleichung 3.3 dar.

Beim ursprünglichen Modell nach McCulloch-Pitts [CP43] war zunächst kein Adaptions- oder Lernmechanismus vorgesehen. Dies war erst der nächsten Generation von Modellen vorbehalten, wie beispielsweise dem Perzeptron [Ros59, 62]. Als Aktivierungsfunktion $y = f(z)$ wird ein linearer Schwellwertbilder mit der Schwelle w_0 angenommen. Das Axon feuert also für $\underline{w}^T\underline{x} > \Theta$. Dieser Sachverhalt kann auch durch eine neue Funktion

$$z_s(\underline{w}, \underline{x}, \Theta) = \underline{w}^T\underline{x} - \Theta$$

beschrieben werden, mit der das Axon bereits für $z_s(\underline{w}, \underline{x}, \Theta) > 0$ feuert. Das Ausgangssignal $y(\underline{w}, \underline{x}, \Theta)$ ergibt sich mit einer *scharfen* Schwellwertfunktion zu

$$y(\underline{w}, \underline{x}, \Theta) = f(\underline{w}^T\underline{x} - \Theta) = \begin{cases} 1 & \text{für } \underline{w}^T\underline{x} - \Theta \geq 0 \\ 0 & \text{sonst} . \end{cases} \tag{3.4}$$

Eine grafische Repräsentation von Gleichung 3.4 ist in Abbildung 3.15 dargestellt. Die Aufgabe des Soma, Akkumulation und Schwellwertbildung, wird durch die schematische Teilung nachempfunden. Der Schwellwert Θ wird im Trainingsprozeß mit dem gleichen Algorithmus wie die Gewichtsfaktoren w_i verändert. Gleichung 3.4 kann auch durch Einführung eines zusätzlichen Bias-Eingangssignals "1" erreicht werden, das mit einem Faktor w_0 gewichtet wird.

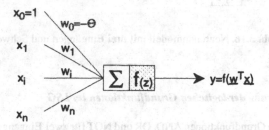

Abb. 3.15. Grafische Repräsentation eines linearen Schwellwert-Gatters (LSG)

Diese Darstellung führt zu einer symmetrischen Beschreibung des LSG mit einem einheitlichen Trainingsalgorithmus. Mit den neuen, erweiterten Vektoren

$$\underline{x}' = (1, x_1, ..., x_n)^T \text{ und } \underline{w}' = (w_0, w_1, ..., w_n)^T = (-\Theta, w_1, ..., w_n)^T$$

folgt
$$z(\underline{w}', \underline{x}') = \underline{w}'^T\underline{x}' = \underline{w}^T\underline{x} - \Theta . \tag{3.5}$$

Der neue Schwellwert w_0 muß so nicht im Schema des Neuronenmodells vermerkt werden; ab jetzt soll deshalb ohne explizite Darstellung davon ausgegangen werden, daß die Schwellwerte Θ der Neuronenmodelle durch einen zusätzlichen Bias-Eingang x_0 der Neuronen gebildet werden; Ausnahmen werden im Text vermerkt.

Im folgenden sind zwei Beispiele für die Signalverarbeitung in einem LSG mit drei Eingängen angegeben.

Beispiel: *Temporäre Signalverarbeitung im LSG*

An den Eingängen liege kurzzeitig der Impulsvektor $\underline{x}(t)$ mit den Amplitudenwerten-werten $\underline{x}_{max} = (1, 0, 1)^T$, der Gewichtsvektor $\underline{w} = (w_1, w_2, w_3)^T$ sei eingestellt mit $\underline{w} = (1, -1, 2)^T$. Bei einem Schwellwert $\Theta = 2$ (bzw. $w_0 = -2$) entsteht der in Abbildung 3.16 gezeigte binärwertige Ausgangsimpuls $y(t)$.

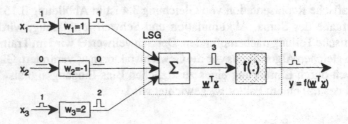

Abb. 3.16. Neuronenmodell mit drei Eingängen und Schwellwert.

Beispiel: *Realisierung der logischen Grundfunktionen im LSG*

Die logischen Grundfunktionen AND, OR und NOT für zwei Eingangsvariablen können mit entsprechenden Einstellungen w_1, w_2 des Gewichtsvektors $w = (\underline{w}_1, \underline{w}_2)^T$ nachgebildet werden. Mit der Schwellwertfunktion

$$f(z) = sign_0(z) = \begin{cases} 1 & \text{für } z \geq 0 \\ 0 & \text{für } z < 0 \end{cases}$$

besteht eine Möglichkeit darin, die in Abbildung 3.17a eingetragenen Gewichtswerte w_i und Schwellwerte Θ zu verwenden; offensichtlich führen auch alternative Werte w_i' und Θ' wegen der Nichtlinearität von $f(z)$ zu gleichen Ergebnisssen.

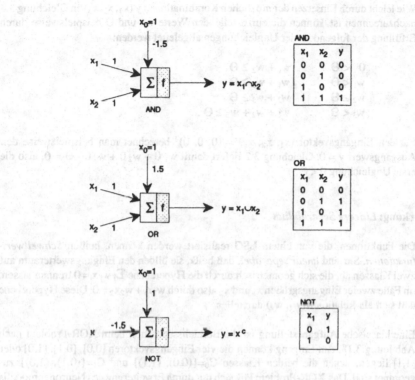

Abb. 3.17a. Nachbildung der Boolschen Grundfunktionen mit einem LSG.

Beispiel: *Realisierung einer komplexen Boolschen Funktion im LSG*

Der Gewichtsvektor $\underline{w}$ sei eingestellt mit $\underline{w} = (-1, 2, -1)^T$. Mit $\Theta = 0{,}5$ ergibt sich als Ausgangssignal die Boolsche Funktion $y(x_1, x_2, x_3) = x_1{}^c x_2 + x_2 x_3{}^c$.

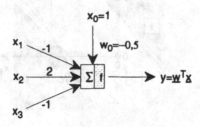

Abb. 3.17b. Realisierung eines 1:3-Enkoders mit $y\,(x_1, x_2, x_3) = x_1{}^c x_2 + x_2 x_3{}^c$
(Beispiel adaptiert von [Has95]).

Wie leicht durch Einsetzen der möglichen Kombinationen y (x_1, x_2, x_3) in Gleichung 3.4 nachzurechnen ist, können die einzustellenden Werte w_i und Θ beispielsweise durch Erfüllung der folgenden vier Ungleichungen abgeleitet werden:

$$
\begin{aligned}
0 &< \Theta & w_1 + w_2 &\geq \Theta \\
w_1 &< \Theta & w_1 + w_3 &\geq \Theta \\
w_2 &\geq \Theta & w_2 + w_3 &\geq \Theta \\
w_3 &< \Theta & w_1 + w_2 + w_3 &\geq \Theta .
\end{aligned}
$$

Für den Eingangsvektor $(x_1, x_2, x_3) = (0, 0, 0)^T$ berechnet man beispielsweise den Ausgangswert y = 0. Gleichung 3.2 liefert damit $w_1\,0 + w_2\,0 + w_3\,0 - \Theta = 0$, also die erste Ungleichung $0 < \Theta$.

Bemerkung: *Lineare Separabilität*

Die Funktionen, die von einem LSG realisiert werden können, heißen *Schwellwertfunktionen*. Sie sind *linear separabel*, daß heißt, sie bilden den Eingangswerteraum auf zwei Klassen ab, die sich geometrisch durch die Hyperebene $\Sigma_j\, w_j\, x_j = 0$ trennen lassen, im Falle zweier Eingangsgrößen x_1 und x_2 also durch $w_1 x_1 + w_2 x_2 = 0$. Diese Hyperebene läßt sich als Relation $R(w_1, w_2)$ darstellen.

Eine klassische Aufgabestellung ist die Bereichsseparation beim XOR-Problem nach Abbildung 3.18. Am Eingang können die vier Eingangsvektoren [0,0], [0,1], [1,0] oder [1,1] liegen, denen die beiden Klassen $C_0=\{(0,0), (1,1)\}$ und $C_1=\{(0,1), (1,0)\}$ zugeordnet sind. Das XOR-Problem läßt sich nur durch Erweiterung des Neuronenmodells (z.B. in [Has95]) oder durch Verwendung mehrerer Neuronenzellen lösen. Dabei entstehen in Schichten strukturierte KNN, die mindestens eine innere *verdeckte* Zwischenschicht aufweisen müssen.

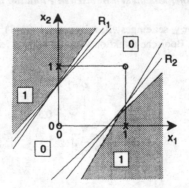

Abb. 3.18. XOR-Problem (Kreise und Quadrate zeigen die Zugehörigkeit zu den Klassen an).

Wie zu sehen ist, sind zur Lösung mindestens zwei Relationen $R_1(\underline{w}^1)$ und $R_2(\underline{w}^2)$ erforderlich, die einer Parallelschaltung zweier LSG entsprechen. Zur Zusammenführung der beiden Einzelergebnisse ist ein drittes, nachgeschaltetes LSG notwendig. Damit entsteht ein zweischichtiges KNN mit einer versteckten Schicht gemäß Abbildung 3.19. Die Schwellwerte sind innerhalb der Zelle angegeben, die Eingangsgewichte neben den Verbindungspfeilen.

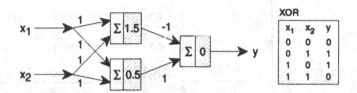

Abb. 3.19. Zweischichtiges KNN zur Lösung des XOR-Problems, mit Wahrheitstabelle.

Wenn die freien Parameter *Schwell-* und *Gewichtswerte* in einer Lernaufgabe trainiert werden sollen, da eine mögliche Vorablösung nicht bekannt ist, können zunächst auch weitere Zellen oder versteckte Zellschichten angesetzt werden.

Nach dem Training des KNN in Abbildung 3.19 erfüllt eine unbegrenzte Anzahl von R_1-R_2-Kombinationen die Separationsbedingungen. In Abhängigkeit von der Präsentation der Trainingsdaten wird der verwendete Lernalgorithmus in einer davon terminieren. Besonders bei mehrschichtigen KNN mit vielen LSG zur Nachbildung komplexer Abbildungen wird es deshalb sehr schwierig (und meistens praktisch unmöglich), aus der trainierten Gewichtsverteilung auf die tatsächliche Funktionalität zu schließen.

3.3.3 Schwellwertfunktionen

Einfache Erweiterungen des LSG entstehen bei Einsatz verschiedener reellwertiger Schwellwertfunktionen f(z). Im folgenden werden einige übliche Funktionen vorgestellt, wie sie in der praktischen Realisierung von KNN anzutreffen sind .

Binäre und bipolare Funktion $y = f(z) = f(\underline{w}^T \underline{x})$

$$y^a = f(z) = \begin{cases} 0 & z \leq 0 \\ 1 & z > 0 \end{cases} \qquad y^b = f(z) = \begin{cases} 1 & z \leq 0 \\ +1 & z > 0 \end{cases}$$

mit $x_i, w_i \in \mathbb{R}$, $y \in \{0, 1\}$ mit $x_i, w_i \in \mathbb{R}$, $y \in \{-1, 1\}$

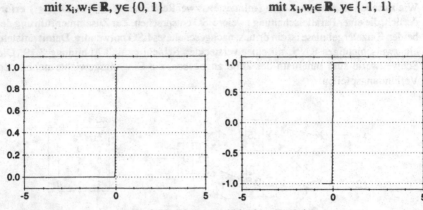

Abb. 3.20. Binäre und bipolare Funktion.

Begrenzt lineare Funktionen als Erweiterung für reelle Ausgabewerte

$$y^a = f(z) = \begin{cases} 1 & z > z_0 \\ z/z_0 & 0 > z \leq z_0 \\ 0 & \text{sonst} \end{cases} \qquad y^b = f(z) = \begin{cases} 1 & z > z_0 \\ z/z_0 & |z| \leq z_0 \\ -1 & z \leq -z_0 \end{cases}$$

mit $z_0 > 0$, $x_i, w_i \in \mathbb{R}$, $y \in [0, 1]$ mit $z_0 > 0$, $x_i, w_i \in \mathbb{R}$, $y \in [-1, 1]$

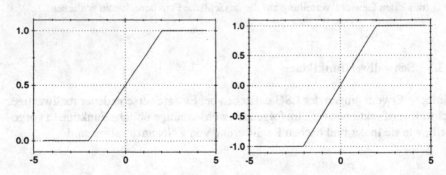

Abb. 3.21. Rampenfunktionen mit $z_0 = 2$.

Sigmoidale Funktionen

Logistische Funktion (k>0)   Tangens-Hyperbolikus-Funktion

$$y^L(z) = \frac{1}{1 + \exp(-k\,z)}$$ $$y^{TH}(z) = \tanh(cz)$$

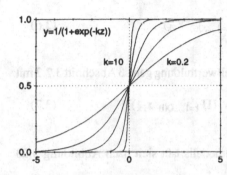 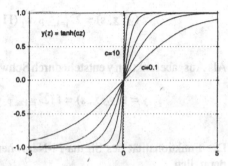

Abb. 3.22. Logistische und Tangens-Hyperbolikus-Funktion.

Bemerkung

Insgesamt kann festgestellt werden, daß in praktischen Aufgabenstellungen die Art der Aktivierungsfunktion oft das Adaptionsergebnis nur wenig beeinflußt. Nichtbinäre Ausgabefunktionen f(z) können als Einführung von Fuzzy-Klassengrenzen interpretiert werden.

Binäre, bipolare und lineare Funktionen werden oft gewählt, wenn es auf kurze Rechenzeiten ankommt, die sigmoidalen besitzen den Vorteil, daß sie im gesamten Definitionsbereich von z stetig und differenzierbar sind. Bei Vorliegen des Funktionswertes S(z) lassen sich leicht die ersten Ableitungen dS(z)/dz berechnen:

$$dy^L/dz = k\,y^L(1 - y^f),\quad dy^{TH}/dz = 1 - (y^{TH})^2 \ .$$

Die Eigenschaft der Differenzierbarkeit wird besonders bei mehrschichtigen KNN gefordert, wenn ein geeigneter Lernalgorithmus zum optimalen Justieren der Gewichte angewendet werden soll. Einen Kompromiß aus Schnelligkeit und Differenzierbarkeit stellt die Rampenfunktion dar.

3.3.4 Sigma-Pi-Neuronenmodell

Eine Erweiterung der LSG stellt das Sigma-Pi-Neuronenmodell dar. Ziel ist es, die modulierende Wechselwirkung einiger Synapsen zu beschreiben, also ihre Eigenschaft, bestimmte andere synaptische Kontakte zu modulieren. Biologisch geschieht dies durch synaptischen Kontakt zweier axonischer Enden. Ein einfaches mathematisches Modell ist nach [Gra95] als Erweiterung von Gleichung 3.5 durch Korrelationen der Komponenten von x gegeben mit

$$z\,(\underline{w},\underline{x},s) = \sum\nolimits_{j=1,\dots,P} w_j\,(\Pi_{k=1,\dots,Q(i)}\,x_{Pk})\;. \qquad (3.6)$$

Als Ausgabefunktion y entsteht durch Schwellwertbildung gemäß Abschnitt 3.2.2 mit

$$y = f\,(\underline{w},\underline{x},s) = f\,(\sum\nolimits_{j=1,\dots,P} w_j\,(\Pi_{k=1,\dots,Q(i)}\,x_{Pk}))\;. \qquad (3.7)$$

Die Funktionalität des Sigma-Pi-Neuronenmodells läßt sich nach Abbildung 3.23 darstellen.

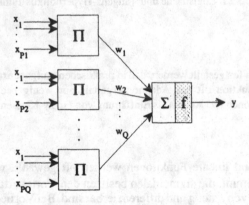

Abb. 3.23. Blockdiagramm eines Sigma-Pi-Neuronenmodells.

3.3.5 Polynomiales Schwellwert-Gatter

Eine andere Erweiterung des LSG wird mit dem generischen Modell des Polynomialen Schwellwert-Gatters in [Has95] vorgeschlagen und detailliert untersucht. An dieser Stelle soll als spezielle Variante das quadratische Schwellwert-Gatter (QSG) dargestellt werden. Das QSG erhöht die Anzahl insgesamt realisierbarer Boolscher

Funktionen gegenüber dem LSG durch zusätzliche Berücksichtigung modulierender Terme; damit sind synaptische Kontakte zwischen axonischen Enden gemeint, bei denen die eine Zelle die Informationsübertragung der anderen auf einen Dendriten unterbinden kann. Ein einzelnes QSG kann das XOR-Problem allerdings auch noch nicht lösen.

Die Aktivität z der Zelle berechnet sich durch gewichtete Korrelation des Eingangssignals $\underline{x} \in \mathbb{R}^n$ zu

$$z = \sum_{j=1,\ldots,n} x_j \; [w_j + \sum_{j=i,\ldots,n} (w_{ij} \; x_i)] =$$

$$= \sum_{j=1,\ldots,n} (w_j \; x_j) + \sum_{i=1,\ldots,n} \sum_{j=i,\ldots,n} (w_{ij} \; x_i \; x_j). \qquad (3.8)$$

Daraus ergibt sich der Ausgangswert y des Gatters mit der Übertragungsfunktion f(z) zu

$$y = f(z).$$

Für f kann wieder eine geeignete Schwellwertfunktion nach Abschnitt 3.2.2 eingesetzt werden. Es sei erwähnt, daß durch die Grenzen der Summationsindizes eine Doppelsummation von $(w_{ij} \; x_i \; x_j)$ und $(w_{ji} \; x_i \; x_j)$ vermieden wird.

3.3.6 Stochastisches Schwellwert-Gatter

Die in den vorhergehenden Abschnitten vorgestellten Neuronenmodelle sind deterministisch beschrieben, das heißt, bei gegebenen Eingangssignalen erzeugen sie stets dasselbe Ausgangssignal. Im Gegensatz dazu bildet ein stochastisches Modellneuron den Schwellwert nach [Kar96] mit Hilfe einer festzulegenden Zufallsfunktion $P(z)$ in Abhängigkeit von der Aktivität z. Der Ausgabewert y ergibt sich zu

$$y = \begin{cases} +1 & \text{mit der Wahrscheinlichkeit } P(z|y=1) \\ -1 & \text{mit der Wahrscheinlichkeit } P(z|y=-1) , \end{cases} \qquad (3.9)$$

wobei $P(z|y=1) + P(z|y=-1) = 1$ gilt.

Beispiel

Es sei die Wahrscheinlichkeitsfunktion $P(z|y=1) = 1/[1 + \exp(-2kz)]$ gegeben. Daraus ergibt sich unmittelbar $P(z|y=-1) = 1 - P(z|y=1) = 1/[1 + \exp(+2kz)]$. Der Erwartungswert $\langle y \rangle$ berechnet sich in diesem Fall zu

$$\langle y \rangle = 1 \cdot P(z|y=1) + (-1) \cdot P(z|y=-1) = \tanh(kz).$$

Ein Blockdiagramm dieses stochastischen Modellneurons ist in Abbildung 3.24 gegeben.

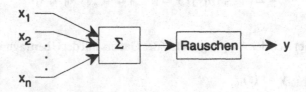

Abb. 3.24. Stochastisches Modellneuron.

Stochastische Modellneuronen bilden die Grundlage für Boltzmannmaschinen sowie für das Reinforcement-Lernen, das im Abschnitt 3.4 beschrieben ist.

3.3.7 Neuronenfelder

In biologischen Gehirnen liegen die signalverarbeitenden Neuronen in der Oberflächenschicht, sie lassen sich also über einem zweidimensionalen Koordinatensystem angeordnet modellieren. Beobachtungen zeigen, daß durch äußere Reize wie taktil, akustisch oder visuell evozierte Potentiale oft nicht nur einzelne Neuronen, sondern um lokale Zentren gruppierte *rezeptive Neuronenfelder* angeregt werden. Daraus kann umgekehrt geschlossen werden, daß die Neuronen auf *passende* Eingangssignale in einer bestimmten Umgebung *selektiv* reagieren.

Ein Beispiel stellen die sensorischen Zellen in der *Cochlea* (griech.: Schnecke) des Innenohres dar. In diesem langgestreckten, schlauchartigen Gebilde erzeugen die eintretenden Schallwellen stehende Wellen und erregen die sensorischen Neuronen besonders in den Bereichen der Wellenbäuche. Je nach Frequenzzusammensetzung des Schallsignals feuern die an entsprechenden Positionen der Cochlea lokalisierten Neuronen. Diese Ortsinformation und ihre zeitliche Veränderung werden zur weiteren Verarbeitung an die Sprachzentren des Gehirns geleitet.

Die Funktionalität von Neuronenfeldern wird mit Hilfe von *Radialen Basisfunktionen* (RBF) modelliert, die die bisher beschriebenen Neuronenmodelle erweitern. Die RBF bilden die Grundelemente einer eigenen Klasse von KNN (*Radiale Basisfunktions-Netzwerke*, RBFN; siehe auch Abschnit 3.4), die insbesondere zur Lösung von Klassifikations- und Approximationsproblemen dienen. Ein schematisches Blockbild zeigt Abbildung 3.25.

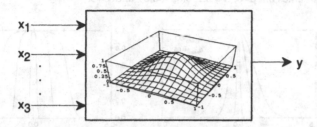

Abb. 3.25. Modellierung eines Neuronenfeldes mit Radialer Basisfunktion.

Der Eingangsvektor $\underline{x} = (x_1, ..., x_n)^T$ bestimmt ungewichtet die Aktivierung y des Neuronenfeldes durch seine Positionsabweichung von dessen Empfindlichkeitszentrum $\underline{\mu} = (\mu_1, ..., \mu_n)^T$ (das Diagramm in Abbildung 3.25 beschreibt ein Feld in einem zweidimensionalen Eingangswerteraum mit $\mu_{3.25} = (0, 0)^T$). Als RBF werden positive radialsymmetrische Funktionen K verwendet, deren Funktionswerte von einem Zentrum $\underline{\mu}$ ausgehend monoton fallen. Mit der Varianz σ der Funktion K ergibt sich die Aktivierung $y(\underline{x})$ zu

$$y(\underline{x}) = K\left[\frac{\|\underline{x} - \underline{\mu}\|}{2\sigma^2}\right], \tag{3.10 a}$$

wobei $\|.\| = [\sum_{i=1,...,n} (x_i - \mu_i)^k]^{1/k}$ mit $k \in N \setminus \{0\}$ eine Vektornorm darstellt wie beispielsweise für k=2 die Euklidische Norm

$$\|.\|_2 = [\sum_{i=1,...,n} (x_i - \mu_i)^2]^{1/2}. \tag{3.10 b}$$

Beispiel: *Radiale Basisfunktionen (RBF)*

Zwei spezielle, häufig verwendete RBF sind die Gaußsche Basisfunktion mit

$$K_G: y(\underline{x}) = \exp\left[-\frac{\|\underline{x} - \underline{\mu}\|}{2\sigma^2}\right]$$

sowie eine logistische Funktion der Form

$$K_L: y(\underline{x}) = [1 + \exp [\frac{\|\underline{x} - \underline{\mu}\|}{\sigma^2} - \Theta]]^{-1} ;$$

der Bias-Wert Θ stellt einen weiteren freien Parameter zur Adaption der RBF dar. Abbildung 3.27 zeigt die Funktionsverläufe für den Fall eines eindimensionalen Eingangsraumes mit $\mu=0$, $\sigma = 0.1, 0.025, 0.01$ und $\Theta=5$.

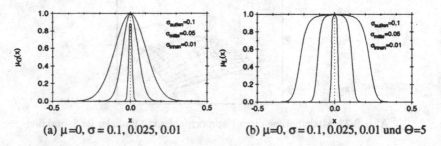

(a) $\mu=0$, $\sigma = 0.1, 0.025, 0.01$ (b) $\mu=0$, $\sigma = 0.1, 0.025, 0.01$ und $\Theta=5$

Abb. 3.26. *a* Gaußsche und *b* logistische Basisfunktionen mit $\mu=0$.

3.3.8 Fuzzy-Neuronenmodell

Die Fuzzy-Zelle stellt eine Erweiterung des LSG aus Abschnitt 3.3.2 dar [LL75, KH85]. Während schon der Einsatz sigmoidaler Schwellwertfunktionen die Einführung unscharfer Klassifikationsgrenzen bedeutet, können bei der Fuzzy-Zelle nach Abbildung 3.27 alle numerischen Werte auf unscharfe Zahlen oder Mengen erweitert werden. Im Netzwerk werden diese entweder direkt auf die Eingänge der folgenden Zellen oder - vorab defuzzifiziert - als skalare Werte weitergegeben.

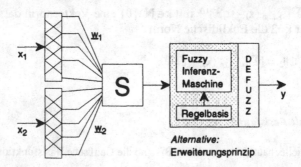

Abb. 3.27. Generisches Fuzzy-Neuronenmodell mit zwei Eingängen und einem Ausgang.

Die Fuzzy-Zelle kann sowohl scharfe als auch unscharfe Werte x_j am Eingang aufnehmen. Die Eingangspartitionen erzeugen Übereinstimmungswerte mit den
linguistischen Termen, welche mit scharfen oder unscharfen Gewichten w_j als
Repräsentanten der synaptischen Kontakte multipliziert werden. Bei n Eingängen x_j
entsteht das Gesamtsignal

$$z = S_{i,j} [\mu_i(x_j) \otimes w_j], \qquad (3.11)$$

wobei die Indizierung (i,j) die Akkumulation aller gewichteten Zugehörigkeitswerte
aller n Eingangsvariablen bedeutet. Dabei werden die erweiterte Multiplikation ($\otimes$)
und eine s-Normoperation (S) verwendet, wie sie in Abschnitt 2.3 vorgestellt wurden.

Bei scharfen Eingangswerten x_j ist die Multiplikation einer unscharfen Zahl mit
einem Skalar zu verwenden. Das Aktionspotential $f(z)$ kann mit Hilfe des Erweiterungsprinzips nach Abschnitt 2.3 berechnet werden. Eine andere Möglichkeit
besteht darin, die biochemischen Vorgänge in einem biologischen Neuron nachzubilden, also das Gesamtsignal z mit Hilfe von Fuzzy-Regeln und einer Fuzzy-
Inferenzmaschine FIM auf eine Aktivierungsskala abzubilden und zu defuzzifizieren.
Damit entsteht ein reellwertiges Ausgangssignal y = DEFUZZ [f(z)]. Diese FIM
arbeiten häufig nach der in Kapitel 2 beschriebenen Tsukamoto- oder Sugeno-
Takagi-Methode, wobei die ZGF der Konsequenzterme die axonische Schwellwertfunktion nachbilden können. Die freien Parameter sind durch eine geeignete Lern-
methode einzustellen.

3.4   Einschichtige Künstliche Neuronale Netzwerke

Die Lernfähigkeit von KNN entsteht aus der Möglichkeit, die Gewichtsfaktoren so
zu verändern, daß sich ein gewünschtes Übertragungsverhalten herausbildet. Eine
gewählte Netzwerkarchitektur und die dafür geeigneten Lernalgorithmen sind eng
miteinander verbunden, viele Algorithmen wurden in Hinblick auf bestimmte Topologien entwickelt. Rosenbatt [Ros58, Ros59] sowie Widrow und Hoff [Wid59, WH60]
beschrieben als erste mit dem Perzeptron- beziehungsweise mit dem α-LMS-Lern-
algorithmus Methoden für überwachtes Lernen einzelner Neuronenmodelle. Erst
etwa 15 Jahre später gelang es Werbos [Wer74] in seiner Dissertationsschrift, eine
Lernregel zum Training mehrschichtiger KNN aufzustellen, den Backpropagation-
Algorithmus. Die ersten Lernregeln für unüberwachtes Lernen gehen auf Arbeiten
von Hebb [z.B. Heb49] zurück, erweitert oder verändert durch Oja [z.B. Oja82] und
Kohonen [z.B. Koh89]. Seitdem wurden zahlreiche Weiterentwicklungen oder auch
neue Regeln vorgestellt, die sich zwar teilweise stark voneinander unterscheiden, aber
alle "zur gleichen Familie gehören" [Wid90].

In Abschnitt 3.2.2 wurden verschiedene grundsätzliche Lernverfahren vorgestellt.
Diese lassen sich mit unterschiedlichen Lernregeln oder -algorithmen realisieren. In
den folgenden Abschnitten sollen die Vernetzungsmöglichkeiten einzelner Zellen
und mögliche Lernstrategien gemeinsam vorgestellt werden.

Lernen mit Lehrer

In Abbildung 3.28 ist ein generisches Diagramm für einen Algorithmus zum überwachten Lernen eines einfachen künstlichen Neurons (i) dargestellt. Der Eingangs-
vektor $\underline{x}_i = (x_{i1}, ..., x_{in})^T$ wird gewichtet aufsummiert mit dem Ergebnis $z_i = \underline{w}_i^T \underline{x}_i$. Als
aktuelles Ausgangssignal y_i nach der Nichtlinearität f(.) ergibt sich

$$y_i = f(z_i) = f(\underline{w}_i^T \underline{x}_i). \qquad (3.12)$$

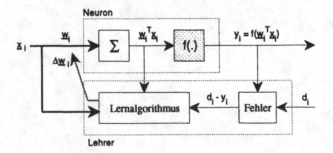

Abb. 3.28. Einfaches Neuronenmodell mit Lernalgorithmus.

Wenn der gewünschte Ausgangswert d_i ist, entsteht ein Fehler $\varepsilon = \varepsilon(y_i, d_i)$. Der Lernalgorithmus verarbeitet diesen Fehler oder auch direkt das Signal z_i zusammen mit dem Eingangssignal x_i und variiert den Gewichtsvektor $\underline{w}_i$ so, daß ε verkleinert wird. Dies geschieht in mehreren Iterationsschritten (k). Oft ist dabei nicht garantiert, daß der Algorithmus tatsächlich gegen das absolute Minimum konvergiert, sondern das Ergebnis kann sich auch auf ein relatives Minimum zu bewegen. In diesem Fall muß das Training mit anderen Netzwerkparametern neu begonnen werden.

Zum Bestimmen der zeitlichen Variation $\Delta \underline{w}_i$ wird an dieser Stelle vereinfachend angenommen, daß $\Delta \underline{w}_i$ proportional zum Eingangssignal x_i und zum Fehlersignal ε_i ist. Mit der *Lernrate* η als kleinem positiven Wert ergibt sich der neue Gewichtsvektor $\underline{w}_i^{(k+1)}$ des Neurons (i) zu

$$\underline{w}_i^{(k+1)} = \underline{w}_i^{(k)} + \eta\, \varepsilon(y_i, d_i)\, \underline{x}_i. \tag{3.13 a}$$

Das Iterationsverfahren wird abgebrochen, wenn der Korrekturterm

$$\Delta \underline{w}_i = \underline{w}_i^{(k+1)} - \underline{w}_i^{(k)} = \eta\, \varepsilon(y_i, d_i)\, \underline{x}_i \tag{3.13 b}$$

hinreichend klein ist. Es ist leicht zu erkennen, daß die Wahl der Fehlerfunktion ε entscheidend die Konvergenz und die Stabilität des Lernalgorithmus mitbestimmt, sie ist an die aktuelle KNN-Architektur anzupassen. Der Lernprozeß kann mit einem Vektordiagramm nach Abbildung 3.29 verdeutlicht werden.

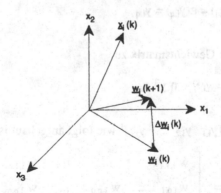

Abb. 3.29. Korrektur des Gewichtsvektors $\underline{w}_i$.

Lernen ohne Lehrer

Als einführendes Beispiel für einen Lernvorgang ohne Lehrer soll der Hebbsche Algorithmus vorgestellt werden. Er beruht nach [Heb49] auf der Erkenntnis, daß im biologischen Vorbild synaptische Verbindungen verstärkt werden, wenn beide beteiligten Neuronen aktiviert sind. Ansonsten werden sie abgeschwächt. Zur mathematischen Beschreibung wird wie in Abbildung 3.30 von der synaptischen Verbindung zweier Zellen $(z_{i-1,p})$ und $(z_{i,q})$ in benachbarten Schichten (i-1) und (i) ausgegangen.

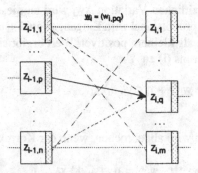

Abb. 3.30. Training der synaptischen Gewichte ohne Lehrervorgabe.

Um die Änderung $\Delta \underline{w}_i = (\Delta w_{i,pq})$ der Gewichtsmatrix $\underline{w}_i$ mit den Gewichten $w_{i,pq}$ zu berechnen, wird auch hier Gleichung (3.13 a) angesetzt. Dabei wird berücksichtigt, daß keine Lehrervorgabe (also kein d) existiert. Zunächst werden die $w_{i,pq}$ mit kleinen Zufallswerten initialisiert. Mit $y_{i,q}$ als Ausgangswert der Zelle $(z_{i,q})$ und der vereinfachenden Annahme

$$\varepsilon(y_{i,q}, d_{i,q}) = \varepsilon(y_{i,q}) = y_{i,q} \tag{3.14}$$

berechnet sich die neue Gewichtsmatrix zu

$$\underline{w}_i{}^{(k+1)} = \underline{w}_i{}^{(k)} + \eta \, \underline{y}_i{}^T \underline{x}_i \,, \tag{3.15}$$

wobei $\underline{w}_i{}^{(k+1)}$ mit $\underline{y}_i{}^T = [y_{i,1} \quad y_{i,2} \quad ... \quad y_{i,n}]^T$ wie folgt aufgebaut ist:

$$\underline{w}_i{}^{(k+1)} = \begin{bmatrix} w_{i,1,1} & & \cdots & & w_{i,1,m} \\ \cdots & & & & \cdots \\ w_{i,p,1} & \cdots & w_{i,p,q} & \cdots & w_{i,p,m} \\ \cdots & & & & \cdots \\ w_{i,n,1} & & \cdots & & w_{i,n,m} \end{bmatrix}^{(k+1)} \tag{3.16}$$

Das Iterationsverfahren wird bei unüberwachten Lernprozessen abgebrochen, wenn der Korrektorterm $\Delta \underline{w}_i = \eta \; \epsilon(y_{i,q}) \; \underline{x}_i$ hinreichend klein ist.

In den folgenden beiden Abschnitten sollen Regeln für überwachtes Lernen einzelner Zellen vorgestellt werden, die auch bei KNN und FNN Verwendung finden. Es werden Algorithmen beschrieben, die im Verlaufe der Iteration den Ausgangsfehler minimieren, ohne bereits angelernte Eingangs-Ausgangs-Muster wesentlich zu stören. Dieses "minimal disturbance principle" [WL90] war als intuitives Entwurfskonzept Ausgangspunkt für die Entwicklung verschiedener Lernalgorithmen. Es soll zwischen *Fehlerkorrektur-* und *Gradientenabstiegs-*Lernregeln unterschieden werden. Im ersten Fall wird der Ausgangsfehler für jeden aktuellen Eingangsvektor direkt bestimmt und zur Korrektur der Gewichte verwendet, im zweiten soll ein Gradientenabstiegsverfahren bei Anliegen des Trainingsmusters den mittleren Ausgangsfehler für alle Trainingsmuster minimieren. Obwohl beide Typen ähnliche Trainingsprozeduren verwenden, können sehr unterschiedliche Lerncharakteristiken auftreten.

3.4.1   Fehlerkorrektur-Lernregeln für einzelne Zellen

Perzeptron-Lernregel

Das ursprünglich bei [Ros58] vorgestellte Perzeptron diente der Nachbildung von Signalverarbeitungs-Mechanismen in der Retina. Gemäß Abbildung 3.31 wird ein zweidimensionales binäres Eingangsmuster $\underline{x} \in \{0,1\}^n$ über einen Satz fester und einen Satz einstellbarer Gewichtsfaktoren auf ein LSG (siehe Abschnitt 3.3.2) übertragen und liefert ein binäres Ausgangssignal $y \in \{0,1\}$. Offensichtlich können auch mehrere LSG parallel geschaltet sein, ohne das Prinzip des Perzeptrons zu verändern.

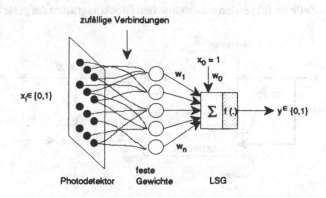

Abb. 3.31. Ursprüngliches Perzeptron.

Die Zellen der Eingabeschicht nehmen binärwertige Daten auf und leiten sie über Verbindungen mit festgelegten Gewichtswerten an die Zellen der Folgeschicht weiter. Diese akkumulieren ihre Eingangssignale und führen die Summe über variable Gewichtswerte an das LSG. Nur diese variablen Gewichte sind trainierbar.

Perzeptron

Unter einem Perzeptron soll im folgenden verallgemeinernd ein ein- oder mehrschichtiges vorwärtsgerichtetes KNN verstanden werden, dessen Zellen LSG nach Abschnitt 3.3.2 sind und dessen Gewichtswerte mit Hilfe der Perzeptron-Lernregel oder einer daraus abgeleiteten Regel trainiert werden.

Bemerkung

In vielen Fällen wird die symmetrische Schwellwertfunktion f_{HL}

$$y = f_{HL}\left[\underline{w}^T\underline{x}\right] = \text{sign}\left[\underline{w}^T\underline{x}\right] = \begin{cases} +1 & \forall\,\underline{w}^T\underline{x} \geq 0 \\ -1 & \forall\,\underline{w}^T\underline{x} < 0 \end{cases}$$

angesetzt, die zu binärwertigen Ausgangswerten $y \in \{-1, +1\}$ führt. Bei Verwendung sigmoidaler Schwellwertfunktionen nach Abschnitt 3.3.3 entstehen reellwertige Ausgangswerte $y \in \mathbb{R}$, die bei mehrschichtigen KNN die Eingangswerte der Folgeneuronen bilden.

Die Perzeptron-Lernregel verwendet das Ausgangssignal des Schwellwertbilders zur Berechnung der neuen Gewichtswerte und kann in Anlehnung an Abbildung 3.28 für eine einzelne Zelle im folgenden schematischen Blockdiagramm dargestellt werden.

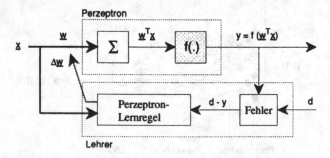

Abb. 3.32. Perzeptron-Lernen für eine einzelne Zelle.

Der Lernprozeß geht von einer Menge $\Omega = \{(\underline{x}_s, d_s)\}_{s=1,...,S}$ von Trainingspaaren $(\underline{x}_s, d_s)$ aus, wobei $\underline{x}_s \in \mathbb{R}^n$ der s-te Eingangsvektor der Dimension n und d_s der dazugehörende gewünschte Ausgangswert ist. Ziel ist es, einen Gewichtsvektor $\underline{w}^*$ zu finden, der den Eingangswerteraum $\mathbb{R}^n$ so auf den Raum der Ausgangswerte abbildet, daß für die berechneten Ausgangswerte y_s des Perzeptrons

$$y_s = \text{sign}[\underline{w}^{*T}\underline{x}_s] \equiv d_s \quad \forall s=1,...,S \tag{3.17}$$

gilt. In diesem Fall klassifiziert das Perzeptron mit dem Gewichtsvektor $\underline{w}^*$ die Trainingsmenge Ω richtig. Bei Verwendung der Schwellwertfunktion f_{HL} im LSG bedeutet dies, daß $\forall s \in \{1,...,S\}$ die folgenden Relationen erfüllt sein müssen:

$$\underline{w}^{*T}\underline{x}_s > 0 \quad \text{für } d_s = +1$$
$$\underline{w}^{*T}\underline{x}_s < 0 \quad \text{für } d_s = -1 \tag{3.18}$$

Die Grenzbedingung $\underline{w}^{*T}\underline{x}_s = 0$ stellt eine Hyperebene in $\mathbb{R}^n$ dar, die den Eingangswerteraum $\mathbb{R}^n$ in zwei Regionen aufteilt. Bei linearer Separabilität werden die Vektoren $\underline{x}_s$ so klassifiziert, daß Gleichung (3.18) erfüllt ist.

Die Perzeptron-Lernregel nach [Ros62] geht von einer linearen Fehlerfunktion $\varepsilon(y^{(k)}, d_s)$ aus. Die Trainingspaare $(\underline{x}_s, d_s)$ werden dem Lernalgorithmus sequentiell präsentiert; ein kompletter Durchlauf für alle $(\underline{x}_s, d_s)$ heißt *Lernzyklus*. Die Gewichtsvektoren $\underline{w}$ können dabei im Online- oder im Offline-Modus variiert werden.

Online-Modus. Bei jedem Iterationsschritt (k) wird ein neues Trainingspaar $(\underline{x}_s, d_s)$ mit $s \in \{1,...,S\}$ angelegt. Die Änderungsvorschrift für $\underline{w}$ wird durch Gleichung (3.13a) beschrieben. Die Fehlerfunktion $\varepsilon^{(k)}(y^{(k)}, d_s)$ wird mit

$$\varepsilon^{(k)}(y^{(k)}, d_s) = d_s - y^{(k)} \tag{3.19}$$

angesetzt. Im Iterationsschritt (k) ergibt sich der neue Gewichtsvektor $\underline{w}^{(k+1)}$ zu

$$\underline{w}^{(k+1)} = \underline{w}^{(k)} + \eta \, \varepsilon^{(k)}(y^{(k)}, d_s) \, \underline{x}_s$$
$$= \underline{w}^{(k)} + \eta \, [d_s - f(\underline{w}^{(k)T}\underline{x}_s)] \, \underline{x}_s, \quad \forall k \in \{1,...,n\}. \tag{3.20}$$

Für die Indizes in Gleichung (3.20) gilt $s = [(k-1) \, mod \, S] + 1$, wobei die Funktion *mod* den Restwert bei Division angibt (z.B. 5 *mod* 3 = 2).

Offline-Modus. Der Iterationsschritt (k) steht für den aktuellen Lernzyklus. Alle S Trainingspaare $(\underline{x}_s, d_s)$ werden während des Zyklus (k) nacheinander angelegt. Aus den resultierenden Fehlerwerten $\varepsilon_s{}^{(k)} = y_s{}^{(k)} - d_s{}^{(k)}$ wird durch Bilden des arithmetischen Mittelwerts der Zyklusfehler $\varepsilon_s{}^{(k)}$ berechnet:

$$\varepsilon_s{}^{(k)} = 1/S \sum_{s=1,\dots,S} (d_s{}^{(k)} - y_s{}^{(k)}). \tag{3.21}$$

Für den neuen Gewichtsvektor $\underline{w}^{(k+1)}$ im Zyklus (k) gilt

$$\begin{aligned}\underline{w}^{(k+1)} &= \underline{w}^{(k)} + \eta\ \varepsilon_s{}^{(k)}\ \underline{x}_s \\ &= \underline{w}^{(k)} + [\eta / S] \sum_{s=1,\dots,S} [d_s{}^{(k)} - f(\underline{w}^{(k)T}\ \underline{x}_s)]\ \underline{x}_s. \end{aligned} \tag{3.22}$$

Bei den meisten Anwendungen konvergiert das Offline-Lernen als das Online-Lernen schneller und sicherer zu einer annehmbaren Lösung. Es müssen allerdings erst die Ausgabewerte $y_s{}^{(k)}$ für alle Trainingspaare berechnet werden, um die Gewichtswerte zu verändern.

Schritte der Perzeptron-Lernregel

1. Wahl der Schwellwertfunktion f(.) der Zelle sowie eines Abbruchkriteriums für die Iteration. Dieses kann auch die maximale Iterations- oder Zykluszahl vorgeben.

2. Wahl der Menge der S Trainingspaare $\{(\underline{x}_s, d_s)\}$ von Eingangsvektoren $\underline{x}_s \in \mathbb{R}^n$ und gewünschten Ausgangswerten $d_s \in \mathbb{R}$ sowie eines Werts $\eta \in [0.1, 1]$ für die Lernrate.

3. Initialisierung der Gewichte $w_j{}^{(0)}\ \forall j=1,\dots,n$ mit kleinen Zufallswerten.

4a. Online: Anlegen eines neuen Trainingspaares $(\underline{x}_s, d_s)$ an das Perzeptron und Berechnung von $\varepsilon_s{}^{(k)}$ nach (3.19).

4b. Offline: Sequentielles Anlegen aller $(\underline{x}_s, d_s)$ und Berechnung von $\varepsilon^{(k)}$ nach (3.21).

5. Berechnung des neuen Gewichtsvektors $\underline{w}^{(k+1)} = (w_1{}^{(k)}, \dots, w_n{}^{(k)})^T$ nach (3.20) oder (3.22).

6. Wiederholung von 4 und 5 mit k := k+1, bis das Abbruchkriterium erfüllt ist.

Der Lernprozeß kann beispielhaft im Vektordiagramm nach Abbildung 3.33 darge-stellt werden. Das Lernziel besteht darin, durch iterative Variation $\Delta \underline{w}^{(k)}$ des aktuellen Gewichtsvektors $\underline{w}^{(k)}$ den optimalen Gewichtsvektor $\underline{w}^*$ zu erreichen.

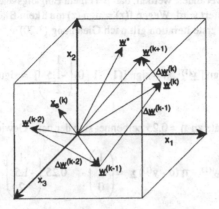

Abb. 3.33. Iteratives Annähern des Gewichtsvektors $\underline{w}^{(k)}$ an den optimalen Vektor $\underline{w}^*$.

Perzeptron-Konvergenztheorem

Das *Perzeptron-Konvergenztheorem* nach [Ros62] besagt, daß ein Perzeptron nach endlich vielen Iterationsschritten lernt, alle diejenigen Muster zu differen-zieren, die es prinzipiell unterscheiden kann. Bei einer einzelnen Zelle handelt es sich dabei um linear separable Bereiche des Eingaberaums, bei einem mehr-schichtigen Perzeptron können die Bereiche komplexer aufgeteilt sein.

Bemerkungen

1. Durch eine nichtlineare Schwellwertfunktion entsteht ein nichtlinearer Lernprozeß. Wenn der Klassifikationsfehler $\varepsilon=0$ ist, wird $\underline{w}^{(k)}$ nicht verändert, für $\varepsilon=1$ wird $\underline{w}^{(k)}$ um den mit η multiplizierten Eingangsvektor $\underline{x}$ vergrößert, für $\varepsilon=-1$ um $\eta \underline{x}$ verringert).

2. Eine mit dem Iterationsschritt (k) momoton fallende Lernrate $\eta^{(k)}$ kann die Konver-genz des Lernprozesses vergrößern. Weiterhin besteht die Möglichkeit, auf die fallen-de Lernrate $\eta^{(k)}>0$ einen stochastisch verrauschten Wert zu addieren.

Beispiel *Perzeptron-Lernregel*

Es sei ein einzelnes Perzeptron mit drei Eingängen x_1, x_2 und x_3, der Nichtlinearität $f(z) = \text{sign}(z)$ und mit initialisierten Gewichtsvektor $\underline{w}^{(1)} = (1\ \text{-}1\ 0)^T$ gegeben. Die Gewichte sollen so verändert werden, daß bei einem Eingangsvektor $\underline{x} = (1\ \text{-}1.5\ 2)^T$ als Ergebnis $d = \text{-}1$ geliefert wird. Wegen $f(z) = \text{sign}(z)$ muß kein Bias-Wert x_0 berücksichtigt werden. Für die erste Iteration gilt nach Gleichung (3.20)

$$y^{(1)} = \text{sign}\,[\underline{w}^{(1)T}\,\underline{x}] = \text{sign}\,\left[(1\ \text{-}1\ 0)\begin{pmatrix} 1 \\ \text{-}1.5 \\ 2 \end{pmatrix}\right] = \text{sign}\,[2.5] = 1\,.$$

Mit Wahl der Lernrate zu $\eta = 0.25$ berechnet sich der neue Gewichtsvektor $\underline{w}^{(2)}$ zu

$$\underline{w}^{(2)} = \underline{w}^{(1)} + \eta\,(d - y^{(1)})\,\underline{x} = \begin{pmatrix} 1 \\ \text{-}1 \\ 0 \end{pmatrix} - 0.25\begin{pmatrix} 1 \\ \text{-}1.5 \\ 2 \end{pmatrix} = \begin{pmatrix} 0.5 \\ \text{-}0.25 \\ \text{-}1 \end{pmatrix}.$$

Erneutes Anlegen des Musters $(\underline{x}, d)$ führt zu

$$y^{(2)} = \text{sign}\,[\text{-}1.125] = \text{-}1 \quad \text{und} \quad (d - y^{(1)}) = 0\,.$$

Damit gilt $\forall k \geq 3$: $\underline{w}^{(k+1)} = \underline{w}^{(k)}$, und das Iterationsverfahren kann abgebrochen werden.

Mays-Lernregeln

Eine Erweiterung der Perzeptron-Lernregel stellen die beiden von Mays entwickelten Lernregeln dar. Sie berücksichtigen zusätzlich einen (kleinen) *Fangbereich* ϕ für die lineare Aktivierung $z = \underline{w}^T\underline{x}$.

Mays_1. Außerhalb des Fangbereichs, also für $z^{(k)} \geq \phi$, wird die Adaption nach einer normalisierten Perzeptron-Lernregel durchgeführt, wobei die Lernrate η durch $\eta\,/\,|\underline{x}^{(k)}|^2$ ersetzt wird; für zu kleine Aktivierungen, also für $z^{(k)} < \phi$, wird der Fehlerterm $\varepsilon^{(k)}$ durch den gewünschten Ausgangswert d_s ersetzt. Der Adaptionsalgorithmus im Iterationsschritt (k) wird wie folgt geschrieben:

$$\underline{w}^{(k+1)} = \begin{cases} \underline{w}^{(k)} + \tfrac{1}{2}\eta\,\varepsilon^{(k)}\,\underline{x}_s\,/\,|\underline{x}_s|^2 & z^{(k)} \geq \phi \\ \underline{w}^{(k)} + \eta\,d_s\,\underline{x}_s\,/\,|\underline{x}_s|^2 & z^{(k)} < \phi \end{cases} \quad (3.23)$$

mit dem Fehlerterm $\varepsilon^{(k)} = d_s - y^{(k)} = d^{(k)} - f\,(\underline{w}^{(k)T}\underline{x}_s)$.

Mays_2. Die Verwendung der modifizierten Perzeptron-Lernregel in Gleichung (3.23) wird auf die strengere Bedingung $(z^{(k)} \geq b) \wedge (\varepsilon^{(k)}=0)$ reduziert, was bedeutet, daß in diesem Fall die Gewichte nicht verändert werden. Im Fall zu kleiner Aktivierung $z^{(k)}$ oder fehlerhafter Klassifikation mit $\varepsilon^{(k)} \neq 0$ wird das gewünschte Signal d_s durch $\varepsilon^{(k)}$ ersetzt; damit arbeitet der Lernalgorithmus bei Einhaltung dieser Bedingung nach dem α-LMS-Lernalgorithmus, der weiter unten beschrieben wird. Der neue Gewichtsvektor $\underline{w}^{(k+1)}$ ergibt sich zu

$$\underline{w}^{(k+1)} = \begin{cases} \underline{w}^{(k)} & \forall (z^{(k)} \geq b) \wedge (\varepsilon^{(k)}=0) \\ \underline{w}^{(k)} + \eta\,(d_s - y^{(k)})\,\underline{x}_s\,/\,|\underline{x}_s|^2 & \text{sonst}. \end{cases} \qquad (3.24)$$

Falls die Menge der Trainingsmuster $\{(\underline{x}_s, d_s\}$ linear separabel ist, konvergieren beide Algorithmen nach endlich vielen Iterationen für den Fall $0 < \eta \leq 2$ ([May63,64], [DH73]). Für einige Fälle konvergiert der Mays_2-Algorithmus schneller als Mays_1, jedoch existiert bisher keine endgültige theoretische Abhandlung darüber. Es ist festzustellen, daß sich der Mays_1-Algorithmus an die Perzeptron-Lernregel anlehnt, während Mays_2 dem α-LMS-Algorithmus näher steht.

3.4.2 Gradientenabstiegs-Lernregeln für einzelne Zellen

α-LMS-Lernregel

Das erste Beispiel einer Gradientenabstiegsregel ist der *α-LMS-Algorithmus* bzw. die *Widrow-Hoff-Regel* [WH60]. Sie wurde zunächst aufgestellt, um ein Adaline zu trainieren (siehe Abschnitt 3.3.1). Später wurde entdeckt [WS85], daß diese Regel zu einem Gewichtsvektor $\underline{w}^*$ konvergiert, der den mittleren quadratischen Ausgangsfehler (*least-mean-square error, LMS*) für alle Trainingsmuster minimiert. Die Funktionsweise der Gewichtsadaption läßt sich schematisch in einem Blockdiagramm nach Abbildung 3.34 darstellen.

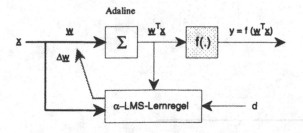

Abb. 3.34. Blockdiagramm der α-LMS-Lernregel.

Das Linearkombinations-Element *Adaline* produziert für $\underline{x} \in \{0,1\}^n$ und $\underline{w} \in \mathbb{R}^n$ ein Ausgangssignal $z = \underline{w}^T \underline{x} \in \mathbb{R}$. Dieses wird zusammen mit dem gewünschten Signal $d_s \in \{0,1\}$ zur Korrektur des Gewichtsvektors $\underline{w}^{(k)}$ herangezogen.[1] Das Fehlersignal $\epsilon^{(k)}$ im k-ten Iterationsschritt ist definiert durch

$$\epsilon^{(k)} = d_s - \underline{w}^{(k)T} \underline{x}_s . \tag{3.25}$$

Die α-LMS-Lernregel folgt dem heuristischen Postulat: $\Delta \underline{w}^{(k)}$ ist parallel zu $\epsilon(k) \, \underline{x}_s$. Man setzt die folgende Gleichung an:

$$\underline{w}^{(k+1)} = \underline{w}^{(k)} + \eta \, \epsilon^{(k)} \underline{x}_s / |\underline{x}_s|^2$$

$$= \underline{w}^{(k)} + \eta \, (d_s - \underline{w}^{(k)T} \underline{x}_s) \, \underline{x}_s / |\underline{x}_s|^2 . \tag{3.26}$$

Die Variation des Gewichtsvektors $\underline{w}^{(k)}$ führt zu einer entsprechenden Fehleränderung

$$\Delta \epsilon^{(k)} = \Delta \, [d_s - \underline{w}^{(k)T} \underline{x}_s] = - \Delta \underline{w}^{(k)T} \underline{x}_s \tag{3.27}$$

am Ausgang. Mit $\Delta \underline{w}^{(k)} = \underline{w}^{(k+1)} - \underline{w}^{(k)}$ und Gleichung (3.26) ergibt sich

$$\Delta \epsilon^{(k)} = -\eta \, \epsilon^{(k)} [\underline{x}_s^T \underline{x}_s / |\underline{x}_s|^2] = -\eta \epsilon^{(k)} . \tag{3.28}$$

Der Fehler $\Delta \epsilon^{(k)}$ nimmt also bei jedem Iterationsschritt mit der Lernrate η ab, wenn der Eingangsvektor konstant gehalten wird.

---

[1] Beim Trainieren eines LSG nach Abschnitt 3.3.2 hat f(.) keinen Einfluß auf den Lernprozeß.

Schritte der α-LMS-Lernregel

1. Wahl eines Abbruchkriteriums für die Iteration.

2. Wahl der Trainingspaarmenge $\{(\underline{x}_s, d_s) \mid s=1,...,S\}$ mit $\underline{x}_s \in \{0,1\}^n$ und $d_s \in \{0,1\}$ sowie der Lernrate $\eta \in [0.1, 1]$.

3. Initialisierung der Gewichte $w_j^{(0)} \in [-1, 1]$ $\forall j=1,...,n$.

4. Anlegen eines neuen Trainingspaares $(\underline{x}_s, d_s)$ und Berechnung von $\varepsilon^{(k)}$ nach (3.25) und Berechnung der Änderung $\Delta\underline{w}^{(k)}$ nach (3.26).

5. Wiederholung von 3 und 4, bis das Abbruchkriterium erfüllt ist.

6. Wiederholung von 3, 4 und 5 für ein neues Trainingspaar $(\underline{x}_{s+1}, d_{s+1})$.

Bemerkungen

1. Nach (3.26) ist $\Delta\underline{w}^{(k)}$ kollinear zu $\underline{x}_s$, verläuft also parallel. Nach (3.27) wird deshalb eine bestimmte Fehlerkorrektur $\Delta\varepsilon^{(k)}$ mit einer minimalen Änderung von $\Delta\underline{w}^{(k)}$ erreicht. Wenn das Adaline auf ein neues Trainingspaar $(\underline{x}_s, d_s)$ adaptiert werden soll, werden deshalb die bereits adaptierten Muster im Mittel nur minimal gestört. Dies ist die grundsätzliche Idee des *Minimal-Disturbance-Principle*.

2. Die Lernrate η bestimmt wesentlich die Stabilität und die Konvergenzgeschwindigkeit des Lernprozesses ([WS85], [WL90]). Bei zeitinvarianten Eingangsvektoren $\underline{x}_s$ kann für $0<\alpha<2$ in den meisten praktischen Fällen Stabilität erreicht werden. Es werden Werte im Bereich $0.1<\alpha<1$ mit einer Präferenz nahe bei 1 empfohlen.

3. Der α-LMS-Algorithmus kann auch als Online-Gradientenabstiegsverfahren angesehen werden, das eine quadratische Fehlerfunktion minimiert.

μ-LMS-Lernregel

Die μ-LMS-Lernregel ist eine alternative Variante der α-LMS-Lernregel und wurde ebenfalls erstmals bei [WH60] vorgestellt. Sie ist eine häufig angewendete einfache Gradientenabstiegsregel und eignet sich zur Erweiterung auf das Training bei KNN. Ausgangspunkt für die Ableitung ist die quadratische Fehlersumme $\varepsilon^{(k)} \in \mathbf{R}$ zwischen tatsächlichen und gewünschten Ausgangswerten eines Trainingssatzes:

$$\varepsilon^{(k)} = \tfrac{1}{2} \sum_{s=1,...,S} (d_s - y_s)^2 \qquad \text{mit } y_s = \underline{w}^{(k)T}\underline{x}_s. \qquad (3.29)$$

Die Fehlersumme $\varepsilon^{(k)}$ ist wegen der linearen Beziehung zwischen y_s und $\underline{w}$ in den Gewichten quadratisch, sie stellt eine konvexe hyperparaboloide Fläche mit einem einzigen, globalen Minimum bei $\underline{w}^*$ dar [WL90], wie für den zweidimensionalen Fall beispielhaft in Abbildung 3.35 gezeigt wird.

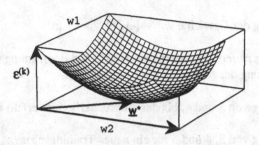

Abb. 3.35. Zweidimensionale, typische Fehlerfläche $\varepsilon^{(k)} = \varepsilon^{(k)} (w_1, w_2)$ eines Adaline.

Ziel des Iterationsverfahrens ist es, den Gewichtsvektor $\underline{w}^*$ zu finden, der $\varepsilon^{(k)}$ minimiert. Dazu wird zunächst der Gradient $\nabla_w \varepsilon^{(k)}$ bezüglich der Gewichte w_i berechnet. Unter Berücksichtigung der Kettenregel gilt mit Gleichung (3.29)

$$\nabla_w \varepsilon^{(k)} = \begin{pmatrix} \partial\varepsilon^{(k)}/\partial w_1 \\ \partial\varepsilon^{(k)}/\partial w_i \\ \partial\varepsilon^{(k)}/\partial w_n \end{pmatrix} = - \Sigma_{s=1,\dots,s} \, (d_s - y_s) \, \underline{x}_s \, . \qquad (3.30)$$

Das Minimum $\underline{w}^*$ wird beim iterativen Optimierungsprozeß unabhängig vom initialen Gewichtsvektor $\underline{w}^{(0)}$ asymtotisch erreicht, wenn

$$\Delta\underline{w} = \underline{w}^{(k+1)} - \underline{w}^{(k)} = -\eta \, \nabla_w \varepsilon^{(k)} \qquad (3.31)$$

angesetzt wird. Unter Berücksichtigung von Gleichung (3.30) berechnet sich die Iterationsvorschrift für die Gewichtsvektoren dann zu

$$\underline{w}^{(k+1)} = \underline{w}^{(k)} - \eta \, \nabla_w \varepsilon^{(k)}$$
$$= \underline{w}^{(k)} + \eta \, \Sigma_{s=1,\dots,s} \, (d_s - y_s) \underline{x}_s \, . \qquad (3.32)$$

Bemerkung

Gleichung (3.32) stellt eine *Offline-Variante* der μ-LMS-Lernregel dar, weil vor der Berechnung von $\underline{w}^{(k+1)}$ alle Trainingspaare $(\underline{x}_s, d_s)_{s \in \{1,...,S\}}$ angelegt und alle tatsächlichen Ausgangswerte y_s berechnet werden müssen.

Bei praktischen Anwendungen ist die Anzahl S der Trainingspaare oft viel größer als die Ordnung (n) des Eingangsvektorraums und damit der adaptierbaren Gewichte. Daher ist es meistens nicht möglich, die Konvergenzforderung $d_s = \underline{w}^{(k \to \infty)T} \underline{x}_s$ für alle Trainingsmuster zu erfüllen. Die asymptotische Lösung $\underline{w}^*$ ist dann die bezüglich der kleinsten quadratischen Fehlersumme beste Approximation des Gleichungssystems

$$d_s = \underline{w}^{*T} \underline{x}_s, \quad s=1,...,S . \tag{3.33}$$

Für eine einzelne Zelle oder Zellschicht kann der optimale Gewichtsvektor $\underline{w}^*$ sogar direkt angegeben werden. Dazu werden die Trainingspaare $(\underline{x}_s, d_s)$ wie folgt zu einer Eingangsmatrix $\underline{X}$ beziehungsweise einem Ausgangsvektor $\underline{d}$ geordnet:

$$\underline{X} = [\underline{x}_1 \; \underline{x}_2 \; \cdots \; \underline{x}_n] . \tag{3.34a}$$

$$\underline{d} = [d_1 \; d_2 \; \cdots \; d_n]^T . \tag{3.34b}$$

Beim Minimum $\underline{w}^*$ der Funktion $\varepsilon(\underline{w})$ muß $\nabla_w \, \varepsilon(\underline{w}) = 0$ gelten, also nach (3.30)

$$\nabla_w \varepsilon(\underline{w}) = - \Sigma_{s=1,...,S} \; (d_s - \underline{x}_s^T \underline{w}^*) \underline{x}_s$$

$$= \underline{X}(\underline{X}^T \underline{w} - \underline{d}) = \underline{0} . \tag{3.35}$$

Daraus folgt sofort

$$\underline{X}\underline{X}^T \underline{w}^* = \underline{X}\underline{d} \tag{3.36}$$

und durch linksseitige Multiplikation mit $(\underline{X}\underline{X}^T)^{-1}$

$$\underline{w}^* = (\underline{X}\underline{X}^T)^{-1} \underline{X} \, \underline{d} = \underline{P}\underline{d} . \tag{3.37}$$

Die Matrix $P = (\underline{X}\underline{X}^T)^{-1}\underline{X}$ heißt die *Pseudoinverse* von $\underline{X}$ [Pen55].

Online-Version. Die Online-Version zur Variation von $\underline{w}^{(k)}$ unmittelbar nach Anlegen eines neuen Trainingspaares ist die *eigentliche μ-LMS-Lernregel.* Sie entsteht, wenn in Gleichung (3.31) $\nabla_w \varepsilon^{(k)} = d_s - y^{(k)}$ gesetzt wird. Der Gewichtsvektor $\underline{w}^{(k)}$ wird direkt nach Anlegen eines neuen Trainingspaares $(\underline{x}_s, d_s)$ variiert. Durch Einsetzen folgt

$$\underline{w}^{(k+1)} = \underline{w}^{(k)} + \eta\, \varepsilon^{(k)}\, \underline{x}_s$$

$$= \underline{w}^{(k)} + \eta\, (d_s - \underline{w}^{(k)T}\underline{x}_s)\, \underline{x}_s. \tag{3.38}$$

Dieses Verfahren konvergiert für hinreichend kleine Lernraten η. Detaillierte Untersuchungen zu diesem Thema finden sich beispielsweise bei [HS81], [ME83], [WS85], [WH90] und [Has95]. In den meisten praktischen Fällen wird Konvergenz erreicht für

$$0 < \eta < 2/ \max{}_{s=1,...,S} |\underline{x}_s|^2 . \tag{3.39}$$

Bemerkung

Die Iterationsvorschriften (3.38) und (3.26) für die μ-LMS- und α-LMS-Lernregel lassen sich auf zwei unterschiedliche Arten ineinander überführen:

1. In (3.38) wird eine variable Lernrate $\eta\,'(\underline{x}_s) = \eta / |\underline{x}_s|^2$ eingeführt, oder

2. die Trainingsmuster $\{\underline{x}_s, d_s\}$ in (3.38) werden auf die Länge des Eingangsvektors $|\underline{x}_s|$ normalisiert. Mit $\underline{\xi}_s = \underline{x}_s / |\underline{x}_s|$ und $\varphi_s' = d_s / |\underline{x}_s|$ gilt

$$\underline{w}^{(k+1)} = \underline{w}^{(k)} + \eta\, (\varphi_s - \underline{w}^{(k)T}\underline{\xi}_s)\, \underline{\xi}_s .$$

Damit ergibt sich (3.26) für die neuen, auf einem Einheitskreis liegenden Eingangsvektoren $\underline{\xi}_s$ und die dazugehörenden Ausgangswerte φ_s'.

Delta-Lernregel

Wenn der μ-LMS-Algorithmus auf ein LSG angewendet und das Fehlersignal aus dem Ausgangswert $y = f(\underline{w}^T\underline{x})$ mit differenzierbarer Funktion f hergeleitet wird, entsteht die Delta-Lernregel. Sie besitzt zwar ein sehr langsames Konvergenzverhalten und benötigt deshalb viel Rechenzeit, stellt aber die Grundlage für den Backpropagation-Algorithmus dar, das mit Abstand am häufigsten angewendete Verfahren zum Trainieren mehrschichtiger vorwärtsgerichteter KNN. Deshalb soll die Delta-Lernregel gemäß Abbildung 3.36 abgeleitet werden.

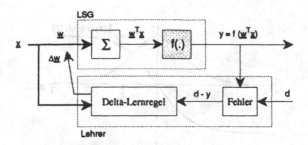

Abb. 3.36. Blockdiadramm der Delta-Lernregel.

Für die Trainingspaare $(\underline{x}_s, d_s)$ mit $s \in \{0,...,S\}$ werden Eingangsvektoren $\underline{x}_s \in \mathbb{R}^{n+1}$ mit dem Bias-Eingang $x_{0,s} = 1$ und dazugehörende Ausgangswerte $d_s \in [-1, 1]$ angenommen. Die Delta-Regel wird als Online-Verfahren realisiert. gemäß Gleichung (3.30) berechnet sich der Gradient der quadratischen Fehlersumme zu

$$\nabla_w \varepsilon(\underline{w}) = -(d - y)\, f'(z^{(k)})\, \underline{x}, \tag{3.40}$$

und damit gilt für die Delta-Regel

$$\begin{aligned}
\underline{w}^{(k+1)} &= \underline{w}^{(k)} - \eta\, \nabla_w \varepsilon(\underline{w}) \\
&= \underline{w}^{(k)} + \eta\, [d_s - f(z^{(k)})]\, f'(z^{(k)})\, \underline{x}_s \\
&= \eta\, \delta\, \underline{x}_s
\end{aligned} \tag{3.41}$$

mit $\delta = [d_s - f(z^{(k)})]\, f'(z^{(k)})$. Wenn die sigmoidale Schwellwertfunktion $f(z) = \tanh(z)$ und ihre Ableitung $f'(z) = 1 - f^2(z)$ angesetzt werden, ergibt sich mit $z^{(k)} = \underline{w}^{(k)T} \underline{x}_s$ die Iterationsvorschrift zu

$$\underline{w}^{(k+1)} = \underline{w}^{(k)} + \eta\, [d_s - f(z^{(k)})]\, [1 - f^2(z^{(k)})]\, \underline{x}_s . \tag{3.42}$$

In Abbildung 3.37 sind $f(z) = \tanh(z)$ und $f'(z)$ dargestellt. Wegen $f'(z) \approx 0$ für $|z| > 3$ ist die Konvergenzgeschwindigkeit für $f(z) \to \pm 1$ sehr gering. Eine Möglichkeit, diesen Nachteil auszugleichen, besteht darin, $f'(z^{(k)})$ um einen kleinen positiven Wert v zu vergrößern (siehe Abschnitt 3.5.4). Dann gilt die neue Iterationsvorschrift

$$\underline{w}^{(k+1)} = \underline{w}^{(k)} + \eta\, [d_s - f(z^{(k)})]\, [1 - f^2(z^{(k)}) + v]\, \underline{x}_s . \tag{3.43}$$

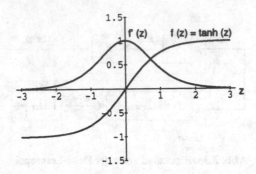

Abb. 3.37. Sigmoidale Funktion f(z) = tanh(z) und ihre Ableitung f'(z).

Beispiel: *Delta-Lernregel*

Es soll ein LSG mit zwei Eingängen so trainiert werden, daß es einen Eingangsvektor $\underline{x} = [1 \ -1 \ 1]^T$ auf den Wert d = 1 abbildet. Der Gewichtsvektor $\underline{w}$ sei vorinitialisiert mit $\underline{w}^{(0)} = [1 \ 1 \ 1]^T$. Es gilt $z^{(0)} = \underline{w}^{(0)T} \underline{x} = 1$, $y = f(z^{(0)}) = \tanh(1) = 0.76...$, $f'(z^{(0)}) = 0.42...$ Bei einer Lernrate von $\eta = 0.1$ ergibt sich für den nächsten Iterationsschritt

$$\underline{w}^{(2)} = \underline{w}^{(1)} + \eta \ [d - f(1)] \ f'(1) \ \underline{x}$$

$$= \begin{pmatrix} 1 \\ 1 \\ 1 \end{pmatrix} + 0.1*0.24*0.42 \begin{pmatrix} 1 \\ -1 \\ 1 \end{pmatrix} = \begin{pmatrix} 1.01 \\ 0.99 \\ 1.01 \end{pmatrix} .$$

Gradientenabstiegsregel zum Lernen in stochastischen Zellen

Die bisher beschriebenen Lernverfahren beziehen sich auf deterministisch arbeitende Zellen, die für feste Eingangsvektoren stets dieselben Ausgangswerte produzieren. Die Gradientenabstiegsregeln können auch zum Trainieren stochastischer Zellen nach Abschnitt 3.3.6, Abbildung 3.24, eingesetzt werden. Diese bilden die Grundlage für KNN, die mittels bestärkendem Lernen trainiert werden. Die bipolaren Ausgangswerte $y \in \{-1, 1\}$ ergeben sich aus Gleichung (3.9) unter Berücksichtigung einer Wahrscheinlichkeitsfunktion $P(z|y)$ zu

$$y = \begin{cases} +1 & \text{mit der Wahrscheinlichkeit } P(z|y=+1) \\ -1 & \text{mit } P(z|y=-1) = 1 - P(z|y=+1) . \end{cases}$$

Ziel eines Lernschrittes ist es, durch Variation des Gewichtsvektors $\underline{w}^{(k)}$ die quadratische Fehlersumme

$$\varepsilon^{(k)} = \tfrac{1}{2} \sum_{s=1,\ldots,S} (d_s - \langle y^{(k)} \rangle)^2 \qquad (3.44)$$

über alle Trainingspaare $(\underline{x}_s, d_s)_{s=1,\ldots,S}$ zu minimieren, wobei

$$\langle y^{(k)} \rangle = (+1) \cdot P(z|y=+1) + (-1) \cdot P(z|y=-1)$$

$$= 2 \cdot P(z|y=1) - 1 \qquad (3.45)$$

den Erwartungswert der Ausgangswerte $y_s^{(k)}$ eines Trainingssatzes angibt. Eine mögliche Wahrscheinlichkeitsfunktion P ist gegeben mit

$$P(z|y=1) = 1/[1 + \exp(-2\beta z)] . \qquad (3.46)$$

Eingesetzt in Gleichung (3.45) ergibt sich

$$\langle y^{(k)} \rangle = 2/[1 + \exp(-2\beta z^{(k)})] - 1$$

$$= \frac{1 - \exp(-2\beta z^{(k)})}{1 + \exp(-2\beta z^{(k)})} = \tanh(\beta z^{(k)}) . \qquad (3.47)$$

Für die quadratische Fehlersumme nach Gleichung (3.44) gilt

$$\varepsilon^{(k)} = \tfrac{1}{2} \sum_{s=1,\ldots,S} [d_s - \tanh(\beta \underline{w}^{(k)T} \underline{x}_s)]^2 , \qquad (3.48)$$

$$\nabla \varepsilon^{(k)} = - \sum_{s=1,\ldots,S} \beta (d_s - \langle y^{(k)} \rangle)(1 - \langle y^{(k)\,2} \rangle) \underline{x}_s . \qquad (3.49)$$

Die Gradientenabstiegsregel führt deshalb zum Offline-Algorithmus

$$\underline{w}^{(k+1)} = \underline{w}^{(k)} - \eta \nabla \varepsilon^{(k)}$$

$$= \underline{w}^{(k)} + \eta \beta \sum_{s=1,\ldots,S} (d_s - \langle y^{(k)} \rangle)(1 - \langle y^{(k)\,2} \rangle) \underline{x}_s . \qquad (3.50)$$

Die entsprechende inkrementelle Online-Regel zum Lernen in stochastischen Zellen lautet

$$\underline{w}^{(k+1)} = \underline{w}^{(k)} + \eta \beta (d_s - \langle y^{(k)} \rangle)(1 - \langle y^{(k)} \rangle^2) \underline{x}_s . \qquad (3.51)$$

Gleichung (3.51) entspricht also der Delta-Regel nach Gleichung (3.42) für eine deterministische Zelle mit Aktivierungsfunktion $f(z) = \tanh(z)$ und führt zum gleichen Gewichtsvektor $\underline{w}^{(k+1)}$.

3.4.3 Bestärkendes Lernen für einzelne Zellen

Bestärkendes Lernen (*reinforcement learning*) kann als *Trial-and-Error*-Prozeß angesehen werden, in dessen Verlauf durch eine externe Schiedsrichterangabe eine Gütefunktion für das Ausgangssignal optimiert wird. Diese Angabe beschreibt nicht eine gewünschte numerische Änderung des Ausgangssignals selbst, sondern gibt lediglich einen Hinweis darauf, *ob* dieses durch Variation der Gewichte zu vergrößern oder zu verkleinern ist. Die Zelle sollte deshalb ein stochastisches Ausgangssignal liefern, um den Ausgangswerteraum zur Adaption an die vorliegenden Prozeßbedingungen absuchen zu können.

Zur Lösung der Lernaufgabe wurden zahlreiche Iterationsverfahren entwickelt, bei denen in allgemeiner Form auch das Schiedsrichtersignal selbst stochastisch sein kann. Ein Überblick über theoretische und anwendungsbezogene Betrachtungen wird beispielsweise bei [Wil92] und [Sut92] gegeben. Im folgenden werden zwei Lernverfahren ([BA85], [BJ87]) beschrieben, wie sie bei [Has95] dargestellt sind.

Barto-Anandan-Lernregel

Diese auf [BA85] zurückgehende Lernregel (*associative-reward-penalty-algorithm*) geht von der Online-Regel zum Lernen in stochastischen Zellen in Gleichung (3.51) aus und verwendet eine variable Lernrate $\eta(r^{(k)})$. Die Trainingspaare haben die Form $(\underline{x}_s, r_s)$ mit Eingangsvektoren $\underline{x}_s \in \mathbb{R}^n$ und assoziierten Signalen $r_s \in \{-1, 1\}$ des externen Schiedsrichters; $r_s = 1$ signalisiere dabei eine richtige aktuelle Tendenz zur Gewichtsveränderung $\Delta\underline{w}^{(k)}$ und soll diese bestärken, $r_s = -1$ signalisiere eine falsche Tendenz und soll $\Delta\underline{w}^{(k)}$ umkehren. Der Adaptionsalgorithmus für die Gewichtsvektoren $\underline{w}^{(k)}$ berechnet sich zu

$$\underline{w}^{(k+1)} \quad = \underline{w}^{(k)} + \eta(r^{(k)})\,(d_s - \langle y^{(k)}\rangle)(1 - \langle y^{(k)\,2}\rangle)\underline{x}_s\,, \qquad (3.52)$$

wobei

$$\eta(r^{(k)}) = \begin{cases} \eta^+ \\ \eta^- \end{cases} \quad d_s = \begin{cases} y^{(k)} & \text{für } r^{(k)} = +1 \text{ (Belohnung)} \\ -y^{(k)} & \text{für } r^{(k)} = -1 \text{ (Bestrafung)} \end{cases} \qquad (3.53)$$

mit $\eta^+ \gg \eta^- > 0$ gilt. Die variable Vorgabe für d_s führt dazu, daß die Zelle im Falle einer Belohnung im statistischen Mittel die aktuelle Tendenz der Gewichtsänderung beibehält, während sie im Falle einer Bestrafung diese Tendenz umkehrt. Die Lernrate bei Bestrafung soll kleiner sein als die bei Belohnung, um schnelles Lernen und langsames Vergessen zu erreichen. Durch Verwendung von variablen Werten nach Gleichung (3.53) ändert sich die Dynamik von $\underline{w}^{(k)}$ entscheidend. Im Falle einer Konvergenz nähert sich der Erwartungswert $<y^{(k)}> \to \pm1$ und führt zur größten mittleren Bestärkung auf der Menge der Trainingspaare. So entsteht nach außen eine nahezu deterministisch arbeitende Zelle.

Barto-Jordan-Lernregel

Diese Lernregel entsteht durch Vernachlässigung des Ableitungsterms $(1 - <y^{(k)\,2}>)$ in Gleichung (3.52) und Erweiterung auf graduelle Bestärkungswerte $r \in [0, 1]$. Dabei ergibt sich die Iterationsvorschrift

$$\underline{w}^{(k+1)} = \underline{w}^{(k)} + \eta(r^{(k)}) \, [\, r^{(k)} \, (y^{(k)} - <y^{(k)}>) - (1 - r^{(k)})(y^{(k)} + <y^{(k)}>)] \, \underline{x}_s.$$

$$(3.52)$$

Für vollständige Belohnung (r=1) oder Bestrafung (r=0) gilt

$$\Delta\underline{w}^{(k)} = \quad \eta \, (y^{(k)} - <y^{(k)}>) \, \underline{x}_s \qquad \text{für } r = 1 \, ,$$

$$\Delta\underline{w}^{(k)} = - \eta \, (y^{(k)} + <y^{(k)}>) \, \underline{x}_s \qquad \text{für } r = 0 \, .$$

Nach [BJ87] kann die Lerngeschwindigkeit beim bestärkenden Lernen durch ein Online-Verfahren erhöht werden. Jeder Eingangsvektor $\underline{x}_s$ wird mehrmals präsentiert (i=1,...,I), und die jeweiligen (zufällig variierenden) Gewichtsvektoränderungen $\Delta\underline{w}_i^{(k)}$ werden akkumuliert zu

$$\Delta\underline{W}^{(k)} = 1/I \, \Sigma_{i=1,...,I} \, \Delta\underline{w}_i^{(k)}. \qquad (3.53)$$

Anschließend wird der neue Gewichtsvektor nach $\underline{w}^{(k+1)} = \underline{w}^{(k)} + \Delta\underline{W}^{(k)}$ berechnet.

3.4.4 Unüberwachtes Lernen

Beim unüberwachten Lernen existiert weder ein Lehrer- noch ein Schiedsrichtersignal $\varepsilon^{(k)}$ oder $r^{(k)}$, die Trainingsmenge Ω ist gegeben mit $\Omega = \{ \underline{x}_s \, | \, \underline{x}_s \in \mathbb{R}^n, s=1,...,S \}$.

Ziel ist es, gemeinsame Eigenschaften unter den Elementen x_s zu entdecken und Ω so zu partitionieren, daß ähnliche x_s gemeinsam klassifiziert werden, unähnliche dagegen zu anderen Klassen gehören. Bei komplexen Merkmalsstrukturen kann es dazu notwendig werden, die Eingangsvektoren x_s zunächst auf einen niederdimensionalen Raum zu transformieren. Dies kann durch ein vorgeschaltetes Verfahren wie beispielsweise die Karhunen-Loève-Transformation geschehen (KLT; siehe [Kar47], [Loè63]) oder durch die spezielle Funktionsweise des KNN mitübernommen werden. Beim unüberwachten Lernen hängt der gewünschte Erfolg besonders stark vom Zusammenspiel des Neuronenmodells, der Netzwerkarchitektur und einer geeigneten Lernregel ab.

Im folgenden werden drei grundsätzliche Klassen von Lernregeln vorgestellt, einige von der Hebbschen Hypothese [Heb49] abgeleitete Lernregeln, Wettbewerbslernen (z.B. nach [RZ85]) und selbstorganisierende Merkmalskarten (z.B. nach [Koh89]).

Hebbsche Verfahren

Die Hebbsche Lernregel wurde bereits am Anfang von Kapitel 3.4 als einführendes Beispiel für unüberwachtes Lernen beschrieben. Die Umsetzung in ein einfaches mathematisches Modell ist in Gleichung (3.15) motiviert und lautet für eine einzelne Zelle (siehe z.B. [Ste73], CD76])

$$\underline{w}^{(k+1)} = \underline{w}^{(k)} + \eta \cdot y^{(k)} \cdot \underline{x}_s \tag{3.54}$$

mit positiver Lernrate $\eta > 0$ und Ausgangswert $y^{(k)} = \underline{x}_s^T \underline{w}^{(k)}$. Zur Untersuchung der Dynamik oder Stabilität geht man von einer Sequenz von Eingangsvektoren $\underline{x}_s$ aus, deren Werte nach einer beliebigen Wahrscheinlichkeitsverteilung $p(\underline{x}_s)$ gebildet sind und während der Iteration an die Zelle geführt werden. Der Erwartungswert $\langle\Delta\underline{w}^{(k)}\rangle$ ergibt sich nach Gleichung (3.54) unter Annahme statistischer Unabhängigkeit von $\underline{x}_s$ und $\underline{w}^{(k)}$ zu

$$\langle\Delta\underline{w}^{(k)}\rangle = \eta \cdot \langle y^{(k)} \cdot \underline{x}_s\rangle = \eta \cdot \langle\underline{x}_s \underline{x}_s^T \underline{w}^{(k)}\rangle$$
$$= \eta \cdot \langle\underline{x}_s \underline{x}_s^T\rangle \langle\underline{w}^{(k)}\rangle , \tag{3.55}$$

wobei der Ausdruck $\langle\underline{x}_s\underline{x}_s^T\rangle$ die *Autokorrelationsmatrix* $\underline{C}$ von $\underline{x}$ darstellt:

$$\langle\underline{x}_s\underline{x}_s^T\rangle = \begin{bmatrix} \langle x^{(1)2}\rangle & \langle x^{(1)}x^{(2)}\rangle & \dots & \langle x^{(1)}x^{(S)}\rangle \\ \langle x^{(1)}x^{(2)}\rangle & \langle x^{(2)2}\rangle & \dots & \langle x^{(2)}x^{(S)}\rangle \\ \dots & \dots & & \dots \\ \dots & \dots & & \dots \\ \langle x^{(1)}x^{(S)}\rangle & \langle x^{(2)}x^{(S)}\rangle & \dots & \langle x^{(S)2}\rangle \end{bmatrix} \tag{3.56}$$

$\underline{C}$ ist eine reelle symmetrische Matrix (*hermitisch*) und besitzt damit Eigenwerte $\lambda_i \in \mathbb{R}_0$ mit orthogonalen Eigenvektoren $\underline{c}_i$, für die $\underline{C}\,\underline{c}_i = \lambda_i\,\underline{c}_i$ gilt. Für den stationären Zustand $<\Delta \underline{w}^{(k)}> = \underline{0}$ ist $\underline{C}\,\underline{w}^* = 0$, und für das Ergebnis folgt

$$\underline{w}^* = <\underline{w}\,(k \to \infty)> = \underline{0}\,. \tag{3.57}$$

Man kann zeigen, daß diese Lösung instabil ist und die Gewichtswerte anwachsen, lediglich der Mittelwert ist $\underline{0}$. Eine einfache Methode zur Stabilisierung dieser Lernregel ist die Normalisierung der Gewichtsvektoren mit $\|\underline{w}^{(k)}\| = 1$ nach jedem Lernschritt ([Mal73], [CD76]). Dann berechnet sich die Lernvorschrift zu

$$\underline{w}^{(k+1)} = \frac{\underline{w}^{(k)} + \eta \cdot y^{(k)} \cdot \underline{x}_s}{\|\underline{w}^{(k)} + \eta \cdot y^{(k)} \cdot \underline{x}_s\|}\,. \tag{3.58}$$

Alternative Veränderungen der Hebbschen Lernregel zur Stabilisierung des dynamischen Verhaltens werden beispielsweise bei [Oja82] und [YKC89] vorgeschlagen. Beide Fälle berücksichtigen das Phänomen des *Vergessens*. Bei jedem Iterationsschritt (k) wird durch Abzug eines zusätzlichen Korrekturvektors $-\Delta^*\underline{w}^{(k)}$ parallel zum aktuellen Gewichtsvektor $\underline{w}^{(k)}$ dieser gestaucht. Ein zweidimensionales Vektordiagramm zeigt Abbildung 3.37.

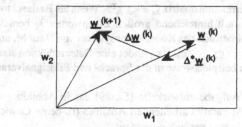

Abb. 3.37. Iterationsvorschrift bei Erweiterung der Hebbschen Lernregel.

Oja-Lernregel. Die Oja-Lernregel führt zu

$$\underline{w}^{(k+1)} = \underline{w}^{(k)} + \eta \cdot y^{(k)} \cdot \underline{x}_s - \eta \cdot (y^{(k)})^2 \cdot \underline{w}^{(k)}$$

$$= \underline{w}^{(k)} + \eta \cdot y^{(k)} \cdot (\underline{x}_s - y^{(k)} \cdot \underline{w}^{(k)})\,. \tag{3.59}$$

Bei zu großen Ausgangswerten $y^{(k)}$ werden die Gewichte verkleinert. Der *Vergessenswert* ist in diesem Fall proportional zu $(y^{(k)})^2 \cdot |\underline{w}|^{(k)}$. Es kann gezeigt werden, daß $\underline{w}^{(k)}$ auf den größten Eigenvektor $\underline{c}_1$ von $\underline{C}$ hin konvergiert und also $\underline{w}^* = \underline{c}_1$ gilt [Has95].

YuKaCo-Lernregel. Bei dieser Lernregel nach [YKC89] wird als zusätzliche Gewichtsänderung $\Delta' \underline{w} = -\eta \cdot |\underline{w}^{(k)}|^2$ angesetzt. Dabei entsteht die Iterationsvorschrift

$$\underline{w}^{(k+1)} = \underline{w}^{(k)} + \eta \cdot [y^{(k)} \cdot \underline{x}_s - |\underline{w}^{(k)}|^2 \cdot \underline{w}^{(k)}] . \tag{3.60}$$

Die YuKaCo-Lernregel konvergiert gegen einen Vektor $\underline{w}^*$, der parallel zum größten Eigenvektor $\underline{c}_1$ von $\underline{C}$ liegt und dessen Betrag gleich der Wurzel des größten Eigenwerts λ_i ist.

Beispiel: *Hauptkomponenten-Analyse*

Mit Hilfe eines einfachen KNN mit Adaline-Zellen gemäß Abbildung 3.38 und einer unüberwachten Lernregel kann die Hauptkomponenten- oder Karhunen-Loève-Transformation (KLT) nachgebildet werden ([Ama77], [Lin88]). Durch die KLT werden im Raum der Eingangsvektoren $\underline{x}$ orthogonale Basisvektoren $\underline{u}$ eines neuen Koordinatensystems aufgespannt, in dem Korrelationen zwischen den Eingangsdaten minimiert sind.

Zur Erläuterung seien S Vektoren $\underline{x}_S \in \mathbb{R}^n$ gegeben, die auf M Vektoren $\underline{c}_i \in \mathbb{R}^n$ abgebildet werden sollen. Die $\underline{c}_i$ sind dabei die nach Größe der Eigenwerte λ_i geordneten Eigenvektoren der Autokorrelationsmatrix $\underline{C} = \langle \underline{x} \, \underline{x}^T \rangle$. Wenn als Basisvektoren nur die ersten $M \leq S$ Eigenvektoren mit hinreichend großen Eigenwerten λ_i berücksichtigt werden, verringert sich die Dimension des Koordinatensystems von N auf M, und mit der Projektion $\underline{x}_s \rightarrow \underline{x}_s^{neu} = [\underline{c}_1 \ \underline{c}_2 \ \dots \ \underline{c}_M]^T \underline{x}_S$ findet eine Datenreduktion statt. Anwendungen der KLT finden sich beispielsweise in der Sprach- und Bildsignalverarbeitung.

Zur Lösung dieser Aufgabe entwickelte [San89] das in Abbildung 3.38 dargestellte einfache KNN mit M parallel arbeitenden Adalines (i), deren Gewichte w_{ij} nach der folgenden Iterationsformel verändert werden:

$$\Delta \underline{w}_{ij} = \eta \, y_i \, [x_j - \Sigma_{p=1,\dots,i} \, (w_{pj} \, y_p)] . \tag{3.61}$$

Die Angabe des Iterationsschrittes (k) wurde zur besseren Übersicht nicht angeführt. Gleichung (3.61) kann mit der Hebbschen Lernregel aus (3.54) motiviert werden, wenn als effektiver Eingangsvektor $\underline{x}_i' = \underline{x}_i - \Sigma_{p=1,\dots,i} \, (\underline{w}_p \, y_p)$ gewählt wird. Da die Variation des Gewichtsvektors $\underline{w}_i$ für die Zelle (i) von den Ausgangssignalen y_p anderer Zellen abhängig ist, sind die einzelnen Zellen miteinander gekoppelt. Die Gewichts-

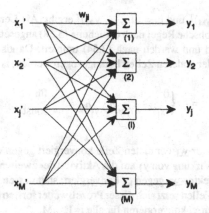

Abb. 3.38. KLT-Emulation mit KNN und modifizierter Hebbscher Lernregel.

vektoren $\underline{w}_i$ konvergieren gegen die Basisvektoren $\underline{c}_i$, so daß sich als Lösung $\underline{c}_i = \underline{w}_i^*$ ergibt. Ein anderer KNN-Entwurf für diese Aufgabe stammt von [RT89] und ist in Abbildung 3.39 dargestellt.

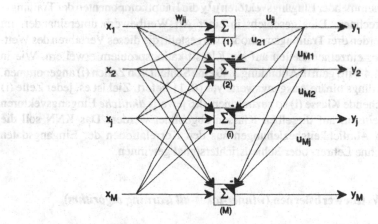

Abb. 3.39. KLT-Emulation mit KNN mit modifizierter Hebbscher Lernregel.

Bei Bildung der Ausgangssignale y_i werden auch andere Ausgangssignale $y_{j\neq i}$ mit verwendet, so daß sich am linearen Ausgang der Zelle (i) der Wert

$$y_i = \underline{w}_i^T \underline{x}_s - \underline{u}_i^T \underline{y}$$

mit $\underline{y} = (y_1, ..., y_M)^T$ und $\underline{u}_i = (u_{i1}, ..., y_{iM})^T$ ergibt. Als Lernregel für die $\underline{w}_i$ wird die normalisierte Hebbsche Regel nach Gleichung (3.58) angesetzt. Die Rückkopplungen $\underline{u}_i$ wirken hemmend und werden nach (3.54) trainiert. Da als Eingangssignale jetzt die Ausgangswerte der anderen Zellen herangezogen werden, ist

$$u_{ij}^{(k+1)} = \begin{cases} 0 & \text{für } i \geq j \\ u_{ij}^{(k)} - \eta\, y_i^{(k)}\, y_j^{(k)} & \text{sonst.} \end{cases}$$

Der Gewichtsvektor $\underline{w}_1$ der ersten Zelle konvergiert gegen den ersten Eigenvektor $\underline{c}_1$. Die hemmende Wirkung von y_1 auf die Aktivität der zweiten Zelle verhindert, daß auch deren Gewichtsvektor $\underline{w}_2$ gegen $\underline{c}_1$ konvergiert; statt dessen verändert er sich gegen $\underline{c}_2$. Bei den anderen Zellen setzt sich dieser Prozeß weiter fort, so daß insgesamt die $\underline{w}_i$ gegen die Eigenvektoren $\underline{c}_i$ konvergieren für alle $i=1,...,M$.

3.4.5   Wettbewerbslernen

In Abbildung 3.39 wurde ein KNN vorgestellt, dessen Zellen unter Berücksichtigung zusätzlicher hemmender Eingangsvektoren $\underline{u}^T\underline{y}$ die Hauptkomponenten der Trainingsvektoren berechnen. Dies geschieht in einer Art Wettbewerb untereinander. Im folgenden werden drei Trainingsmethoden vorgestellt, die dieses Verfahren des Wettbewerbs unter einzelnen Zellen auf ein Klassifikationsproblem erweitern. Wie in Abschnitt 3.4.4 wird gemäß Abbildung 3.40 eine Schicht von Zellen (i) angenommen, die jetzt allerdings binäre Ausgangswerte $y_i \in \{0, 1\}$ liefert. Ziel ist es, jeder Zelle (i) eine entsprechende Klasse (i) so zuzuordnen, daß jeweils *ähnliche* Eingangsvektoren $\underline{x}_s \in \mathbb{R}^n$ gemeinsam auf dieselben Klassen abgebildet werden. Das KNN soll die notwendigen Ähnlichkeitsbeziehungen aus den Korrelationen der Eingangsdaten selbständig ohne Lehrer- oder Schiedsrichtersignal gewinnen.

Einfaches Wettbewerbslernen (*winner-takes-all learning algorithm*)

Es wird eine eindimensional angeordnete Schicht von M Zellen (i) angenommen, die über eigene Gewichtsvektoren $\underline{w}_i$ mit dem Eingang $\underline{x}$ verbunden sind.

Die zu klassifizierenden Vektoren $\underline{x}_s \in \mathbb{R}^N$ werden dem KNN in zufälliger Reihenfolge präsentiert. Der Ausgangswert y_i der Zelle (i) ist dabei $y_i = \underline{w}_i^T \underline{x}_s$. Die Zelle mit der stärksten Antwort y_w auf $\underline{x}_s$ wird als *Gewinner* deklariert. Das Kriterium lautet

$$y_w = \max_{i=1,...,M} [\underline{w}_i^T \underline{x}] .$$ (3.62)

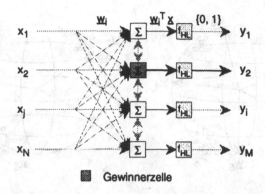

■ Gewinnerzelle

Abb. 3.40. Wettbewerbslernen in einer einzelligen Schicht.

Mit dem Skalarprodukt $\underline{w}_w^T\underline{x} = |\underline{w}_w| \cdot |\underline{x}| \cdot \cos(\underline{w}_w, \underline{x})$ wird deutlich, daß diejenige Zelle (w) der Gewinner ist, deren Gewichtsvektor $\underline{w}_w$ im Vektordiagramm den geringsten Euklidischen Abstand $d_w = |\underline{w}_w - \underline{x}|$ vom aktuellen Eingangsvektor $\underline{x}_s$ besitzt. Der Gewichtsvektor $\underline{w}_w^{(k)}$ wird an $\underline{x}_s$ angenähert, was nach [Gros69], [Mal73] und [RZ85] mit der linearen Iterationsvorschrift

$$\underline{w}_i^{(k+1)} = \begin{cases} \underline{w}_i^{(k)} + \eta^{(k)}\,(\underline{x}_s - \underline{w}_i^{(k)}) & \text{(i) ist Gewinnerzelle} \\ \underline{0} & \text{sonst} \end{cases} \qquad (3.63)$$

geschehen kann. Bei variabeler Lernrate $\eta^{(k)} > 0$ ist eine monoton fallende Funktion zu wählen, die von der Konvergenzgeschwindigkeit und vom Abbruchkriterium abhängt. Die Vektoren $\underline{w}_i$ lassen sich auch zu einer Matrix $\underline{w} = (w_{ij})$ zusammenfassen.

Im gemeinsamen Vektordiagramm der in einer gewissen Klassenform vorliegenden $\underline{x}_s$ und der $\underline{w}_i$ wird der Lernvorgang so interpretiert, daß sich die Gewichtsvektoren von häufig gewinnenden Zellen mit der Lernrate auf die Klassenschwerpunkte zu bewegen. Dieser Effekt ist für eine beispielhafte Verteilung der $\underline{x}_s$ in Abbildung 3.41 dargestellt.

Bei praktischen Klassifikationsproblemen ist oft die optimale Klassenanzahl M* vor dem Lernprozeß nicht bekannt. Die Zellenanzahl M kann deshalb zunächst durch eine Abschätzung zu groß gewählt werden. Wenn während des Lernprozesses bestimmte Zellen niemals oder bei höheren Iterationszahlen nur sehr selten Gewinner sind, können diese eliminiert werden. Die Klassenanzahl nimmt dann gegen einen *quasioptimalen* Wert hin ab, der von der Begrenzung der Mindesttrefferzahl abhängt.

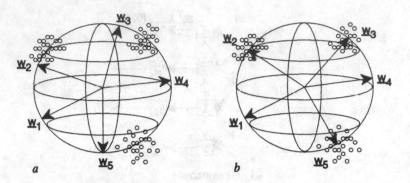

Abb. 3.41. Veränderung der Gewichtsvektoren beim Wettbewerbslernen,
a vor dem Lernprozeß, *b* nachher.

Im obigen Beispiel können die Zellen (1) und (4) eliminiert werden, und die Zellen
(2), (3) und (5) klassifizieren die drei vorgegebenen Merkmalsklassen.

Bemerkung

Es sind auch Klassenverteilungen vorstellbar, bei denen die oben beschriebene Methode
der Zellenreduktion zu Fehlern führt. Dies kann beispielsweise dann geschehen, wenn
zwischen zwei eng benachbarten Klassen ein größerer Bereich ohne oder mit nur wenigen Merkmalsvektoren $\underline{x}_s$ liegt. Bei Vorgabe zweier Ausgabezellen und *falscher* Vorinitialisierung der beiden Gewichtsvektoren kann der eine stets der Gewinner sein und
sich in den Schwerpunkt aller Trainingsvektoren bewegen, während der andere in einem
unbesetzten Bereich verharrt.

Wenn bestimmte Ähnlichkeitsanforderungen an die zu bildenden Klassen gestellt
werden können, lassen sich diese beim Aufstellen der Iterationsbedingung berücksichtigen. Falls beispielsweise nicht die Länge der Merkmalsvektoren $\underline{x}_s$ entscheidend
ist, sondern deren Verteilung im Merkmalsraum, sollte diese Bedingung durch
Normalisierung in der Iterationsformel berücksichtigt werden. Dann gilt für die
Gewinnerzelle

$$\underline{w}_i^{(k+1)} = \underline{w}_i^{(k)} + \eta^{(k)} \, (\underline{x}_s / |\underline{x}_s| - \underline{w}_i^{(k)}) \, . \tag{3.64}$$

Beispiel *KNN-Realisierung des einfachen Wettbewerbslernens* (adaptiert nach [Has95])

Die Auswahl des Gewinners kann bei Implementation auf Digitalrechnern direkt durch Vergleich der Zellaktivierungen geschehen. Um die angedeuteten Konvergenzprobleme zu reduzieren, kann die Gewinnerauswahl auch während des Lernprozesses durch zusätzliche Rückführung der Ausgangssignale an die Zelleneingänge über eine Gewichtsmatrix $\underline{u} \in \mathbb{R}^{M \times M}$ geschehen. Für die Gewichte kann nach [Has95]

$$u_{ji} = \begin{cases} 1 & \text{für } j = i \\ -\alpha & \text{sonst} \end{cases} \tag{3.65}$$

angesetzt werden; der Wert α sollte dabei im Bereich $0 < \alpha < 1/M$ angenommen werden. Für die Aktivierung y_i der Zelle (i) gilt dann

$$y_i = f(\underline{w}_i^T \underline{x} + \underline{u}_i^T \underline{y}) \tag{3.66}$$

mit $\underline{u}_i = (u_{1i}, u_{2i}, ..., u_{Mi})^T$ und $\underline{y} = (y_1, y_2, ..., y_M)^T$. Die Iterationsvorschrift entspricht dem KNN in Abbildung 3.42a, wobei die Zellen (i) eine Aktivierungsfunktion $f(z_i)$ nach Abbildung 3.42b annehmen sollen.

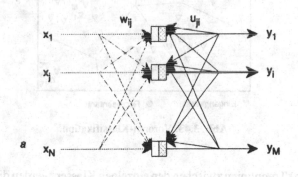

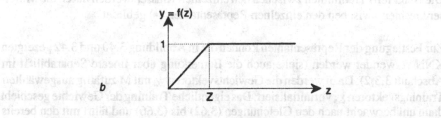

Abb. 3.42. Gewinnerauswahl durch Signalrückführung, *a* KNN-Architektur, *b* Aktivierungsfunktion der Zellen.

Die Konstante Z ist nach [Has95] so zu wählen, daß während des Lernprozesses alle Zellaktivierungen innerhalb des linearen Bereichs liegen. Bei Konvergenz geht genau die Gewinnerzelle in Sättigung.

3.4.6   Lernende Vektorquantisierung (LVQ)

Ein Vektorquantisierer ist ein *Klassifikator*, der einen Merkmalsraum R mit Hilfe repräsentativer Vektoren $\underline{w}_i$ (Repräsentant; engl.: *template*) in Teilräume oder *Klassen* R_i zerlegt. Die Menge $\{\underline{w}_i, i=1,..., M\}$ ist das *Codebuch* des Klassifikators. Bei Anlegen eines zu klassifizierenden Eingabevektors $\underline{x}_s$ wird der Repräsentant $\underline{w}_i$ derjenigen Klasse R_i ausgegeben, in der $\underline{x}_s$ liegt. Die innerhalb von R_i liegenden Vektoren $\underline{x}_s$ sollen dem dazugehörenden Repräsentanten $\underline{w}_i$ ähnlicher sein als allen anderen Repräsentanten $\underline{w}_j$ mit $j\neq i$. Wenn als Ähnlichkeitsmaß die Euklidische Abstandsnorm verwendet wird, ergibt sich ein *Voronoi*-Klassifikator. Eine beispielhafte Voronoi-Partition eines zweidimensionalen Raumes zeigt Abbildung 3.43.

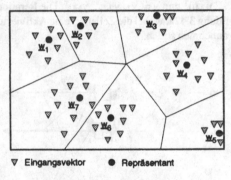

▽ Eingangsvektor   ● Repräsentant

Abb. 3.43. Voronoi-Klassifikation.

Die (scharfen) Trennlinien zwischen den einzelnen Klassen werden durch die Mittelsenkrechten zwischen den einzelnen Repräsentanten (●) gebildet.

Zur Festlegung der Repräsentanten können die in Abbildung 3.40 und 3.42 gezeigten KNN verwendet werden (siehe auch die Bemerkung über lineare Separabilität im Abschnitt 3.3.2). Dazu werden die Gewichtsvektoren $\underline{w}_i$ mit M zufällig ausgewählten Trainingsvektoren $\underline{x}_s$ vorinitialisiert. Das eigentliche Training der Gewichte geschieht dann unüberwacht nach den Gleichungen (3.62) bis (3.66) und führt mit den bereits erwähnten Einschränkungen zu einer Näherungslösung. Die Vorinitialisierung legt einen ersten Voronoi-Klassifikator fest. Während des Trainings werden die Klassengrenzen an die Menge der Trainingsvektoren angepaßt.

Lernende Vektorquantisierung (LVQ). Dieses Verfahren [Koh89] beschreibt einen überwacht lernenden Klassifikator gemäß Abbildung 3.40, der die Klassengrenzen in Bezug auf die Menge $\{x_s\}$ der Trainingsvektoren x_s adaptiert. Die Zellen werden wegen der von Kohonen entwickelten speziellen Adaptionsvorschrift auch *Kohonen-Zellen* genannt. Anwendung findet die LVQ besonders in den Bereichen Sprach- und Bildsignalanalyse.

Für die Vektoren x_s und die einzelnen Zellen (i) werden bei der LVQ zusätzlich die Klassenzugehörigkeiten (c) vermerkt. Nach Anlegen eines Eingabevektors x_s wird zunächst das Gewinnerneuron (w) bestimmt. Dies kann beispielsweise nach der Vorschrift in Gleichung (3.62) geschehen. Nur der Gewichtsvektor $\underline{w}_w$ der Gewinnerzelle wird verändert. Wenn die Klassenzugehörigkeiten von x_s und $\underline{w}_w$ übereinstimmen, wird $\underline{w}_w$ auf x_s mit der Vorschrift nach Gleichung (3.63) zubewegt, ansonsten wird der Abstand entsprechend vergrößert. Ausgehend von einem vorhandenen Voronoi-Klassifikator werden die Gewichtsvektoren nach der *Kohonen-Lernregel*

$$\Delta\underline{w}_w{}^{(k)} = \begin{cases} +\eta^{(k)} \, (x_s - \underline{w}_w{}^{(k)}) & \text{für } c_s = c_w \\ -\eta^{(k)} \, (x_s - \underline{w}_w{}^{(k)}) & \text{für } c_s \neq c_w \end{cases} \qquad (3.67)$$

verändert. Die Lernrate $\eta^{(k)}$ kann dabei konstant oder im Iterationsverlauf monoton fallend angesetzt werden mit $0 < \eta^{(k)} < 1$. Ein typischer Anfangswert liegt bei $\eta^{(k)} = 0.1$.

Optimierte Lerngeschwindigkeit (OLVQ). Die Konvergenzgeschwindigkeit läßt sich nach [Koh90] steigern, wenn jeder Repräsentant $\underline{w}_i$ eine eigene variable Lernrate $\eta_i{}^{(k)}$ erhält. Für eine statistisch optimale Verteilung der Repräsentaten im Eingangsraum ergibt sich

$$\eta_i{}^{(k)} = \begin{cases} \eta_i{}^{(k-1)} / (1 + \eta_i{}^{(k-1)}) & \text{für } c_s = c_i \\ \eta_i{}^{(k-1)} / (1 - \eta_i{}^{(k-1)}) & \text{für } c_s \neq c_i . \end{cases} \qquad (3.68)$$

Die Lernraten in Gleichung (3.68) können fallen, aber auch steigen. Deshalb muß eine obere Grenze für $\eta_i{}^{(k)}$ festgesetzt werden. In der von Kohonen vorgeschlagenen Implementation wurde die Bedingung $\eta_i{}^{(k)} < \eta_i{}^{(0)}$ realisiert. Für die Anfangslernrate $\eta_i{}^{(0)}$ können durchaus Werte bis 0.5 angesetzt werden.

Weitere LVQ-Algorithmen. Die Variation eines Repräsentaten $\underline{w}_i$ im Eingangsraum verändert mehrere Klassengrenzen gleichzeitig über das Konstruktionsprinzip *Mittelsenkrechte*. Umgekehrt sind bei gewünschter Variation nur einer bestimmten Grenze viele Gewichtsvektoren zu verändern. Diese eher indirekte Eingriffsmöglichkeit erscheint aus empirischer Sicht ungünstig, da für die Funktionsweise eines Klassifikators die Klassengrenzen wichtiger sind als die Struktur im Inneren der Klassen. Deshalb wurden erweiterte LVQ-Algorithmen entwickelt, die zusätzlich einen gewissen Bereich um die Klassengrenzen bei der Variation der Gewichtsvektoren berücksichtigen (z.B. in [KBC88], [Zel94]).

Eine alternative Erweiterungsmöglichkeit des LVQ-Algorithmus besteht darin, nach Bestimmung der Klassenzugehörigkeit c_w der Gewinnerzelle für den Fall $c_s \neq c_w$ zunächst die Vize-Gewinnerzelle (v) zu suchen. Für $c_s = c_v$ wird mit einer Gewichtsänderung $\underline{w}_v$ nach Gleichung (3.67) $\underline{w}_v$ auf $\underline{x}_s$ zu- und gleichzeitig $\underline{w}_w$ wegbewegt. Im Fall $c_s \neq c_v$ wird insgesamt nach Gleichung (3.67) vorgegangen.

3.4.7   Selbstorganisierende Karten (*self-organizing map*, SOM)

Eine SOM ist ein erweiterter Vektorquantisierer, der sich stärker am biologischen Vorbild orientiert. Im allgemeinen wird die LVQ-Zellschicht aus Abbildung 3.40 auf eine zweidimensionale Anordnung erweitert, wie es in Abbildung 3.44 dargestellt ist. Jede der linearen Zellen ist vollständig mit dem Eingang $\underline{x}$ verbunden, an den Trainingsmuster $\underline{x}_s \in \mathbb{R}^n$ geführt werden. Nicht jede Zelle steht für eine eigene Klasse, sondern die räumliche Lage von Zellclustern in der Schicht beschreibt die Klassen.

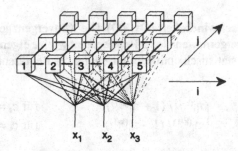

Abb. 3.44. Selbstorganisierende Karte (SOM) mit M=15 Zellen (i,j).

Vom biologischen Vorbild ist bekannt, daß sich visuelle Muster, die über längere Zeit präsentiert werden, als entsprechende Muster auf der Großhirnrinde abbilden. Ähnliche Effekte treten auch für die Verteilung taktiler Sensoren in der Haut auf. Die Neuronen besitzen also durch ihre räumliche Position eine wichtige Eigenschaft. Deshalb werden Informationen über die relative Position der Zelle in das Modell integriert. Dabei entstehen Nachbarschaften, die sich durch die Entfernungen der

Zellen voneinander unterscheiden; bei Adaption einer Zelle an eine bestimmte Aufgabe durch Variation ihres Gewichtsvektors sind auch die Nachbarzellen mit betroffen.

Eine SOM organisiert sich im Verlauf des Lernprozesses so, daß der Eingaberaum auf die räumlich angeordneten Zellen der Kohonenschicht abgebildet wird. Ziel ist es, daß benachbarte Eingabevektoren $\underline{x}_i$, $\underline{x}_j$ in $\mathbb{R}^n$ mit kleinen Abstandswerten $|\underline{x}_i - \underline{x}_j|$ benachbarte *Zellen* auf Positionen $\underline{r}_i$ und $\underline{r}_j$ mit kleinem Abstand $|\underline{r}_i - \underline{r}_j|$ aktivieren; die Abbildung soll *topologieerhaltend* sein. Außerdem wird gefordert, daß nach Abschluß des Lernprozesses die Dichteverteilung der Gewichtsvektoren in $\mathbb{R}^n$ die Dichteverteilung der Trainingsvektoren approximiert, also die Repräsentanten entsprechend verteilt im Eingangsraum liegen; die SOM soll auch *wahrscheinlichkeitsdichteerhaltend* sein.

Die Lernregel kann in den folgenden vier Schritten zusammengefaßt werden:

1. Initialisieren der Gewichtsvektoren

2. Bestimmen der Gewinnerzelle

3. Adaption der Gewichtsvektoren

4. Wiederholung von 2. und 3. bis zum Abbruch

Nach Bestimmen der Gewinnerzelle mit Hilfe des Euklidischen Abstandes werden die Gewichtsvektoren $\underline{w}_{ij}$ der Zellen $(_{ij})$ nach einer modifizierten Wettbewerbs-Lernregel trainiert:

$$\Delta\underline{w}_{ij}^{(k)} = \eta^{(k)} \cdot \phi^{(k)}(\underline{r}_{ij} - \underline{r}_w) \cdot (\underline{x}_s - \underline{w}_{ij}^{(k)}) \,. \tag{3.63}$$

Der wesentliche Unterschied zu Gleichung (3.40) liegt in der Nachbarschaftsfunktion $\phi^{(k)}(\underline{r}_{ij} - \underline{r}_w)$. Für die Gewinnerzelle an der Position $\underline{r}_w$ gilt

$$\phi^{(k)}(\underline{r}_w - \underline{r}_w) = \phi^{(k)}(0) = 1, \tag{3.64}$$

während ϕ für größere Argumente tendenziell abnimmt. Weiter entfernte Nachbarn des Gewinners werden also nur wenig beeinflußt. Zwei häufig verwendete Funktionen ϕ sind die Gaußfunktion und die Mexikanerhut-Funktion nach Abbildung 3.45.

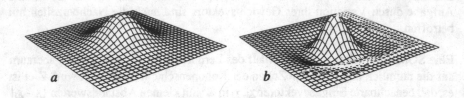

Abb. 3.45. Nachbarschaftsfunktionen: *a* Gaußsche Funktion, *b* Mexikanerhut-Funktion.

Das Verfahren konvergiert nur, wenn die Lernrate $\eta^{(k)}$ und die Nachbarschafts-funktion $\phi^{(k)}$ aufeinander abgestimmt monoton mit der Iterationsrate k fallen. Der folgende Vorschlag stammt von [RS88] und wird bei [Has95] beschrieben. Für die Nachbarschaftsfunktion

$$\phi^{(k)}(\underline{r}_{ij} - \underline{r}_w) = \exp\left[-|\underline{r}_{ij} - \underline{r}_w|^2 / 2\sigma^2\right] \qquad (3.65)$$

mit der Varianz σ^2 nimmt die Lernrate ab mit

$$\eta^{(k)} = \eta^{(0)} \cdot [\eta^{(f)} / \eta^{(0)}]^{k/k_{max}}, \qquad (3.66)$$

während sich analog die Varianz und damit die Ausdehnung des Einflußbereichs mit

$$\sigma^{(k)} = \sigma^{(0)} \cdot [\sigma^{(f)} / \sigma^{(0)}]^{k/k_{max}} \qquad (3.67)$$

verringert. Bei der Iteration wird eine feste maximale Iterationszahl k_{max} vorgegeben. Zu Beginn der Iteration sollte der Nachbarschaftsbereich $\sigma^{(0)}$ weitgehend die gesamte SOM abdecken, so daß eine sehr starke gegenseitige Beeinflussung unter den Gewichtsvektoren der einzelnen Zellen besteht. Typische Konstantenwerte liegen bei $\sigma^{(0)} \approx 2$, $\sigma^{(f)} \approx 0.5$, $\eta^{(0)} \approx 0.8$ und $\eta^{(f)} \ll 1$.

Viele Anwendungsfälle des SOM-Algorithmus haben eine Übertragung hochdimensionaler Daten auf niederdimensionale Daten unter Beibehaltung von Ähnlichkeitsbeziehungen zwischen den zu tranformierenden Objekten zur Aufgabe. Beispiele sind Mustererkennung im Bereich Sprach- und Bildverarbeitung, Datenreduktion oder Klassifikation audiovisueller Videodaten.

Der Gewichtsvektor $\underline{w}_{ij}$ der Zelle $(_{ij})$ kann umgekehrt auch als repräsentativer Positionsvektor im Eingangsraum betrachtet werden. Das erlaubt die Interpretation der

Adaption von $\underline{w}_{ij}$ als Bewegung oder Spur der Zelle im Eingangsraum. Wenn der Eingangsraum ein Quadrat ist, in dem die Trainingsvektoren $\underline{x}_s$ gleichverteilt liegen, sollen die $\underline{w}_{ij}$ nach Abschluß des Adaptionsprozesses in möglichst äquidistanten Abständen liegen und den gesamten Raum ausfüllen. Als Beispiel für die Dynamik eines Adaptionsprozesses ist in Abbildung 3.46 die *Entfaltung* einer SOM mit 5×5 Zellen nach der Initialisierung, nach 100, 1000 und 50000 Iterationen dargestellt. Die schwarzen Punkte (•) stehen für die Gewichtsvektoren bzw. Repräsentanten $\underline{w}_i$, sie sind zur Veranschaulichung der Nachbarschaftsbeziehungen mit Geradensegmenten verbunden. Es wird deutlich, wie die Gewichtsvektoren $\underline{w}_i$ mit zunehmender Iterationszahl so im Eingangsraum verteilt werden, wie es der Zellenanordnung auf der SOM entspricht.

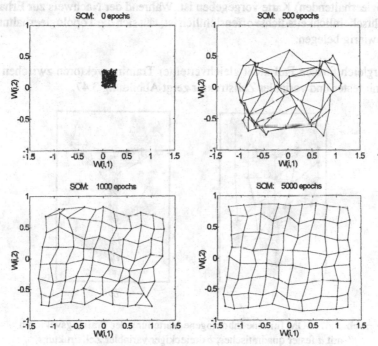

Abb. 3.46. Bewegung der Gewichtsvektoren im Laufe der Iterationsstufen ($\eta^{(0)}=0.8$, $\eta^{(f)}=0.01$, $\sigma^{(0)}=5$, $\sigma^{(f)}=1$ und $k_{max}=50000$).

Die von Kohonen vorgeschlagene SOM-Struktur geht von einem quadratisch oder hexagonal zusammenhängenden Gitter aus, das in einen quadratischen oder möglichst rechteckigen äußeren Rahmen eingepaßt ist. Eines der Argumente dafür ist eine bessere Orientierungsmöglichkeit und Rekonstruierbarkeit der Abbildung.

SOM mit variabler Zellstruktur (wachsendes Neurogas-Modell)

In neuerer Zeit werden auch SOM mit variabler Zellstruktur diskutiert, die die Art der Vernetzung an die Wahrscheinlichkeitsdichtefunktion p(X) der Trainingsvektoren anpassen. Dies geschieht durch überwachtes Lernen der Gewichtsvektoren sowie Einfügen zusätzlich notwendiger oder Eliminieren überflüssiger Zellen. Da die Bewegung der Gewichtsvektoren während des Trainingsprozesses an die kinetische Gastheorie lose gekoppelter Einzelmoleküle erinnert, spricht man in diesem Fall auch von einem *Neurogas*. Solche SOM haben den Vorteil, Eingangsvektorverteilungen mit stark inhomogener Wahrscheinlichkeitsdichte - wie beispielsweise nicht zusammenhängende Gebiete - besser modellieren zu können, da keine starre Struktur der (topologieerhaltenden) Karte vorgegeben ist. Während der Nachweis zur Erhaltung der Wahrscheinlichkeitsdichte offensichtlich ist, läßt sich die Topologieerhaltung oft nur schwierig belegen.

Ein Vergleich für den Fall nicht gleichverteilter Trainingsvektoren zwischen einer SOM mit fester und variabler Zellstruktur zeigt Abbildung 3.47.

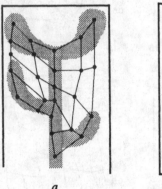 

a   b

Abb. 3.47. SOM für eine inhomogene Verteilung der Trainingsvektoren
mit *a* fester quadratischer, *b* dreieckiger variabler Zellstruktur
(adaptiert nach [Fri91]).

Die Trainingsvektoren liegen dabei gleichverteilt im grau unterlegten Bereich. Man sieht, daß sich die SOM mit fest vorgegebener Zellenstruktur in Abbildung 3.47*a* nicht vollständig entfalten kann und daß auch Repräsentanten in Gebieten ohne Eingangsvektoren liegen. Es ist offensichtlich, daß sich keine quadratische Struktur angeben läßt, die sowohl topologieerhaltend ist als auch die Wahrscheinlichkeitsdichte approximiert. In der SOM mit variabler Zellenstruktur nach Abbildung 3.47*b* besitzen benachbarte Zellen dagegen ungefähr gleiche Abstände, und alle Repräsentanten liegen innerhalb des Gebiets der Trainingsvektoren. Um die optimale Zellenstruktur nicht für jede Dichteverteilung manuell festlegen zu müssen, wird das folgende Wachstums- und Eliminationsverfahren vorgeschlagen.

Wachstum. gemäß Abbildung 3.48 kann zunächst mit einem Dreieck begonnen werden, welches entsprechend Gleichung (3.63) an die Dichtestruktur der Trainingsdaten angepaßt wird.

Abb. 3.48. Entwicklung der Zellenstruktur für eine scheibenförmige Trainingsvektorverteilung (adaptiert nach [Fri91]).

Die Trainingsvektoren $\underline{x}_s$ werden der SOM in zufälliger Reihenfolge gemäß ihrer Wahrscheinlichkeitsdichteverteilung präsentiert. Nach einer festen Anzahl k_{dist} von Iterationen wird ein neuer Repräsentant $\underline{x}_{neu}$ erzeugt. Dieser wird zwischen dem häufigsten Gewinner $\underline{w}_{wmax}$ und dem am weitesten entfernten unmittelbaren Nachbarn eingefügt, weil dort offensichtlich zu wenig konkurrierende lokale Repräsentanten vorhanden sind. Anschließend wird an dieser Stelle neu trianguliert und die SOM neu optimiert. Im Verlauf dieses Vorgehens baut sich ein Netz dreieckförmig vermaschter Repräsentanten auf. Die Repräsentantenverteilung approximiert dabei die Dichteverteilung der Trainingsvektoren, obwohl diese nicht für die Optimierung verwendet wurde, also auch nicht explizit bekannt sein muß. Die zugehörige Zellstruktur auf der SOM weist nach Beendigung eines jeweiligen Lernprozesses eine äquivalente Topologie auf.

Entfernen von Zellen. Die Grundidee besagt: Je länger eine Zelle nicht Gewinner war, desto größer ist die Wahrscheinlichkeit, daß sie in einem Bereich ohne oder mit sehr wenigen Trainingsvektoren liegt. Deshalb sollen diejenigen Zellen entfernt werden, die hinreichend lange nicht Gewinner waren. Vereinfachend kann als Mindesthäufigkeit ein Wert

$$k_{min} = \alpha \cdot k_{max} \cdot M \cdot (k_\Delta)^{1/2} \tag{3.68}$$

vorgegeben werden, wobei k_{max} die Anzahl der Iterationen darstellt, nach denen ein neuer Repräsentat generiert wird, M die aktuelle Anzahl der Zellen in der SOM und k_Δ die für die Gewinnerquote einer Zelle heranzuziehenden letzten Trainingsschritte (k). Die Abbildung 3.49 gibt Zustände einer SOM mit variabler Zellstruktur im Laufe des Lernprozesses für ein nicht zusammenhängendes Gebiet der Trainingsvektoren $\underline{x}_s$ an.

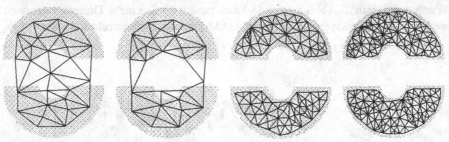

Abb. 3.49. Sequenz von Zellstrukturen mit 30, 29, 100 und 200 Zellen im Verlauf des Lernprozesses einer SOM mit k_{min}=1000 (adaptiert von [Fri91]).

Weitergehende Arbeiten zu diesem Thema sind beispielsweise bei [Fri91] oder [Fri95] zu finden. Eine Anwendung des *Neurogasmodells* zur Ausbildung von Konstruktionsvorschriften für Radialbasisfunktionsnetzwerke (siehe Abschnitt 4.2) oder ihr Bezug zur Fuzzy-Logic ist in Abschnitt 4.2 beschrieben.

3.5   Mehrschichtige Künstliche Neuronale Netzwerke

Während im vorigen Abschnitt das Verhalten einzelner Zellen oder Zellschichten sowie verschiedene Lernregeln zum Trainieren der synaptischen Gewichte behandelt wurden, beschreiben die folgenden Abschnitte KNN-Architekturen mit mehreren Zellschichten und darauf angepaßte Lernregeln.

3.5.1   Assoziativspeicher (*associative memory, AM*)

Assoziativspeicher (AM) bestehen im allgemeinen aus zwei Zellschichten A und B und dienen zum Lernen und gezielten Abrufen von vektoriellen Informationen oder Mustern. Seit 1972 wurde eine Vielzahl unterschiedlicher Architekturen entwickelt (z.B. [Ama72], [And[72], [Koh72], [Hop82], [Kos87, 88], [Bai90]). In diesem Abschnitt werden die wichtigsten AM-Architekturen vorgestellt, ausgehend vom einfachen linearen AM, der aus einer Zellschicht besteht.

Linearer Assoziativspeicher (LAM)

Ein linearer Assoziativspeicher nach Abbildung 3.50 stellt einen Sonderfall des LVQ mit linearen Zellen ohne Bias-Eingang x_0 nach Abschnitt 3.4.5 dar, dessen Gewichte so eingestellt sind, daß eine Art Sättigungseffekt eintritt.

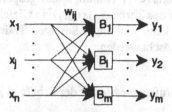

Abb. 3.50. LAM-Architektur.

Die Elemente der Trainingsvektoren besitzen bipolare Werte aus $\{-1, 1\}$. Ein LAM speichert in einem einzigen Schritt bis zu S Trainingspaare $(\underline{x}_s, \underline{y}_s)$ mit $\underline{x}_s \in \{1,1\}^n$ und $\underline{y}_s \in \{-1,1\}^m$ in seiner Gewichtsmatrix $\underline{W}$. Nach dem Training erzeugt oder *assoziiert* er bei Anlegen eines *Schlüssels* $\underline{x}_s = [a_1, a_2, ..., a_n]^T$ das dazugehörige *Muster* $\underline{y}_s = \underline{W}\underline{x}_s$. Zum Speichern der Trainingspaare in $\underline{W}$ existieren verschiedene Verfahren.

Speichern durch Korrelation. Die Gewichtsmatrix $\underline{W} = ((w_{ij}))$ wird über alle Trainingspaare nach

$$w_{ij} = \sum_{s=1,...,S} (x_{is} \cdot y_{js}) \tag{3.69a}$$

berechnet, oder in Matrixform mit Hilfe des äußeren Produkts

$$\underline{W} = \sum_{s=1,...,S} (\underline{y}_s \underline{x}_s^T). \tag{3.69b}$$

Damit ist $\underline{W}$ einfach die Kreuzkorrelationsmatrix zwischen den Schlüsseln $\underline{x}_s$ und den dazugehörenden Mustern $\underline{y}_s$. Wenn $\underline{x}_s$ und $\underline{y}_s$ gemäß

$$\underline{X} = [\underline{x}_1 \ \underline{x}_2 \ ... \ \underline{x}_s] \quad \text{und} \quad \underline{Y} = [\underline{y}_1 \ \underline{y}_2 \ ... \ \underline{y}_s] \tag{3.70}$$

angeordnet werden, läßt sich Gleichung (3.69b) weiter vereinfachen zu

$$\underline{W} = \underline{Y} \ \underline{X}^T. \tag{3.71}$$

Der Name *Linearer Assoziativspeicher* wurde wegen dieser linearen Matrixmulti-plikationen gewählt. Wenn der Schlüssel $\underline{x}_s$ und das Muster $\underline{y}_s$ eines Trainingspaares unterschiedlich sind, beispielsweise eine andere Dimension besitzen, spricht man von einem *heteroassoziativen* LAM, für Trainingspaare $\{\underline{x}_s, \underline{x}_s\}$ entstehen *auto-assoziative* LAM, die beispielsweise zum Entrauschen von Signalquellen eingesetzt werden können. Wenn bereits i<S-1 Trainingspaare gespeichert sind, kann ein neues $\{\underline{x}_{i+1}, \underline{y}_{i+1}\}$ durch Addition des Terms $\underline{y}_{i+1} \cdot (\underline{x}_{i+1})^T$ in Gleichung (3.69b) hinzugefügt werden. Ebenso einfach kann ein ungewünschtes Trainingspaar $\{\underline{x}_i, \underline{y}_i\}$ durch Subtraktion von $\underline{y}_i \cdot \underline{x}_i^T$ gelöscht werden.

Auslesen. Wenn beim Abrufen der Muster der Schlüssel $\underline{x}_h$ angelegt wird, reagiert der LAM mit

$$\underline{y}_{out} = \underline{\underline{W}} \, \underline{x}_h = [\Sigma_{s=1,...,S} \, (\underline{y}_s \, \underline{x}_s^T)] \, \underline{x}_h$$

$$= [\Sigma_{s=1,...,S \,|\, s \neq h} \, (\underline{y}_s \, \underline{x}_s^T)] \, \underline{x}_h + |\underline{x}_h|^2 \, \underline{y}_h \qquad (3.72)$$

$$=! \, \underline{y}_h \, .$$

Nach Gleichung (3.72) ist eine hinreichende Bedingung für die fehlerfreie Rekon-struktion aller assoziierten Muster, also für $\underline{y}_{out} = \underline{y}_h$, daß die Schlüssel $\underline{x}_s$ ein Ortho-normalsystem aufspannen, d.h.

$$\forall h=1,...,S: \Sigma_{s=1,...,S} \, (\underline{x}_s^T \underline{x}_h) = \begin{cases} 1 & \text{für } s = h \\ 0 & \text{sonst .} \end{cases} \qquad (3.73)$$

Bemerkungen

1. Falls die Gleichung (3.73) nicht erfüllt werden kann, aber die Schlüssel $\underline{x}_s$ auf die Länge 1 normalisiert sind, bildet die Summe in Gleichung (3.72) das *Übersprechen* des Schlüssels $\underline{x}_s$ auf die ungewünschten (S-1) Muster $\underline{y}_i$.

2. Genau wie ein Vektorquantisierer nach Abschnitt 3.4.5 arbeitet auch ein LAM für leicht verrauschte Schlüssel noch weitgehend korrekt.

3. Die Forderung nach Orthonormalität der Schlüssel kann ohne Funktionsverlust der Abrufbarkeit der Muster abgeschwächt werden, wenn als Neuronenmodell statt des Adaline ein LSG mit binärer Schwellwertfunktion f(z) eingesetzt wird [Has95]. Weiterführende Untersuchungen finden sich auch bei [AY93].

4. Das Speichern nach der Korrelationsmethode (3.71) kann mit der Verwendung des kartesischen Produkts als Implikationsrelation beim approximativen Schließen ver-glichen werden, das zur Max-Min-Inferenzmethode führt.

Speichern mit der Pseudoinversen. Die Forderung nach Orthonormalität der Schlüsselvektoren kann wie folgt durch Verwenden der Inversen oder Pseudoinversen von $\underline{X}$ abgeschwächt werden. Das Abrufen der gespeicherten Muster soll unter Zuhilfenahme der Definitionen in Gleichung (3.70) nach dem linearen Gleichungssystem

$$\underline{Y} = \underline{W} \underline{X} \tag{3.74a}$$

erfolgen. Wenn die Anzahl S der Muster mit deren Dimension n=S übereinstimmt, ist die Eingangsmatrix $\underline{X}$ symmetrisch (n×S). Falls die Inverse $\underline{X}^{-1}$ existiert, also die Schlüssel $\underline{x}_s$ untereinander linear unabhängig sind, kann die Lösung durch Auflösen des Gleichungssystems nach $\underline{W}$ berechnet werden. Dann ist

$$\underline{W} = \underline{Y} \, \underline{X}^{-1} . \tag{3.74b}$$

Die Berechnung von $\underline{X}^{-1}$ läßt sich mit den bekannten Verfahren der Numerischen Mathematik analytisch oder iterativ durchführen. Die Forderung nach linearer Unabhängigkeit der Schlüssel $\underline{x}_s$ ist wesentlich schwächer als die nach Orthonormalität. Bei linearer Abhängigkeit der Trainingsvektoren reduziert sich die mögliche Anzahl der speicherbaren Trainingspaare für die Berechnungsmethode nach (3.74b).

Wenn die Dimension n der Schlüsselvektoren größer ist als deren Anzahl S<n, läßt sich das Gleichungssystem (3.74a) nicht eindeutig auflösen (siehe Abbildung 3.51); statt dessen existieren mehrere Möglichkeiten für $\underline{W}$.

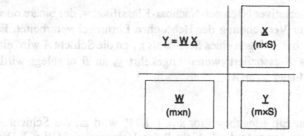

Abb. 3.51. Dimensionen der verwendeten Matrizen.

Bei [Koh89] wird vorgeschlagen, in diesem Fall die Pseudoinverse

$$\underline{W}^* = \underline{Y} \, (\underline{X}^T \underline{X})^{-1} \underline{X}^T \tag{3.74c}$$

zu verwenden. Für orthonormale Vektoren $\underline{x}_s$ reduziert sich $\underline{X}^T\underline{X}$ auf die Einheits-matrix $\underline{E} = \underline{X}^T\underline{X}$, und (3.75) geht in die Korrelationsvorschrift (3.71) über. Es gilt

$$\underline{Y} = \underline{W}\,\underline{X} = (\underline{Y}\,(\underline{X}^T\underline{X})^{-1}\underline{X}^T)\,\underline{X}. \tag{3.74d}$$

Durch Einsetzen in (3.74a) läßt sich leicht verifizieren, daß (3.75) tatsächlich eine der möglichen Lösungen ist.

Bidirektionale Assoziativspeicher (BAM)

Die Struktur dieser speziellen Klasse von KNN wurde von Kosko entwickelt [Kos87]. Sie besteht nach Abbildung 3.52 aus zwei bidirektional über die Gewichtsmatrizen $\underline{W}_1$ oder $\underline{W}_2$ gekoppelten Schichten A und B mit den LSG A_i und B_i. Es gilt $\underline{W}_1 = \underline{W}_2^T = \underline{W}$.

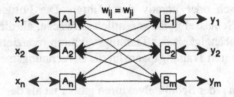

Abb. 3.52. BAM-Architektur.

Ein BAM ist ein heteroassoziativer Nächster-Nachbar-Klassifikator, der binäre oder bipolare Musterpaare unter Verwendung der Hebbschen Lernregel verarbeitet. Er arbeitet symmetrisch, d.h. bei Anlegen eines Schlüssels $\underline{x}_s$ an die Schicht A wird ein Muster $\underline{y}_s$ an der Schicht B assoziiert; wenn umgekehrt $\underline{y}_s$ an B angelegt wird, assoziiert ein BAM das Muster $\underline{x}_s$ an A.

Speichern und Auslesen. Ein Eingabevektor $\underline{x}_s \in \{-1,1\}^n$ wird an die Schicht A angelegt und produziert am Ausgang der Schicht B den Vektor $\underline{y}_s = f\,[\underline{W}\,\underline{x}_s]$. Die Gewichtsmatrix $\underline{W} = ((w_{ij}))$ kann man direkt berechnen als Summe der *äußeren Produkte* der Ein- und Ausgangsvektoren

$$\underline{W} = \sum_{s=1,\dots,S} (\underline{y}_s\,\underline{x}_s^T) \quad \text{mit} \quad w_{ij} = y_i\,x_j = x_i\,y_j. \tag{3.75}$$

Zur Veranschaulichung des äußeren Produkts zweier Vektoren diene das Zahlenbeispiel auf dieser Seite unten. Für bipolare Werte $x_i, y_i \in \{-1,1\}$ kann als eine mögliche Aktivierungsfunktion

$$f^{(k+1)}(z^{(k)}) = \begin{cases} 1 \\ -1 \\ f^{(k)}(z^{(k)}) \end{cases} \quad \text{für} \quad \begin{cases} z^{(k)} > \Theta \\ z^{(k)} < \Theta \\ z^{(k)} = \Theta \end{cases} \qquad (3.76)$$

verwendet werden. Im Fall $z^{(k)} = \Theta$ bleibt der Ausgangswert $f(z)$ erhalten. Der Vektor $\underline{y}_s$ kann nun in Rückwärtsrichtung an die Gewichtsmatrix $\underline{W}_2^T = \underline{W}$ gelegt werden und erzeugt dann in der Schicht A den Vektor $\underline{x}_s = f(\underline{W}\,\underline{y}_s)$. Nach [MPR87] können bei einer vorgegebenen Anzahl von M Zellen bis zu $L < n\,/\,(2 \log n)$ Muster mit einer mittleren Wahrscheinlichkeit von 98% wiedergefunden werden, wenn $\Theta = 0$ gesetzt ist. Für n=1024 berechnet man die äußerst geringe Zahl $L < 51$. Durch Einführung eines geeigneten Schwellwerts Θ für jedes Neuron nach [HH88] wird diese Grenze auf

$$L < \frac{0.68\, n^2}{(4 + \log n)^2} \qquad (3.77)$$

erhöht. Für n=1024 Zellen können bei optimaler Justierung von Θ immerhin bis zu $L < 3637$ Muster mit einer mittleren Wahrscheinlichkeit von 98% wiedergefunden werden. Die fehlerhaften Assoziationen liegen in verstreuten Bereichen im Eingangsraum.

Beispiel

Es seien drei zu speichernde Musterpaare $(\underline{x}_S, \underline{y}_S)$ wie folgt gegeben:

$$x_1 = (1\ \ 1\ \ 1)^T, \qquad y_1 = (-1\ \ 1\ \ -1\ \ 1)^T,$$
$$x_2 = (-1\ \ 1\ \ -1)^T, \qquad y_2 = (1\ \ -1\ \ -1\ \ 1)^T,$$
$$x_3 = (-1\ \ -1\ \ 1)^T, \qquad y_3 = (-1\ \ -1\ \ 1\ \ 1)^T,$$

Die Gewichtsmatrix $\underline{W}$ berechnet sich nach Gleichung (3.75) zu

$$\underline{W} = \underline{y}_1\,\underline{x}_1^T + \underline{y}_2\,\underline{x}_2^T + \underline{y}_3\,\underline{x}_3^T$$

$$= \begin{pmatrix} -1 \\ 1 \\ -1 \\ 1 \end{pmatrix} (1\ \ 1\ \ 1) + \begin{pmatrix} 1 \\ -1 \\ -1 \\ 1 \end{pmatrix} (-1\ \ 1\ \ -1) + \begin{pmatrix} -1 \\ -1 \\ 1 \\ 1 \end{pmatrix} (-1\ \ -1\ \ 1)$$

$$= \begin{pmatrix} -1 & -1 & -1 \\ 1 & 1 & 1 \\ -1 & -1 & -1 \\ 1 & 1 & 1 \end{pmatrix} + \begin{pmatrix} -1 & 1 & -1 \\ 1 & -1 & 1 \\ 1 & -1 & 1 \\ -1 & 1 & -1 \end{pmatrix} + \begin{pmatrix} 1 & 1 & -1 \\ 1 & 1 & -1 \\ -1 & -1 & 1 \\ -1 & -1 & 1 \end{pmatrix} = \begin{pmatrix} -1 & 1 & -3 \\ 3 & 1 & 1 \\ -1 & -3 & 1 \\ -1 & 1 & 1 \end{pmatrix}$$

Wie durch Einsetzen leicht nachzuprüfen ist, gilt $\underline{Y} = \underline{W}\,\underline{X}$. Bei Vorgabe beispielsweise des Schlüssels $\underline{x}_2 = [-1 \quad 1 \quad -1]^T$ wird als Ergebnis das Muster

$$\underline{y}_h = f\,(\underline{W}\,\underline{x}_2) = f \left[\begin{pmatrix} -1 & 1 & -3 \\ 3 & 1 & 1 \\ -1 & -3 & 1 \\ -1 & 1 & 1 \end{pmatrix} \begin{pmatrix} -1 \\ 1 \\ -1 \end{pmatrix} \right] = f \begin{bmatrix} 5 \\ -3 \\ -3 \\ 1 \end{bmatrix} = \begin{pmatrix} 1 \\ -1 \\ -1 \\ 1 \end{pmatrix} = \underline{y}_2$$

assoziiert. Wenn umgekehrt $\underline{y}_1$ an B angelegt wird, ergibt sich über die rückwärtsgerichtete Gewichtsmatrix $\underline{W}^T$ für das an A liegende Signal

$$\underline{x}_h = f\,(\underline{W}^T \underline{y}_2) = f \left[\begin{pmatrix} -1 & 3 & -1 & -1 \\ 1 & 1 & -3 & 1 \\ -3 & 1 & 1 & 1 \end{pmatrix} \begin{pmatrix} 1 \\ -1 \\ -1 \\ 1 \end{pmatrix} \right] = f \begin{bmatrix} -4 \\ 4 \\ -4 \end{bmatrix} = \begin{pmatrix} -1 \\ 1 \\ -1 \end{pmatrix} = \underline{x}_2 \,.$$

Es ist einfach nachzuweisen, daß $\underline{X} = \underline{W}^T\,\underline{Y}$ gilt.

Dynamisches BAM. Die BAM-Architektur eignet sich auch dazu, Muster $\underline{y}_s$ zu verrauschten Schlüsseln $\underline{x}_s'^{(k)} \approx \underline{x}_s$ zu assoziieren. Zu diesem Zweck wird $\underline{x}_s'^{(k)}$ an die Schicht A gelegt, über die Gewichtsmatrix $\underline{W}_1 = \underline{W}$ ein Muster $\underline{y}_s^{(k)}$ in B assoziiert, dieses über $\underline{W}_2 = \underline{W}^T$ an die Schicht A rückgeführt, wo ein Schlüssel $\underline{x}_s'^{(k+1)}$ assoziiert wird. Iteratives Wiederholen dieses Prozesses führt zu einem *dynamischen BAM*, das nach [Kos87,88] für alle möglichen reellwertigen Gewichtsmatrizen zu einem stabilen Zustand führt; dieser wird mit dem gewünschten Muster $\underline{y}_s$ assoziiert.

Temporaler Assoziativspeicher (TAM; Sequenz-Generator)

Wenn im obigen Iterationsprozeß die Dimensionen von Schlüssel und Muster gleich sind, entsteht ein dynamischer Assoziativspeicher mit dem Übertragungsverhalten

$$\underline{x}^{(k+1)} = f\,[\underline{W}\,\underline{x}^{(k)}] \,. \tag{3.78}$$

Dieser kann zum Speichern von Vektorsequenzen S_i: $\underline{x}_i^{(1)} \to \underline{x}_i^{(2)} \to ... \to \underline{x}_i^{(Si)}$ mit $\underline{x}_i^{(j)} \in \{-1, 1\}^n$ verwendet werden. Für $\underline{x}_i^{(Si)} = \underline{x}_i^{(1)}$ stellt $S_i^{(k)}$ dabei einen periodischen Zyklus dar. Bis zum Auffüllen des Speichervermögens können mehrere Sequenzen oder Zyklen gespeichert werden. Nach Vorschlag von [Has95] kann für das Berechnen der Gewichtsmatrix $\underline{W}$ die Korrelationsvorschrift nach Gleichung (3.75) in normalisierter Form verwendet werden. Es gilt dann

$$\underline{W} = 1/n \left[\sum_{k=1,\dots,(Si)-1} \underline{x}_i^{(k+1)} (\underline{x}_i^{(k)})^T + \underline{x}_i^{(Si)} (\underline{x}_i^{(Si)})^T\right] ; \qquad (3.79a)$$

während der erste Term für die Heteroassoziationen $\{\underline{x}_i^{(k+1)}, \underline{x}_i^{(k)}\}$ steht, beschreibt der zweite Term die Autokorrelation des letzten Elementes $\underline{x}_i^{(Si)}$ der Sequenz S_i. Falls auch ein Zyklus gespeichert werden soll, entfällt der zweite Term, und es gilt

$$\underline{W} = 1/n \left[\sum_{k=1,\dots,(Zi)-1} \left[\underline{x}_i^{(k+1)} (\underline{x}_i^{(k)})^T\right]\right] . \qquad (3.79b)$$

Bemerkung

1. Der Index (i) in den Gleichungen (3.79a,b) steht für eine aktuell zu speichernde Sequenz S_i oder einen Zyklus.

2. Neue Sequenzen oder Zyklen können durch Addition entsprechender Terme zur bestehenden Gewichtsmatrix gespeichert, unerwünschte durch Subtraktion eliminiert werden.

3. Wie bei allen BAM treten verstreute Fehlerbereiche im Eingangsraum auf. In [Has95] wird darauf hingewiesen, daß das Aktivieren von Vektoren aus diesen Bereichen zu ungewünschten Oszillationen führen kann.

3.5.2 Adaptive Resonanztheorie (ART)

Eine erweiterte Klasse von Adaptivspeichern wurde von Grossberg mit seiner Adaptiven-Resonanz-Theorie (ART) eingeführt [Gro76]. Die daraus entwickelten ART-Netzwerke orientieren sich an kognitiven und verhaltenstheoretischen Modellen der Psychologie beziehungsweise der Biologie. Ziel ist es, das in Abschnitt 3.2.3 beschriebene Stabilitäts-Plastizitäts-Dilemma für vorwärtsgekoppelte Systeme zu lösen und iterationsfreie Assoziationen zu ermöglichen.

ART-Netzwerke können als erweiterte BAM-Architekturen mit zusätzlichen externen Steuerungssignalen aufgefaßt werden. Sie arbeiten als Musterklassifikatoren und ordnen jedem Eingabevektor selbständig einen gespeicherten Prototypen zu; bei Bedarf entwickeln und lernen sie auch neue Prototypen. Die bekanntesten Vertreter der ART-Familie sind ART-1, ART-2(a), ART-3, ARTMAP, FuzzyART und FuzzyARTMAP. Im folgenden sollen die Architektur und Funktionalität von ART-1 und ARTMAP beschrieben werden, in denen binärwertige Eingangsvektoren verarbeitet werden. Die beiden darauf aufbauenden Versionen FuzzyART und Fuzzy-ARTMAP verarbeiten als Erweiterung auch reellwertige Eingangsvektoren und werden im Abschnitt 5.7 vorgestellt. Zur detaillierten Beschreibung der ebenfalls reellwertige Vektoren klassifizierenden ART-2- und ART-3-Architekturen sei auf [CG87a], [CG88], [CG90], [HKP91], [Bra92], [Roj93] oder [Zel94] verwiesen; am Ende dieses Abschnitts ist lediglich ein aus [CG87b] adaptiertes Klassifikationsbeispiel angegeben.

ART-1: Klassifikation binärer Eingabemuster

Die Funktionsweise der ART-1-Architektur wurde nach [CG87] durch ein System gewöhnlicher Differentialgleichungen beschrieben. Seitdem wurden unterschiedliche Interpretationsmöglichkeiten und Vereinfachungen eingeführt, die auch den Aufbau zeitdiskreter Musterklassifikatoren ermöglichen (z.B. [Lip87], [Moo89], [Has95]). Im folgenden soll eine Interpretation als dynamischer BAM vorgeschlagen werden, die sich an [Moo89] anlehnt und die ursprünglich vorgeschlagene Schichtenstruktur des Netzwerks beibehält.

Die Lösung des Stabilitäts-Plastizitäts-Dilemmas wird auf folgende Weise gefunden: Das KNN ordnet jedem angelegten Eingabevektor $\underline{x}_s \in \{0,1\}^n$ mit Hilfe eines Ähnlichkeitsmaßes einen Prototypen oder Gewichtsvektor $\underline{w}_j \in \{0,1\}^n$ für eine Klasse (j) zu. Wenn sich ein bereits gespeicherter Prototyp $\underline{w}_i$ im Rahmen einer vorgegebenen Toleranz ρ finden läßt, wird $\underline{x}_s$ der entsprechenden Klasse (i) zugeordnet und der Prototyp so auf $\underline{x}_s$ zubewegt, daß die Ähnlichkeit verstärkt wird. Falls kein hinreichend ähnlicher Prototyp existiert, wird eine neue Klasse mit $\underline{x}_s$ als Prototypen erzeugt. Auf diese Art können neue Prototypen erzeugt werden, ohne bereits vorhandene zu verdecken oder auszulöschen.

Ein ART-1-Netzwerk besteht aus zwei Ebenen von Neuronen, die gemäß Abbildung 3.52 in einer Vergleicherschicht (*comparison layer F_1*) und einer Erkennerschicht (*recognition layer F_2*) angeordnet sind. Beide Schichten sind bidirektional voll vernetzt. Die F_1-Schicht mit ihrer Gewichtsmatrix kann als *Kurzzeitgedächtnis* angesehen werden, die F_2-Schicht als *Langzeitgedächtnis*. Formal dient die F_1-Schicht als Eingangsschicht mit linearen Zellen ohne Bias und führt im Verlauf des Verarbeitungsprozesses einen Vergleich zwischen dem angelegten Eingangsvektor $\underline{x}_s = (x_1, ..., x_n)^T$ und einem in der F_2-Schicht vermeintlich erkannten Prototyp $\underline{w}_j$ durch. Die F_2-Schicht bildet den Kern des ART-1-Netzwerks; sie wird mittels Wettbewerbslernen nach Abschnitt 3.4.5 trainiert und arbeitet nach Gleichung (3.66) beziehungsweise Abbildung 3.42 als Assoziativspeicher.

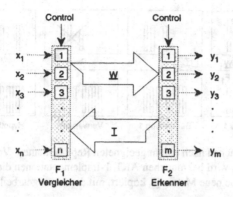

Abb. 3.53. ART-1-Architektur.

Die ART-Netzwerke verarbeiten in einem kontinuierlichen Prozeß Sequenzen von Eingangsvektoren (*Reizen*) und passen sich adaptiv auch längerfristigen Änderungen an. Der Datentransfer zwischen den beiden Schichten, also im übertragenen Sinne zwischen Kurz- und Langzeitgedächtnis, wird dabei durch eine nichtlineare Steuerungsstrategie beeinflußt.

Die Gewichtsmatrix $\underline{W} = ((w_{ij}))$, $w_{ij} \in \{0,1\}$, läßt sich als *Langzeitgedächtnis* interpretieren. Zu Beginn eines Trainings wird sie initialisiert mit

$$w_{ij}^{(0)} = 1 .\tag{3.80}$$

Dann startet die sequentielle Präsentation der zu klassifizierenden Eingangsvektoren. Ein Eingangsvektor $\underline{x}_s$ wird angelegt und über $\underline{W}$ an die F_2-Schicht weitergeleitet, wie schematisch in Abbildung 3.54 dargestellt. Für jede Zelle (j) in F_2 wird die Aktivierung $y_j = \underline{w}_j^T \underline{x}_s$ berechnet und anschließend die Gewinnerzelle (w) mit maximaler *normalisierter* Aktivierung $\hat{u}_w$ ermittelt:

$$y_w = \max_{j=1,\ldots,m} [\hat{u}_j] \quad \text{mit}$$

$$\hat{u}_j = \underline{w}_j^T \underline{x}_s / |\underline{w}_j| = |\underline{w}_j \wedge \underline{x}_s| / |\underline{w}_j| .\tag{3.81}$$

Dabei ist $|\underline{w}_j \wedge \underline{x}_s|$ der *Hamming-Abstand* von $\underline{w}_j$ und $\underline{x}_s$, der die Anzahl gemeinsamer Einsen angibt. Der zu y_w gehörende Gewichtsvektor $\underline{w}_w$ ist der potentielle Prototyp. Während wegen (3.80) unmittelbar nach der Initialisierung die erste untersuchte Zelle der Gewinner sein wird, bilden sich im Verlauf des Lernprozesses mehrere Prototypen y_i heraus, die Gewinner sein können. Gleichung (3.81) bedeutet, daß nach einer maximalen Übereinstimmung der Einsen in $\underline{w}_j$ und $\underline{x}_s$ - bezogen auf die

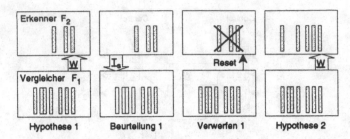

Abb. 3.54. ART-1-Suchen nach einem geeigneten Repräsentanten. Vor dem Lernen eines Eingangsvektors x_s wird bei manchen ART-1-Implementationen die Gewichtsmatrix $\underline{W}$ auf eine neue Matrix $\underline{T}_s$ kopiert, mit der weitergearbeitet wird.

Anzahl der Einsen in $\underline{w}_j$ - gesucht wird. Die Normalisierung bewirkt dabei ein bevorzugtes Suchen nach kleinen Gewichtsvektoren $\underline{w}_j$. Der Auswahlprozeß in der F_2-Schicht wird nach [CGR91] als *Aufstellen einer Hypothese* interpretiert. Diese gilt es nun zu verifizieren. Dazu übergibt die F_2-Schicht den Repräsentanten $\underline{w}_w$ ihrer Hypothese (w) an die F_1-Schicht, also an das Kurzzeitgedächtnis, wo er mit dem tatsächlich an-liegenden Eingangsvektor x_s verglichen wird.

Beurteilung der Hypothese. Zur Beurteilung der vorgeschlagenen Klassifikation wird gefordert, daß der Repräsentant $\underline{w}_w$ dem normalisierten[1] Eingangsvektor x_s hinreichend ähnlich ist, daß also gilt

$$\underline{w}_w^T x_s / |x_s|^2 = (\underline{w}_w \wedge x_s) / [\Sigma_{i=1,...,n} x_i] > \rho . \qquad (3.82)$$

Der bei [CGR91] *vigilance* genannte Parameter $\rho \in [0,1]$ ist vom Entwickler einzustellen, wobei der Toleranzbereich für eine erlaubte Abweichung zwischen $\underline{w}_w / |x_s|$ und $x_s / |x_s|$ liegt[2].

---

[1]　siehe auch Abschnitt 3.4.5, Gleichung (3.64). Bei der Implementation ist ein kleiner Wert $\alpha \approx 0.5$ zum Nenner zu addieren, um Divisionen durch Null zu vermeiden.

[2]　Kleine Werte von ρ erlauben große Abweichungen von den Klassenrepräsentanten; es entsteht eine relativ geringe Klassenanzahl für abstrakte Prototypen. Für größere Werte von ρ tendiert das Netzwerk zum Ausbilden vieler kleiner Klassen und kann an Generalisierungsleistung verlieren. In praktischen Anwendungen werden oft Werte im Bereich $0.7 < \rho < 0.9$ verwendet.

In Abhängigkeit vom Ergebnis der Forderung nach (3.82) werden folgende Operationen ausgeführt, um für x_s die passende Klasse zu finden und x_s für zukünftige Vergleiche im ART-Netzwerk zu speichern.

Hypothese ungültig. Die F_2-Schicht hat zwar eine Hypothese zur Klassifikation von x_s vorgeschlagen, die F_1-Schicht diese aber als nicht hinreichend gut beurteilt. Deshalb wird der Test nach Gleichung (3.82) nun auch mit dem nächstähnlichen Repräsentanten w_w· durchgeführt, bei erneuerter Ablehnung mit dem folgenden, etc. Wenn alle Vorschläge negativ beurteilt werden, existiert offensichtlich keine passende Klasse für x_s. Deshalb wird jetzt eine neue Zelle (m+1) zur F_2-Schicht hinzugefügt (bzw. eine bisher vordefiniert inaktive aktiviert), deren Repräsentant x_s ist. Es gilt also $w_{m+1} = x_s$, und ein neuer Eingangsvektor kann angelegt werden.

Hypothese gültig. Wenn eine Hypothese w_w den Test bestanden hat, ist das ART-1-Netzwerk für x_s *in Resonanz* und hat die *richtige* Klasse gefunden. x_s wird dieser Klasse (w) zugeordnet und, um x_s in (w) zu integrieren, deren Prototyp w_w auf x_s zubewegt. Zur Berechnung der Änderung Δw_w wurden verschiedene Vorschläge entwickelt (siehe z.B. [Moo89]), die sich nach *Schnellernen* und *Langsamlernen* aufgliedern. Algorithmen zum Langsamlernen können angewendet werden, wenn die Eingangsvektoren nur so kurz angelegt werden, daß nicht alle Iterationen durchgelaufen sind. Ein einfaches Schnellernverfahren ist mit

$$\underline{w}_w{}^{neu} = (\underline{w}_w \wedge \underline{x}_s) \tag{3.83}$$

gegeben. Der AND-Operator ($\wedge$) steht dabei für den komponentenweisen konjunktiven Vergleich der beiden Operanden.

Nachdem der aktuelle Eingangsvektor x_s klassifiziert ist, wird der folgende x_{s+1} an das ART-Netzwerk angelegt und in analoger Weise weiter verfahren.

Bemerkungen

1. Im Verlauf der Präsentation neuer Eingangsvektoren nimmt die Anzahl der Einsen in den Gewichtsvektoren w_w ab, sie werden *übersichtlicher*. Durch sukzessive Veränderung eines Repräsentanten können dann Eingangsvektoren, die bereits klassifiziert sind, ihre Klasse wieder verlassen und anders zugeordnet werden.

2. Der Lernprozeß terminiert immer. Wenn das Training stabilisiert ist, aktiviert ein gelernter Eingangsvektor direkt und ohne Suche die richtige Zelle in der F_2-Schicht.

3. Um auch das Beurteilungsverfahren automatisch ablaufen zu lassen, werden bei manchen ART-1-Implementationen die F_2-Zellen zusätzlich mit einer Markierung versehen, die angibt, ob sie beim nächsten Suchdurchgang berücksichtigt werden. Falls eine Hypothese an Gleichung (3.82) gescheitert ist, wird sie bei allen weiteren Suchdurchgängen für $\underline{x}_s$ ausgeblendet. Beim Anlegen eines neuen Eingangsvektors werden die Markierungen zurückgesetzt.

4. In manchen ART-1-Implementationen wird vor dem Anlegen eines Eingangsvektors $\underline{x}_s$ zunächst die aktuelle Gewichtsmatrix $\underline{W}$ auf eine Rückwärtsmatrix $\underline{T}_s{=}\underline{W}$ kopiert, mit der anstelle von $\underline{W}$ weitergearbeitet wird. Die Auswahl eines Gewinners (w) aktiviert die w-te Zeile von $\underline{T}_s$ und schickt diese anstelle von $\underline{w}_w{}^T$ an die F_1-Schicht.

5. Die Klassenstruktur im Eingangsraum kann wenigstens indirekt mit dem Parameter ρ festgelegt werden. Eine direkte Festlegung der Klassenzahl oder Zuordnungs-vorschrift ist nicht möglich.

Beispiel: *ART-1-Klassifikation von zweidimensionalen Zufallsmustern*

Ein ART-1-Netzwerk soll Prototypen für 24 Vektoren $\underline{x}_s \in \{0, 1\}^{16}$, s=1,...,24 mit im Mittel gleichverteilten binären Werten suchen. Das Ergebnis für ρ=0.5 ist in Abbildung 3.55 gezeigt, wobei die Vektorkomponenten in einer zweidimensionalen 4×4-Matrix angeordnet sind. Es wurden die in der oberen Reihe wiedergegebenen 12 Prototypen erzeugt. Darunter sind die dazugehörigen Muster aufgelistet. Ein schwarzes Feld bedeutet *1*, ein weißes *0*. Die mittlere Anzahl von Mustern pro Prototyp ist 2.0.

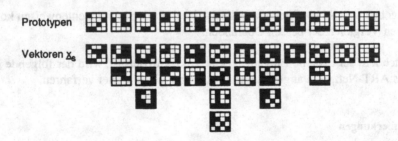

Prototypen

Vektoren $\underline{x}_s$

Abb. 3.55. Musterklassifikation mit ART-1-Netzerk (■ =1, □ =0). Prototypen sind die gelernten Gewichtsvektoren $\underline{w}_j$ der F_2-Schicht.

Wenn ein größerer Wert für ρ gewählt wird, nimmt die Anzahl der Prototypen zu und damit die mittlere Anzahl der Zuordnungen ab. Man kann deutlich die Generalisierungs-leistung des ART-1-Klassifikators erkennen. Für ρ=0.7 ergeben sich beispielsweise 19 Prototypen mit einer mittleren Musteranzahl von 1.26.

ART-2 und ART-2a wurden u.a. bei [CGR91a] vorgestellt. Sie sind unüberwachte Lernverfahren, die Sequenzen von Eingangsvektoren $x_s \in \mathbb{R}^n$ mit *reellwertigen* Komponenten auf der Basis ihrer Ähnlichkeit in Klassen einteilen. Sie stellen damit eine Erweiterung des ART-1-Verfahrens dar. Um den notwendigen Vergleich zwischen Eingangsvektor und vorgeschlagenem Prototyp durchzuführen, muß die F_1-Schicht wesentlich komplizierter aufgebaut werden. Während dies bei ART-2 als explizite KNN-Lösung mit Hilfe dreier Zellschichten geschieht, die aus sechs verschiedenen Zelltypen aufgebaut sind und über umfangreiche laterale Signalrückführungen miteinander verbunden sind, wird die Verarbeitung in der F_1-Schicht bei ART-2a lediglich als Algorithmus angegeben. In [CGR91a] wird darauf hingewiesen, daß das ART-2a-Lernverfahren bei fast identischen Klassifikationsergebnissen um Größenordnungen schneller konvergiert als ART-2. Dies bestätigen auch bei [Zel94] erwähnte Untersuchungen, die zu Geschwindigkeitsgewinnen mit einem Faktor von 25-150 führten. Das Suchverfahren nach dem passenden Prototypen für einen Eingangsvektor ist in Abbildung 3.56a in vereinfachter Form dargestellt. Es stellt eine Erweiterung des in Abbildung 3.54 dargestellten Verfahrens für binärwertige Vektorkomponenten dar.

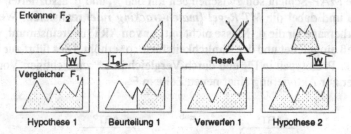

Abb. 3.56. *a* ART-2(a)-Suchen nach einem geeigneten Repräsentanten.

In [CG87b] ist eine Klassifikationsaufgabe beschrieben, in der fünfzig 25-dimensionale Eingangsvektoren mit reellwertigen Komponenten zu klassifizieren waren. Abbildung 3.56 zeigt eine Untermenge von acht der entstandenen 20 Klassen, wobei die Vektorkomponenten als aufeinanderfolgende Werte eines analogen Abtastsignals interpretiert werden.

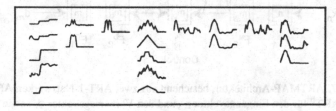

Abb. 3.56. *b* Analoge Musterklassifikation mit ART-2.

ARTMAP: Überwachtes Zuordnen von Hypothesen

Während sich ART-1-Klassifikatoren durch unüberwachtes Lernen adaptieren, stellt ARTMAP eine Erweiterung für den Fall des überwachten Lernens dar. Die Trainingsmenge $\Omega = \{\omega\}$ besteht aus Paaren $\omega = (\underline{x}_s, \underline{d}_s)$, $s=1,\ldots,S$, die nacheinander dem Netzwerk präsentiert werden. Um einen Lehrer für die Vorhersage von $\underline{d}_s$ zu erzeugen, ist bei ARTMAP ein zweites ART-Netzwerk integriert. Der Algorithmus arbeitet wie bei allen KNN der ART-Familie asynchron mit Hilfe von Kontrollsignalen.

ARTMAP besteht aus zwei unüberwacht klassifizierenden Modulen ART^a und ART^b der ART-Familie, die über einen Assoziativspeicher F^{ab} mit binärwertigen Zellen, die *MAP-Schicht*, miteinander verbunden sind. Die Ausgangssignale $y^{ab} \in \{0,1\}$ bestimmen die Klassenzugehörigkeit. Im folgenden soll davon ausgegangen werden, daß das ARTMAP- von zwei ART–1-Netzwerken gebildet wird. Ein Schema der dabei entstehenden ARTMAP-Architektur ist in Abbildung 3.57 dargestellt.

$\underline{x}_s$ liegt als Eingangsvektor an der F^a_1-Schicht von ART^a, $\underline{d}_s$ an der F^b_1-Schicht von ART^b. Die MAP-Schicht soll zwischen den mit den $\underline{x}_s$ und $\underline{d}_s$ assoziierten Klassen vermitteln und dabei die *MT-Regel* (*match-tracking rule*) realisieren. Wenn eine ART^a-Vorhersage für die $\underline{d}_s$-Klasse nicht mit der von ART^b übereinstimmt, wird der MT–Prozeß eingeleitet und der Ähnlichkeitsfaktor ρ^a erhöht. Dies führt zur Bildung abstrakterer Prototypen in F^a_2 und durch Vergleich in F^{ab} zur richtigen Vorhersage von $\underline{d}_s$ oder zur Aktivierung einer neuen Zelle in F^a_2.

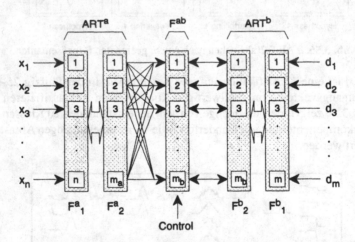

Abb. 3.57. ARTMAP-Architektur, bestehend aus zwei ART-1-Netzwerken ART^a und ART^b für den Eingangsvektor $\underline{x}_s$ und den Vorhersagevektor $\underline{d}_s$ sowie einer vermittelnden MAP-Schicht F^{ab}.

Variablen in ART$^{a, b}$, MAP. An der Eingangsschicht $F^{a,b}_1$ von ART^{a,b} liegen die Vektoren $\underline{x}_s$ und $\underline{d}_s$, am Ausgang von $F^{a,b}_2$ von ART^{a,b} die Vektoren $\underline{y}^{a,b}$. Die Gewichtsvektoren einer Zelle (j) der F_2-Schicht sind $\underline{w}^{a,b}_j$. Eine entsprechende Schreibweise sei für die MAP-Schicht angenommen. Dann gilt

ART^a	ART^b	MAP
$\underline{x}_s = (x_1,...,x_n)^T$	$\underline{d}_s = (d_1,...,d_m)^T$	$\underline{x}^{ab} = (x^{ab}_1, ..., x^{ab}_{ma})^T$
$\underline{y}^a = (y^a_1, ..., y^a_{ma})^T$	$\underline{y}^b = (y^b_1, ..., y^b_{mb})^T$	$\underline{y}^{ab} = (y^{ab}_1, ..., y^{ab}_{mb})^T$
$\underline{w}^a_j = (w^a_{j,1}, ..., w^a_{j,ma})^T$	$\underline{w}^b_i = (w^b_{i,1}, ..., w^b_{i,mb})^T$	$\underline{w}^{ab}_m = (w^{ab}_{m,1},...,w^{ab}_{m,ma})^T$.

$$(3.84)$$

F^{ab} ist einerseits über die Gewichtsmatrix $\underline{W}^{ab} = ((\underline{w}^{ab}_1 \, ... \, \underline{w}^{ab}_{ma}))$ mit der F^a_2-Schicht von ART^a verbunden, andererseits durch 1:1-Austausch mit der F^b_2-Schicht von ART^b. Vor jeder neuen Präsentation eines Trainingspaares $\omega = (\underline{x}_s, \underline{d}_s)$ werden die Vektoren $\underline{y}^a$, $\underline{y}^b$, $\underline{x}^{ab}$ und $\underline{y}^{ab}$ auf $\underline{0}$ gesetzt.

MAP-Schicht-Aktivierung. Die Zellen der MAP-Schicht F^{ab} können gemeinsam aktiviert oder deaktiviert werden. Sie werden aktiviert, wenn wenigstens einer der Prototypen aus F^a_2 oder F^b_2 aktiviert ist, also das entsprechende ART-Netzwerk stabil einen Prototypen vorhersagt. Im einzelnen werden die Zellen der MAP-Schicht wie folgt gesetzt.

Wenn die Zelle (w) aus F^a_2 aktiv ("1") ist, werden die damit assoziierten Gewichte $\underline{w}^{ab}_w$ auf F^{ab} geschaltet. Falls umgekehrt eine Zelle (k) in F^b_2 aktiv ist, wird in einer 1:1-Kopie die entsprechende Zelle (k) in F^{ab} gesetzt, und für den Fall, daß beide F_2-Schichten aktiv sind, werden diejenigen F^{ab}-Zellen gesetzt, die bei ART^b und über die Gewichte $\underline{w}^{ab}_w$ bei ART^a übereinstimmen. Der F^{ab}-Ausgangsvektor $\underline{y}^{ab}$ ergibt sich damit zu

$$\underline{y}^{ab} = \begin{cases} \underline{y}^b \wedge \underline{w}^{ab}_w & \text{Zelle (w) in } F^a_2 \text{ aktiv, } F^b_2 \text{ aktiv} \\ \underline{w}^{ab}_w & \text{Zelle (w) in } F^a_2 \text{ aktiv, } F^b_2 \text{ inaktiv} \\ \underline{y}^b & F^a_2 \text{ inaktiv, } F^b_2 \text{ aktiv} \\ \underline{0} & F^a_2 \text{ inaktiv, } F^b_2 \text{ inaktiv .} \end{cases}$$

$$(3.85)$$

Zusammenfassend bedeutet Gleichung (3.85), daß $\underline{y}^{ab} = \underline{0}$ ist, wenn eine Vorhersage

$\underline{w}^{ab}{}_w$ durch $\underline{y}^b$ nicht bestätigt wird. In diesem Fall wird das ART^a-Netzwerk mit Hilfe der MT-Regel angewiesen, einen besser passenden Prototypen zu finden.

MT-Regel (*match-tracking rule*). Der Ähnlichkeitsfaktor ρ^a des ART^a-Netzwerks wird auf einen kleinen Minimalwert $\rho^a{}_{min}$ gesetzt. Nachdem es bei erneuter Präsentation des Trainingspaares $(\underline{x}_s, \underline{d}_s)$ mit (w) als aktueller Gewinnerzelle stabil ist, gilt

$$|\underline{x}_s \wedge \underline{w}^a{}_w| \geq \rho^a |\underline{x}_s| . \tag{3.86}$$

Dabei kennzeichnet $|.|$ die Hamming- oder Betragsnorm. Zur Beurteilung der Muster in der F^{ab}-Schicht wird ein zusätzlicher Ähnlichkeitsfaktor ρ^{ab} eingeführt. Wenn die Ungleichung

$$|\underline{y}^{ab}| \geq \rho^{ab} |\underline{y}^b| \tag{3.87}$$

gilt, wird ρ^a in kleinen Schritten solange erhöht, bis ρ^a gerade größer ist als $|\underline{x}_s \wedge \underline{w}^a{}_w| / |\underline{x}_s|$, also Gleichung (3.86) gerade nicht mehr gilt. Wenn dies der Fall ist, wird in ART^a ein Reset ausgelöst, die Zelle (w) für weitere Versuche blockiert und nach der nächstmöglichen Gewinnerzelle (v) in $F^a{}_2$ gesucht. Diese Suche wird iterativ so lange fortgesetzt, bis entweder eine passende Gewinnerzelle in $F^a{}_2$ gefunden wurde, deren Gewichtsvektor hinreichend gut mit dem von ART^b geforderten Vektor übereinstimmt, oder bis alle Zellen inaktiv sind. Falls (v) die erste passende Gewinnerzelle ist, gilt

$$|\underline{x}_s \wedge \underline{w}^a{}_w| \geq \rho^a |\underline{x}_s| \tag{3.88}$$
und
$$|\underline{y}^{ab}| = |\underline{y}^b \wedge \underline{w}^{ab}{}_v| \geq \rho^{ab} |\underline{y}^b| . \tag{3.89}$$

Wenn keine Zelle gefunden werden kann, muß der Lernprozeß für dieses Trainingspaar abgebrochen werden.

MAP-Schicht-Lernen. Alle Gewichte $w^{ab}{}_{ki}$ zwischen $F^a{}_2$- und MAP-Schicht sind zu Beginn eines Lernzyklus auf *1* gesetzt, d.h. es gilt

$$w^{ab}{}_{map,i}{}^{(0)} = 1 . \tag{3.90}$$

Wenn sich ART^a in Resonanz befindet (w sei die Gewinnerzelle), liegt der Gewichts-vektor $\underline{w}^{ab}_w$ als Eingang an der MAP-Schicht und wird an den Ausgang $\underline{y}^{ab}$ weiter-gegeben. Für den Fall, daß dabei die von ART^b vorhergesagte aktive Zelle K auf l gesetzt ist, wird diese Assoziation fixiert, und es gilt für den gesamten weiteren Betrieb des ARTMAP-Netzwerkes

$$w^{ab}_{wK} = 1 \,. \tag{3.91}$$

Diese Lernregel heißt in Analogie zum ART-Netzwerk *Schnellernregel*.

Komplement-Kodierung. Bei [MOO89] wird darauf hingewiesen, daß bei verschie-denen ART-Architekturen eine Inflation von Klassen auftreten kann, wenn die Gewichtsvektoren zu klein werden. Bei [Zel94] wird aufgeführt, daß das Training eines Eingangsvektors $\underline{x}_s$, der Teilmuster eines bereits gelerntenVektors $\underline{x}_p$ ist, für den also $|\underline{x}_s \wedge \underline{x}_p| = |\underline{x}_s|$ gilt, zur Aktivierung der gleichen Zelle in der F_2-Schicht und damit zum gleichen Prototypen führt wie das von $\underline{x}_p$. Dies kann unerwünscht sein. Diese Effekte lassen sich vermeiden, wenn die Eingangsvektoren $\underline{x}_s = (x_1, x_2, ..., x_n)^T$ gemeinsam mit ihren Komplementvektoren $(\underline{x}_s)^C = (1 - x_1, 1 - x_2, ..., 1 - x_n)^T$ an den Ein-gang gelegt werden. Dabei entstehen neue, 2n-dimensionale Eingangsvektoren

$$\underline{\xi}_s = (x_1, x_2, ..., x_n \,, 1 - x_1, 1 - x_2, ..., 1 - x_n)^T \,. \tag{3.92}$$

Für die so kodierten Vektoren gilt

$$|\underline{\xi}_s| = \sum_{i=1,...,n} (x_i) + [n - \sum_{i=1,...,n} (x_i)] = n \,. \tag{3.93}$$

Dies bedeutet, daß alle nach (3.92) kodierten Eingangsvektoren normalisiert sind. Für zwei Vektoren $\underline{\xi}_p \subseteq \underline{\xi}_q$ gilt wegen (3.92) $\forall i=1,...,n$: $(x_i^{\,p} \leq x_i^{\,q}) \wedge (1-x_i^{\,p} \leq 1-x_i^{\,q})$, woraus sofort $x_i^{\,p} \equiv x_i^{\,q}$ folgt. Deshalb entfällt bei der Komplement-Kodierung auch das Teilmengenproblem. Ein Nachteil ist die Vergrößerung der Anzahl notwendiger Rechenoperationen, die durch die doppelte Anzahl der Eingangszellen aus einer ent-sprechenden Vergrößerung der Gewichtsmatrix entsteht. Damit wird auch ein größe-rer Speicherplatzbedarf im Rechner benötigt.

Bemerkungen

1. ART-Netzwerke reagieren - wie auch andere KNN - sensitiv auf die Reihenfolge, in der die Muster präsentiert werden. Sie können dabei zu unterschiedlichen Klassifika-

tionsergebnissen führen. [Bur91] weist auf die Analogie zwischen ART-Netzwerken und der klassischen K-Means-Methode zur Klassifikation hin.

2. Die MAP-Schicht stellt eine zusätzliche, von außen her verdeckte Schicht (*hidden layer*) dar. Sie erlaubt es, auch sehr ähnliche Eingabevektoren $\underline{x}_s$ auf unterschiedliche Ausgangsvektoren $\underline{d}_s$ abzubilden, wenn dies vom ART^b-Netzwerk gefordert wird. Ein Beispiel ist in Abbildung 3.58 gezeigt. Umgekehrt ist es auch möglich, daß ARTMAP unterschiedliche Eingangsvektoren $\underline{x}_i$ und $\underline{x}_j$, die in ART^a auf verschiedene Klassen abgebildet werden, wegen der Vernetzung der F^a_2-Schicht mit der MAP-Schicht gemeinsam auf diesselbe globale Klasse abbildet.

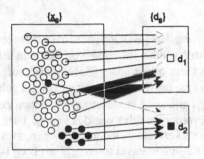

Abb. 3.58. Abbildungsverhalten bei ARTMAP.

3.5.3 Radialbasisfunktions-Netzwerke (RBFN)

Radialbasisfunktionsnetze (RBFN) stellen ein Klassifikations- und Approximationsverfahren dar, daß von Powell [Pow85] entwickelt wurde. Sie bestehen aus zwei Schichten, die über eine Gewichtsmatrix miteinander verbunden sind. Die Zellen der Ausgangsschicht bilden eine Linearkombination der Ausgangswerte aus den Zellen der verdeckten Schicht. Diese besteht aus Neuronenfeldern, deren Aktivierungsfunktionen wie in Abschnitt 3.3.7 beschrieben durch radiale Basisfunktionen (RBF) festgelegt sind. Ein RBFN ist als vorwärtsgerichtetes KNN mit lokal rezeptiven Feldern (*localized receptive fields*) und gemäß Abbildung 3.59 aufgebaut.

Der Eingangsvektor $\underline{x}_s \in \mathbb{R}^n$ wird an die n Neuronenfelder gelegt, deren Aktivitäten nach Gleichung (3.10) mit Hilfe der Radialbasisfunktionen (RBF) K_j beschrieben werden:

$$u_j(\underline{x}) = K_j \left[\frac{\|\underline{x} - \mu_j\|}{\sigma_j^2} \right].$$ (3.94)

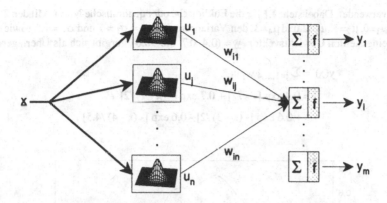

Abb. 3.59. Radialbasisfunktions-Netz (RBFN).

Die RBF sind in einer bezüglich der globalen Übertragungsfunktion $y_i = y_i(\underline{x})$ verdeckten inneren Schicht (*hidden layer*) angeordnet. Sie wirken auf die nachfolgenden Zellen als sensorische Vorverarbeitungseinheiten und bewerten die Eingangsvektoren $\underline{x}_s$ direkt nach ihrer Ähnlichkeit zu den Zentren μ_j und nicht mit Hilfe der Prozedur Akkumulation beziehungsweise Schwellwertbildung. Die Ausgangswerte $u_j(\underline{x})$ stellen Ähnlichkeitsfaktoren der $\underline{x}_s$ mit den jeweiligen μ_j dar. Über Gewichtsvektoren $\underline{w}_i = (w_{i1}, w_{i2}, ..., w_{ij}, ..., w_{in})^T \in \mathbf{R}^n$ werden die $u_j(\underline{x})$ in den Ausgangszellen (i) akkumuliert und die Summe im allgemeinen Fall über eine weitere Funktion f [.] an die Ausgänge y_i geleitet. Bei insgesamt m Ausgangszellen werden also die Eingangsvektoren $\underline{x}_s \in \mathbf{R}^n$ auf den Ausgangsvektor $\underline{y} \in \mathbf{R}^m$ abgebildet.

Es soll zunächst vereinfachend angenommen werden, daß f[a] = a die Identitätsfunktion bedeutet. Mit Gleichung (3.94) berechnet sich $y_i(\underline{x})$ dann als Linearkombination der $u_j(\underline{x})$ zu

$$y_i(\underline{x}) = \sum_{j=1,...,n} w_{ij} K_j \left[\frac{\|\underline{x} - \mu_j\|}{2\sigma_j^2} \right]. \tag{3.95}$$

Beispiel: *Lineare RBF-Superposition*

Die Abbildung 3.60 zeigt die lineare Superposition nach Gleichung (3.95) von vier eindimensionalen RBF zu einer resultieren Funktion. Als spezielle eindimensionale RBF werden sehr häufig Gaußsche Glockenkurven der Art

$$u_j(x) = G(x) = \exp\left[-|x - \mu_j| / 2\sigma_j^2\right]$$

verwendet. Dabei steht $|.|$ für die Euklidische oder quadratische Norm. Mit den Zentren $\mu_1=0$, $\mu_2=1$, $\mu_3=2$ und $\mu_4=3$, den Varianzen $\sigma_1 = \sigma_2 = \sigma_3 = 1$ und $\sigma_4 = 1.5$ sowie einem eingestellten Gewichtsvektor $\underline{w} = (0.4\ 0.7\ 0.6\ -0.6)^T$ ergibt sich als Überlagerung

$$y(\underline{x}) = \Sigma_{j=1,\dots,4}\, w_j\, u_j$$
$$= 0.4 \exp[- x\,/2] + 0.7 \exp[- (x - 1)\,/2] +$$
$$+ 0.6 \exp[- (x - 3)\,/2] - 0.6 \exp[- (x - 4)\,/4.5]\,.$$

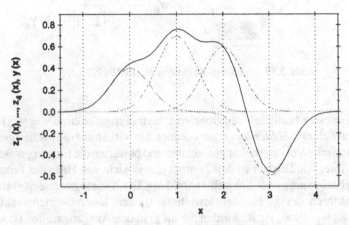

Abb. 3.60. Lineare Superposition eindimensionaler Gaußscher Glockenfunktionen.

Die Reihenentwicklung in Gleichung (3.95) kann auch als Versuch angesehen werden, eine vorgegebene Funktion $y_i(\underline{x})$ auf RBF-Basis zu approximieren. Vergleichende Untersuchungen zur Bestimmung der Koeffizienten w_{ij} wurden beispielsweise in [Med61], [DH73] und [PG89] angestellt. Eine Möglichkeit zur Berechnung der zunächst unbekannten Gewichtsmatrix $\underline{W}$ besteht in der bei Approximationsproblemen üblichen Verwendung der Pseudoinversen-Methode (siehe auch Abschnitt 3.4.2, Gleichung (3.37)). Ohne Beschränkung der Allgemeinheit sei dazu ein RBFN mit nur einer Ausgangszelle angenommen. Unter Annahme von n Neuronenfeldern in der verdeckten Schicht reduziert sich die Matrix $\underline{W} = ((w_{ij}))$ auf einen Vektor $\underline{w}$.

Mit Gleichung (3.95) gilt für allgemeine Funktionen $K_j\,[\|\underline{x}-\mu_j\|/2\sigma_j{}^2]$ bei S Trainingsvektoren $\underline{x}_s$ und dazugehörenden Ausgangswerten y_s

$$\underline{y} = (y_1 \dots y_s \dots y_S)^T = \underline{K}\,\underline{w} \qquad\qquad (3.96)$$

mit der Matrix

$$\underline{K} = \begin{bmatrix} K_1[\ \|\underline{x}_1 - \underline{\mu}_1\| / 2\sigma_1^2] & \dots & K_n[\ \|\underline{x}_1 - \underline{\mu}_n\| / 2\sigma_n^2] \\ K_1[\ \|\underline{x}_S - \underline{\mu}_1\| / 2\sigma_1^2] & \dots & K_n[\ \|\underline{x}_S - \underline{\mu}_n\| / 2\sigma_n^2] \end{bmatrix} . \tag{3.97}$$

Wenn das Gleichungssystem (3.96) überbestimmt ist mit S > n, ist eine approximative Lösung durch die Pseudoinverse $\underline{K}^P$ von $\underline{K}$ gegeben mit

$$\underline{w}^* = \underline{K}^P\ \underline{y} = (\underline{K}^T\underline{K})^{-1}\underline{K}^T\ \underline{y} . \tag{3.98}$$

Diese Berechnungsmethode führt unabhängig von der Wahl der Vektoren $\underline{\mu}$ und $\underline{\sigma}$ direkt zum Ergebnis.[1] Um eine *optimale* approximierende Lösung $\underline{w}^*$ zu berechnen, sind diese freien Parameter noch zu bestimmen. Die Festlegung geschieht in der Regel bereits vor dem Berechnen der Gewichtsvektoren mit Methoden, die weiter unten beschrieben werden.

Bei Verwendung von bezüglich der Trainingsmenge nicht optimierten Vektoren $\underline{\mu}$ und $\underline{\sigma}$ ergibt sich oft eine unerwünschte Welligkeit der approximierenden Kurve. Um diese zu vermeiden, kann in [PG89] die Lösung von Gleichung (3.96) als Variationsproblem formuliert werden. Dieses führt mit Definition eines zusätzlichen Glattheitsparameters λ und einer Matrix

$$\underline{K}'' = \begin{bmatrix} K_1[\ \|\underline{x}_1 - \underline{x}_1\| / 2\sigma_1^2] & \dots & K_n[\ \|\underline{x}_1 - \underline{x}_n\| / 2\sigma_n^2] \\ K_1[\ \|\underline{x}_n - \underline{x}_1\| / 2\sigma_1^2] & \dots & K_n[\ \|\underline{x}_n - \underline{x}_n\| / 2\sigma_n^2] \end{bmatrix} \tag{3.99}$$

auf einen optimierten Gewichtsvektor

$$\underline{w}^* = \underline{K}^P\ \underline{y} = (\underline{K}^T\underline{K} + \lambda\underline{K}'')^{-1}\underline{K}^T\underline{y} . \tag{3.100}$$

Für $\lambda=0$ geht diese Berechnungsvorschrift in Gleichung (3.98) über und zeigt die bekannte Welligkeit. Für größere Werte von λ wird die approximierende Kurve

$$y^*(\underline{x}) = \sum_{j=1,\dots,n} w_j^* K_j\ [\|\ \underline{x} - \underline{\mu}_j\| / 2\sigma_j^2] \approx y(\underline{x}) \tag{3.101}$$

---

[1] Die Lösung (3.98) läßt sich, wie in Abschnitt 3.4.3 beschrieben, auch durch Anwendung der μ-LMS-Lernregel iterativ herbeiführen. Dies wird bei problematischen Matrizen $\underline{K}$ ausgenutzt.

immer glatter, allerdings vergrößert sich dabei ihr Abstand zu den tatsächlichen Werten $y(\underline{x})$.

Beispiel

Wenn ausschließlich Gaußsche Glockenfunktionen $G(x) = \exp[-\|\underline{x} - \underline{\mu}_j\| / 2\sigma_j^2]$ verwendet werden, reduziert sich Gleichung (3.101) auf

$$y^\star(\underline{x}) = \Sigma_{j=1,\dots,n} \, w_j^\star \exp[-\|\underline{x} - \underline{\mu}_j\| / 2\sigma_j^2]$$

mit

$$\underline{w}^\star = [(\underline{G}^T\underline{G} + \lambda\underline{G}'')^{-1}\underline{G}^T] \, \underline{y} \ ,$$

$$\underline{G} = \begin{bmatrix} \exp[\|\underline{x}_1 - \underline{\mu}_1\| / 2\sigma_1^2] & \dots & \exp[\|\underline{x}_1 - \underline{\mu}_n\| / 2\sigma_n^2] \\ \dots & \dots & \dots \\ \exp[\|\underline{x}_s - \underline{\mu}_1\| / 2\sigma_1^2] & \dots & \exp[\|\underline{x}_s - \underline{\mu}_n\| / 2\sigma_n^2] \end{bmatrix}$$

und

$$\underline{G}'' = \begin{bmatrix} \exp[\|\underline{x}_1 - \underline{x}_1\| / 2\sigma_1^2] & \dots & \exp[\|\underline{x}_1 - \underline{x}_n\| / 2\sigma_n^2] \\ \dots & \dots & \dots \\ \exp[\|\underline{x}_n - \underline{x}_1\| / 2\sigma_1^2] & \dots & \exp[\|\underline{x}_n - \underline{x}_n\| / 2\sigma_n^2] \end{bmatrix} \ .$$

Eine andere häufig in RBFN verwendete Funktion, ist die logistische Funktion $L(x)$ mit

$$L(x) = [1 + \exp(\|\underline{x} - \underline{\mu}_j\| / 2\sigma_j^2 - \Theta_j)]^{-1} \ . \tag{3.102}$$

Jeweils eine beispielhafte Gaußsche Glockenfunktion G und eine logistische Funktion L sind für den zweidimensionalen Fall in Abbildung 3.61 dargestellt.

Das Lernen der Gewichte kann als graduelles Ein- und Ausblenden einzelner RBF zur Aktivierung der nachfolgenden summierenden Zellen angesehen werden. Dies bedeutet anschaulich, daß sie als Beiträge der von den RBF abgedeckten Bereiche des Eingangsraums zum Ergebnis angesehen werden können.

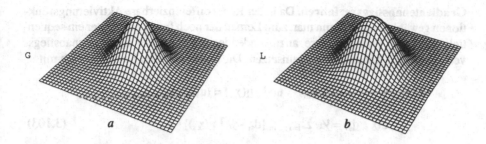

Abb. 3.61. Aktivierungsfunktionen von Neuronenfeldern, *a* Gaußsche Glockenfunktion $G(\underline{x})$, *b* logistische Funktion $L(\underline{x})$.

Training und Wahl der freien Parameter

Für das Training der noch verbleibenden freien Parameter *Zentrum* und *Varianz* der
Neuronenfelder existiert kein optimaler Algorithmus. Statt dessen wird oft eine Kombination unterschiedlicher überwachter oder unüberwachter Lernverfahren angewendet, wie sie im Abschnitt 3.4 beschrieben sind.

Gitterverfahren. Eine einfache Methode, die RBF im Eingangsbereich zu plazieren,
besteht in der Verwendung eines definierten Gitterrasters (z.B. [BL88], [Bot95b]),
in dessen Kreuzungspunkten die RBF-Zentren gelegt werden. Die Varianzen werden
entweder heuristisch nach einem gewünschten Überlappungsgrad festgelegt oder mit
einem der unten angegebenen Verfahren gelernt.

K-Means-Algorithmus. Der K-Means-Algorithmus [Mac67] ist ein sehr einfaches
und effizientes unüberwachtes Verfahren zur Approximation eines Voronoi-Klassifi-
kators. Es entspricht dem in Abschnitt 2.4.4 vorgestellten Fuzzy-C-Means-Verfahren
mit scharfen Klassengrenzen. Zum Training der freien RBF-Parameter werden zunächst die Zentrumvektoren μ_j mit zufällig ausgewählten Trainingsvektoren initialisiert. Die verbleibenden Trainingsvektoren $\underline{x}_s$ werden über ein Abstandsmaß, wie
beispielsweise den Euklidischen Abstand $\|\underline{x}_s - \mu_j\|$, dem nähesten Zentrumsvektor
als Klassenrepräsentanten zugeordnet. Im folgenden Schritt werden durch Mittelwertbildung der zu den Klassen (j) gehörenden $\underline{x}_s^j$ neue Repräsentanten μ_j gebildet. Da
sich nun über das gewählte Abstandsmaß neue Klassenzugehörigkeiten ausbilden,
entsteht ein Iterationsprozeß, der abzubrechen ist, wenn die Zugehörigkeiten stabil
sind. Mit der Annahme, daß die $\underline{x}_s^j$ entsprechend einer Gaußschen Normalverteilung
$G(x)=\exp[-\|\underline{x}_s-\mu_j\|/2\sigma^2]$ um den Repräsentanten μ_j verteilt sind, lassen sich die Bandbreiten σ als Standardabweichungen interpretieren und durch Regression berechnen.

Gradientenabstiegsverfahren. Da in der Regel differenzierbare Aktivierungsfunktionen gewählt werden, kann man zum Lernen der noch freien Parameter ein sequentiell über alle Trainingspaare anzuwendendes, überwachtes Gradientenabstiegsverfahren nach Abschnitt 3.4.2 einsetzen. Die Fehlerfunktion berechnet sich mit

$$\underline{w}_i = (w_{i1}, ..., w_{in})^T \quad \text{und} \quad \underline{u}(\underline{x}_s) = (u_1(\underline{x}_s), ..., u_n(\underline{x}_s))^T$$

zu
$$\varepsilon(\underline{x}_s, \underline{d}_s) = \tfrac{1}{2} \cdot \sum\nolimits_{i=1,...,m} [d_{si} - \underline{w}_i^T \underline{u}(\underline{x}_s)]^2, \qquad (3.103)$$

wobei die Summation über die Fehler aller m Ausgangszellen durchzuführen ist. Für die schrittweisen Änderungen $\Delta\mu_j$ und $\Delta\sigma_j$ ergibt sich

$$\Delta\underline{\mu}_j^{(k)} = -\eta_\mu \cdot [\nabla_{\mu_j} \varepsilon(\underline{x}_s, \underline{d}_s)]^{(k)} \quad \text{und}$$

$$\Delta\sigma_j^{(k)} = -\eta_\sigma \cdot [\partial\varepsilon(\underline{x}_s, \underline{d}_s)/\partial\sigma_j]^{(k)} \qquad (3.104)$$

mit den Lernraten η_μ und η_σ. Dabei stehen ∇_{μ_j} für den Gradienten in Richtung μ_j und $\partial/\partial\sigma_j$ für die partielle Ableitung nach σ_j. Dieses auch bei [PG89] vorgeschlagene Verfahren zeigt meistens ein uneffektives Konvergenzverhalten. Es kann optimiert werden, wenn der lokal selektierende Charakter der RBF berücksichtigt wird. Da nur diejenigen RBF einen Beitrag zu den Ausgangswerten y_i liefern, die hinreichend nahe am anliegenden Eingangsvektor $\underline{x}_s$ liegen, sollten auch nur die zu diesen RBF gehörenden freien Parameter variiert werden. Dies kann erreicht werden, wenn in den Gleichungen (3.104) die aktuellen Aktivitäten $u_j \in [0,1]$ der Neuronenfelder (j) eingeführt werden. Die Änderungen $\Delta\mu_j$ und $\Delta\sigma_j$ ergeben sich dann zu

$$\Delta\underline{\mu}_j^{(k)} = -\eta_\mu \cdot [u_j(\underline{x}_s) \cdot \nabla_{\mu_j} \varepsilon(\underline{x}_s, \underline{d}_s)]^{(k)} \quad \text{und}$$

$$\Delta\sigma_j^{(k)} = -\eta_\sigma \cdot [u_j(\underline{x}_s) \cdot \partial\varepsilon(\underline{x}_s, \underline{d}_s)/\partial\sigma_j]^{(k)} \qquad (3.105)$$

Wettbewerbslernen. Statt der obigen überwachten Lernregel können auch die selbstorganisierenden Algorithmen nach Abschnitt 3.4 eingesetzt werden. Eine einfache Variante besteht darin, die Regel für einfaches Wettbewerbslernen anzuwenden. Dazu werden die Eingangsvektoren meistens vorher auf eine Einheitslänge normalisiert. Die n Zentren μ_j der RBF werden als Basisvektoren im Eingangsraum angesehen und mit einer zufälligen Auswahl an Trainingsvektoren $\underline{x}_s$ initialisiert. Bei Anwendung des einfachen Wettbewerbslernens auf die Zentren μ_j wird das

Zentrum der Gewinnerzelle mit der Lernrate η in Richtung auf $\underline{x}_s$ verschoben. Es gilt

$$\Delta \underline{\mu}_i^{(k)} = \eta \; (\underline{x}_s - \underline{\mu}_j^{(k)}) \; . \tag{3.106}$$

Nach Ende des Lernprozesses approximieren die Zentrumsvektoren die Basisvektoren für einen Voronoi-Klassifikator (siehe auch Abschnitt 3.4.5). Ein generischer Lernalgorithmus zum Trainieren von RBFN läßt sich nun wie folgt zusammenfassen.

1. Trainieren der freien Parameter $\underline{\mu}_j$ und σ_j der verdeckten Schicht (RBF) mit einem der oben beschriebenen Verfahren. Bei unsicherer Verteilung der Eingangs-vektoren im Eingangsraum kann vorzugshalber eine unüberwachte Lernregel ein-gesetzt werden.

2. Berechnen der Gewichtsmatrix $\underline{W}$ entweder direkt nach den Gleichungen (3.98), (3.100) oder durch ein überwachtes Iterationsverfahren.

Insbesondere bei großen Gewichtsmatrizen treten bei der Berechnung der Pseudo-inversen numerische Probleme auf. Ein alternativ eingesetztes Iterationsverfahren liefert nur eine Approximation der optimalen Lösung für $\underline{W}$. Im Fall des Gradienten-abstiegsverfahrens gehen die Gewichte über die Fehlersumme in die Berechnung der freien Parameter ein, so daß insgesamt eine Fehljustierung entsteht. Dies trifft auch auf das Wettbewerbslernen zu, weil von einer optimalen Gewichtsbestimmung ausgegangen wird. Daher kann eine Nachiteration mit gleichzeitiger Anwendung auf beide Schichten die Approximation oft noch verbessern. Zur Berechnung der freien Parameter der verdeckten Schicht ist es dabei notwendig, die durch nicht-optimale Auslegung von $\underline{W}$ hervorgerufenen Fehler mit zu berücksichtigen. Eine überwachte Lernregel, die dies leistet, ist im folgenden Abschnitt 3.5.4 mit dem *Backpropagation-Algorithmus* beschrieben.

Normalisierte Aktivitäten

Auf Grund empirischer Untersuchungen wird in [MD89] vorgeschlagen, die Aktivie-rungen u_j der einzelnen RBF so zu normalisieren, daß ihre Summe stets eins ergibt. Im Fall allgemeiner RBF ist dann $u_j(\underline{x}_s)$ zu berechnen als

$$u_j(\underline{x}_s) = \frac{K \, [\, \|\underline{x}_s - \underline{\mu}_j\| / 2\sigma_j^2 \,]}{\sum_{j=1,\ldots,n} K \, [\, \|\underline{x}_s - \underline{\mu}_i\| / 2\sigma_j^2 \,]} \; . \tag{3.107}$$

Bemerkungen

1. RBFN mit einheitlichen Varianzen σ_j für alle Neuronenfelder (j) können als universelle Approximatoren aufgefaßt werden (siehe auch Abschnitt 2.2.1). Für den Nachweis sei auf [PS91, 93] verwiesen.

2. Bei Verwendung als Klassifikator entsprechen die Ausgänge y_i den Zugehörigkeiten zu den m Klassen. Um die Klassenentscheidungen zu verstärken, können die Zellen der Ausgangsschicht mit einer sigmoidalen Aktivierungsfunktion $f(\underline{w}_j^T \underline{u})$ nach Abschnitt 3.3.3 versehen werden. Wenn die freien Parameter dieser Schwellwertfunktionen trainiert werden sollen, kann ebenfalls der *Backpropagation-Algorithmus* angewendet werden.

3.5.4 Fehler-Backpropagation für mehrschichtige vorwärtsgerichtete KNN

Der Backpropagation-Algorithmus ist eine auf mehrschichtige, vorwärtsgerichtete KNN erweiterte Delta-Lernregel. Er wurde zuerst bei [Wer74] beschrieben und unabhängig davon später von [RHW86] und [Par82] speziell auf KNN angewendet. Die Optimierung der freien Parameter geschieht durch Minimierung der Ausgangsfehlerfunktion in Richtung ihres negativen Gradienten. Alle in Abschnitt 3.3 beschriebenen Zelltypen mit differenzierbarer Aktivierungsfunktion können verwendet werden.

Zur Berechnung der Gewichtsänderungen soll o.B.d.A. von einem vorwärtsgerichteten KNN mit einer verdeckten Schicht und einer Ausgangsschicht gemäß Abbildung 3.62 ausgegangen werden. Die Trainingspaare ($\underline{x}_s$, $\underline{d}_s$) werden sequentiell an das KNN gelegt. Erfolgen die Gewichtsänderungen nach jeder neuen Präsentation, entsteht die Online-Lernregel, die Verwendung des mittleren Ausgangsfehlers über alle Trainingspaare führt zur Offline-Lernregel.

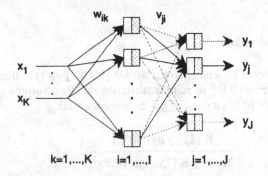

Abb. 3.62. Vorwärtsgerichtetes KNN mit einer verdeckten Schicht.

Beim Anlegen des Eingangsvektors $\underline{x}_s \in [-1,1]^n$ gibt die Zelle (i) der verdeckten Schicht (mit der Abkürzung $\underline{w}_i^T = (w_0 \ldots w_K)^T$) den Wert

$$u_i(\underline{x}_s) = f(\textstyle\sum_{k=0,\ldots,K} (w_{ik}x_k))\qquad(3.108)$$

aus, das Element (j) der Ausgangsschicht mit abkürzender Indizierung bei der Summation $\forall i \in \{0,\ldots,I\},\, j \in \{1,\ldots,J\},\, k \in \{0,\ldots,K\}$ den Wert

$$y_j(\underline{x}_s) = f(\textstyle\sum_i v_{ji} u_i)$$
$$= f\,[\textstyle\sum_i (v_{ji} f(\sum_k w_{ik}x_k))]\,.\qquad(3.109)$$

$\underline{V} = ((v_{ji}))$ und $\underline{W} = ((w_{ik}))$ sind dabei die Gewichtsmatrizen zwischen den Schichten. Die Zellen weisen mit ihrer Aktivierungsfunktion f: $\mathbb{R}\rightarrow[-1,1]$ im allgemeinen ein stark nichtlineares Übertragungsverhalten auf. Werden Schwellwertgatter nach Abschnitt 3.3 verwendet, so ist der Bias-Eingang durch einen zusätzlichen Eingang mit Indizierung (0) mit in den Lernalgorithmus für Gewichte einbezogen. Die Summationen beginnen deshalb bis auf die über die Fehler der Ausgangszellen bei null. Als Ausgangsfehlerfunktion $\varepsilon(\underline{x}_s)$ wird der halbe quadratische Fehler

$$\varepsilon(\underline{x}_s) = \tfrac{1}{2}(\underline{d}_s - \underline{y}(\underline{x}_s))^2\qquad(3.110)$$

angesetzt. Die partiellen Ableitungen von ε nach den Gewichten w_{ik} und v_{ji} berechnen sich unter Berücksichtigung der Kettenregel mit der Abkürzung $f'(z) = \partial f(z)/\partial z$ zu

$$\partial\varepsilon(\underline{x}_s)/\partial v_{ji} = -\,\delta_j u_i\,,\qquad(3.111)$$
$$\partial\varepsilon(\underline{x}_s)/\partial w_{ik} = -\,\delta_i^* x_k$$

mit

$$\delta_j = (\underline{d}_s - \underline{y}(\underline{x}_s))\,f'(\textstyle\sum_i v_{ji}u_i)\,,\qquad(3.112)$$
$$\delta_i^* = \textstyle\sum_j w_{ji} f'(\sum_k w_{ik}x_k)\,\delta_j = f'(\sum_k w_{ik}x_k)\sum_j w_{ji}\delta_j\,.$$

Für die Gewichtsänderungen Δw_{ik} und Δv_{ji} gilt dann gemäß Gleichung (3.31)

$$\Delta v_{ji} = -\eta\,\partial\varepsilon(\underline{x}_s)/\partial v_{ji} = \eta\,\delta_j u_i\,,\qquad(3.113)$$
$$\Delta w_{ik} = -\eta\,\partial\varepsilon(\underline{x}_s)/\partial w_{ik} = \eta\,\delta_i^* x_k\,.$$

Aus den Gleichungen (3.112) und (3.113) geht hervor, daß sich die Gewichtsänderungen $\Delta w_{i\,k}$ der verdeckten Schicht durch Substitution über die Fehlersignale $(d_s - y(x_s))$ der dahinterliegenden Ausgangsschicht berechnen lassen. Deshalb heißt diese Lernregel *Backpropagation-Algorithmus*.

Wie leicht zu sehen ist, kann diese Methode auf KNN mit mehreren verdeckten Schichten erweitert werden. Dazu sind in Abbildung 3.62 lediglich der Eingangsvektor $\underline{x}$ als Ausgangsvektor $\underline{y}'$ der vorangehenden Schicht zu interpretieren und die Indizierungen zur Kennzeichnung einer verdeckten Schicht (h) zu erweitern. Entsprechend der Abbildung 3.63 ergibt sich mit den Gleichungen (3.112) und (3.113) für die Gewichtsänderungen $\Delta w_{i\,k}^{h}$ der Zellen (i) in der verdeckten Schicht (h)

$$\Delta w_{i\,k}^{h} = \eta\; \delta_i^h\, y_k^{h-1} \text{ mit} \qquad (3.114)$$

$$\delta_i^h = f'(\textstyle\sum_k w_{i\,k}^{h}\, y_k^{h-1}) \sum_j w_{ji}^{h}\delta_j^{h+1}$$

Die Berechnung der Gewichte der Ausgangsschicht erfolgt nach den Gleichungen (3.112) und (3.113).

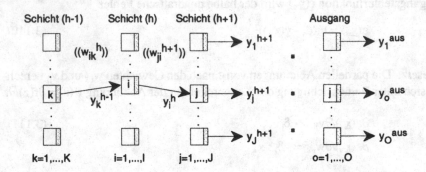

Abb. 3.63. Backpropagation-Lernprozeß an der Zelle (i) der verdeckten Schicht (h+1).

Nach der Initialisierung aller Gewichtswerte können in einem aktuellen Lernzyklus also abkürzend zuerst die Gewichte der Ausgangszellen verändert werden und anschließend durch Rückberechnung des Fehlersignals die Gewichte der vorliegenden verdeckten Schichten.

Wenn als Zellen LSG nach Abschnitt 3.3.2 zum Einsatz kommen, spricht man auch von einem *Mehrschicht-Perzeptron* oder *Multilayer-Perzeptron (MLP)*.

Beispiel: *MPL mit LSG und logistischen Schwellwertfunktionen*

Für MLP, deren Zellen LSG mit logistischer Schwellwertfunktion nach Abbildung 3.22 sind, gilt für die erste Ableitung $f'(u_i) = f(u_i) [1 - f(u_i)]$ für $\beta=1$; die Berechnungsvorschriften für die Gewichtsänderungen vereinfachen sich damit zu

$$\delta_i^{aus} = [f(\Sigma_i \, v_{ji}u_i)] \, [1 - f(\Sigma_i \, v_{ji}u_i)] \, [\underline{d}_s - \underline{y}]$$

$$= \underline{y} \, [1 - \underline{y}] \, [\underline{d}_s - \underline{y}] \,,$$

$$\delta_i^h = y_k^h [1 - y_k^h] \Sigma_j (w_{ji}^h \delta_j^{h+1}).$$

Beispiel: *MLP mit Sigma-Pi-Zellen*

Nach [RM86] kann der Backpropagation-Algorithmus auch auf das Training von KNN mit Sigma-Pi-Zellen angewendet werden, wie sie in Abschnitt 3.3.4 beschrieben sind. Die folgende Kurzbeschreibung lehnt sich an diejenige in [Zel95] an.

Das Neuronenmodell besteht mit mehreren LSG und einem Multiplizierer aus zwei verschiedenen Zelltypen.

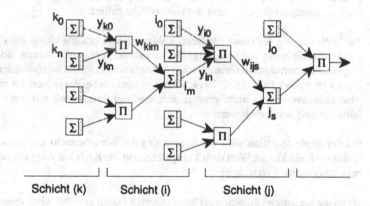

Abb. 3.64. Mehrschichtiges Sigma-Pi-KNN.

Es sei ein Eingangsvektor $\underline{x}_s$ an das KNN angelegt. Ausgehend von einer Anordnung mit den verdeckten Schichten (k) und (i) und der Ausgangsschicht (j) gemäß Abbildung 3.64 berechnen sich die Vorschriften für Gewichtsadaption zu

$$\Delta w_{ki} = \eta \, \delta_i \, \Pi y_k \, ,$$

$$\delta_i^{\,aus} = f'(z_{im}) \, (d_i - y_i)$$

$$\delta_i = \quad f'(z_{im}) \, \textstyle\sum_{js \in \text{ Nachfolger von im}} (\delta_{js} w_{ijs} \Pi_{\,r \neq m} \, y_{jr}) \quad \text{mit}$$

$$z_{im} = \textstyle\sum_k w_{ki} \, \Pi y_k \, .$$

Bemerkungen

1. Der Backpropagation-Algorithmus verwendet für den Suchprozeß nach dem Minimum der Fehlersumme ε mit $\Delta \underline{w}^{(k)} = - \eta \, (\partial \varepsilon / \partial w_1 \, ... \partial \varepsilon / \partial w_n)^T$ ausschließlich lokale Information am aktuellen Arbeitspunkt $(\partial \varepsilon / \partial w_1 \, ... \partial \varepsilon / \partial w_n)$ der Fehlerfläche $\varepsilon = \varepsilon(\underline{w})$. Weil mit Gleichung (3.109) und den Nichtlinearitäten der Zellen sehr viele lokale Minima entstehen, führt das Lernen mit diesem Algorithmus sehr wahrscheinlich nicht zur optimalen Einstellung der Gewichte [Ama90].

2. Der Backpropagation-Algorithmus lernt meistens sehr langsam und reagiert sehr empfindlich auf die Initialisierung der Gewichte [HL88]. Sehr ähnliche Initialisierungen können zu einem vollständig unterschiedlichen Konvergenzverhalten führen. Nach [KP91] zeichnen sich Bereiche mit ähnlichem Konvergenzverhalten durch eine Struktur aus, die an Fraktale erinnert. Als Attraktoren können dabei beispielsweise stark ausgeprägte lokale Minima der Fehlerfläche auftreten.

3. Zur Initialisierung der Gewichte werden als praktische Lösung kleine Zufallszahlen verwendet, die nicht zur Sättigung der Schwellwertfunktionen führen. So werden langsame Lernerfolge auf Grund flacher Plateaus der Fehlerfläche vermieden (es gilt ja $\Delta w = -\eta \, \partial \varepsilon / \partial w$). Falls das KNN nicht konvergiert oder bei der späteren Analyse des Abstraktionsverhaltens nicht generalisiert, muß der Lernprozeß mit einer anderen Initialisierung wiederholt werden.

4. Bei der Implementation wird zur Begrenzung des Wertebereichs der Schwellwertfunktion oft ein kleiner Wert $\alpha \approx 0.1$ eingeführt und das KNN auf Ausgangswerte $1-\alpha$ beziehungsweise $1+\alpha$ trainiert.

5. Wenn die logistische Funktion als Schwellwertfunktion gewählt wird, unterscheidet sich die Funktionalität eines MLP mit einer verdeckten Schicht von einem RBFN wesentlich nur durch die Ähnlichkeitsberechnung, die in den Zellen der verdeckten Schicht zum Einsatz kommt. Dazu wird in Gleichung (3.102) der Zentrumsvektor $\underline{\mu}_j$ der RBF als Gewichtsvektor interpretiert und der negative normalisierte Euklidische Abstand $|\underline{x}_s - \underline{\mu}_j| / 2\sigma^2$ anstelle der gewichteten Summe $\underline{w}^T \underline{x}_s$ als Aktivierung gewertet.

6. Die Online-Lernmethode mit zufällig gewählter Reihenfolge der Trainingspaar-Präsentation führt dazu, daß auch lokale Minima der Fehlerfläche wieder verlassen werden können. Obwohl das Offline-Lernen meistens schneller konvergiert, besteht eine noch größere Tendenz, in einem lokalen Minimum zu *vereisen*.

7. Es existiert keine verbindliche Aussage darüber, wieviele Zellen in den verdeckten Schichten zu einem optimalen Kompromiß zwischen Adaptions- und Generalisierungsleistung des KNN führen. Wenn die Zahl zu gering ist, können Muster mit schnell veränderlichen Anteilen nur ungenügend genau wiedergegeben werden, bei zu vielen Zellen neigt das KNN dazu, die präsentierten Muster auswendig zu lernen statt nach abstrakten Gemeinsamkeiten zu suchen; die Generalisierungsleistung sinkt dann.

Separierbarkeit bei MLP

In Abschnitt 3.3.2 wurde darauf hingewiesen, daß ein einzelnes LSG dazu in der Lage ist, den Eingangsraum auf zwei Klassen abzubilden, die durch eine Gerade voneinander getrennt sind. Bei Einsatz eines mehrschichtigen Perzeptrons mit LSG als Einzelzellen wird der klassifizierbare Raum auf krummlinige Klassengrenzen erweitert, bei MLP mit einer verdeckten Schicht auf konvexe Polygone. Bei zwei und mehr verdeckten Schichten lassen sich auch nicht zusammenhängende Bereiche adaptieren. Die Verwendung von drei oder mehr verdeckten Schichten erscheint nicht sinnvoll, da sich der Trainingsaufwand bei kaum verbesserter Adaptierbarkeit erheblich vergrößert und die Chance auf Konvergenz des Lernprozesses abnimmt.

Im folgenden soll anhand eines aus [Has95] adaptierten Beispiels gezeigt werden, welche Funktion die einzelnen LSG nach Beendigung des Lernprozesses übernehmen, um den Klassifikator aufzubauen. Dazu wird das Zweiklassenproblem nach Abbildung 3.65 *a* angenommen.

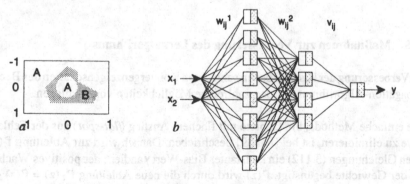

Abb. 3.65. *a* Zweiklassenproblem, *b* 8-4-1-MLP-Architektur.

Die Punkte in den beiden - nicht konvexen - weißen Teilgebieten des Eingangsbereichs gehören zur Klasse *A*, während die im grauen Bereich liegenden der Klasse
B zugeordnet sind. Die Abbildung des Eingangsbereichs auf diese beiden Klassen soll
durch ein MLP mit zwei verdeckten Schichten geleistet werden. Dazu wird die in
Abbildung 3.65 *b* dargestellte 8–4–1-Architektur gewählt. Bei dem Versuch wurden
dem MLP insgesamt 1000 im Eingangsbereich homogen verteilte Wertepaare $(\underline{x}_s, y_s)$
mit $y_s \in \{-1, 1\}$ präsentiert, wobei $y=-1$ für die Klasse *A*, $y=1$ die Klasse *B* steht. Nach
Abschluß des Lernvorgangs separieren die Zellen der ersten verdeckten Schicht
lineare Bereiche, wie in Abbildung 3.57 durch graue Schattierung dargestellt ist.
Durch die Vernetzung entstehen an den Ausgängen der zweiten verdeckten Schicht
bereits Polynome, die von der Ausgangszelle zum entgültigen Klassifikator zusammengefaßt werden. Es ist deutlich zu erkennen, wie der Klassifikator die Klassenstruktur durch gezieltes Ein- und Ausblenden der einzelnen Teilbereiche erzeugt.

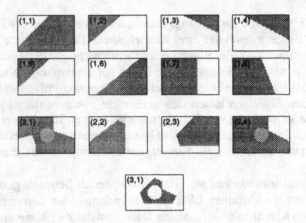

Abb. 3.66. Separierter Bereich durch die Zellen (i,j) der verdeckten Schicht (i).

3.5.5 Maßnahmen zur Verbesserung des Lernalgorithmus

Zur Verbesserung der beschriebenen schlechten Konvergenzeigenschaften des Backpropagation-Algorithmus wurden zahlreiche Möglichkeiten vorgeschlagen.

Eine einfache Methode, um Gebiete mit flachem Anstieg *(flat-spot)* aus der Fehler-
kurve zu eliminieren, ist bei [Fah89] beschrieben. Danach wird zur Ableitung f'(z)
in den Gleichungen (3.112) ein konstanter Bias-Wert γ addiert, der positives Wachstum der Gewichte begünstigt. f'(z) wird durch die neue Ableitung f'$_\gamma$(z) = f'(z) +γ

ersetzt. Flat-Spot-Bereiche werden damit schneller verlassen, so daß der Trainingsprozeß dort nicht mehr eingefroren ist. Ein typischer Wert für γ liegt bei 0.1. Das
Anwachsen der Ableitung zeigt Abbildung 3.67.

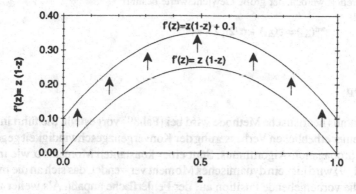

Abb. 3.67. Ableitung der logistischen Funktion.

Momenten-Methode

Eine weitere Methode zur Verbesserung der Konvergenzeigenschaften des Backpropagation-Algorithmus besteht darin, bei der Gewichtsänderung $\Delta w_{ij}^{(k+1)}$ die vorhergehende $\Delta w_{ij}^{(k)}$ durch einen zusätzlich Term zu berücksichtigen. Wird nach
[PNH86] eine lineare Vorhersagetendenz verwendet, so gilt bei Anwendung des
Gradientenabstiegsverfahrens

$$\Delta w_{ij}^{(k+1)} = -\eta \; \partial \varepsilon / \partial w_{ij} \; + \alpha \; \Delta w_{ij}^{(k)}$$
$$= \eta \; y_i \; \delta_j + \alpha \; \Delta w_{ij}^{(k)} . \tag{3.119}$$

Flache Plateaus werden mit dem Zusatzterm $\alpha \Delta w_{ij}^{(k)}$ (*momentum*) schneller verlassen,
während bei zerklüfteten Fehlerflächen ein Glättungseffekt für die Δw_{ij} eintritt. Es
kann leicht gezeigt werden, daß nach Anwendung mehrerer Iterationen der Momen-
ten-Term in flachen Plateaus mit $\partial \varepsilon / \partial w_{ij} \approx 0$ einen Anstieg der effektiven Lernrate um
den Faktor $1/(1-\alpha)$ bewirkt. Praktisch verwendete Werte für α liegen im Bereich
$0 < \alpha < 1$ mit einer Tendenz im oberen Drittel.

Bemerkung

Die Addition des Termes $\alpha\,\Delta w_{ij}^{(k)}$ in Gleichung (3.119) kann als Erhöhung der Fehlersumme in Gleichung (3.110) um einen in den Gewichten quadratischen *Komplexitätsterm* interpretiert werden, der große Gewichtswerte bestraft:

$$\varepsilon^{wd}(\underline{x}_s) = \varepsilon(\underline{x}_s) + \alpha/2\eta \sum_i w_i^2 .$$

Quickprop

Diese ebenfalls heuristische Methode wird bei [Fah89] vorgestellt. Sie führt in vielen Fällen zu einer erheblichen Verbesserung der Konvergenzgeschwindigkeit gegenüber dem Backpropagation-Algorithmus. Statt eines konstanten Moments α wie in Gleichung (3.119) wird hier ein dynamisches Moment verwendet, das sich an die momentane und die vorhergehende Position auf der Fehlerfläche anpaßt. Als weiter zu verfeinernde Vorschrift wird zunächst angesetzt

$$\Delta w_{ij}^{(k+1)} = -\eta\,\partial\varepsilon/\partial w_{ij(k+1)} + \frac{\partial\varepsilon/\partial w_{ij}^{(k+1)}}{\partial\varepsilon/\partial w_{ij}^{(k)} - \partial\varepsilon/\partial w_{ij}^{(k+1)}}\Delta w_{ij}^{(k)} . \qquad (3.120)$$

Der Zusatzterm läßt sich dadurch geometrisch interpretieren, daß die Fehlerfläche $\varepsilon(\underline{w})$ am lokalen Arbeitspunkt durch einen nach oben geöffneten Paraboloid approximiert und deren Scheitelpunkt anstelle des Minimums der Fehlerfläche bestimmt wird.

Die rechte Seite der Gleichung (3.120) besteht mit $\Delta w_{ij}^{(k+1)} = G^{(k)} + M^{(k)}$ aus einem Gradientenabstiegsterm $G^{(k)}$ und einem Momententerm $M^{(k)}$. Zur Festlegung der entgültigen Iterationsvorschrift sind beide noch zu verändern.

Wenn sich das Vorzeichen von $\partial\varepsilon/\partial w_{ij}$ von einem Iterationsschritt zum folgenden ändert, bedeutet dies das Überspringen eines Minimums. Da die quadratische Approximation an diesen Stellen in der Regel sehr gut gelingt, wird bei diesem Iterationsschritt das Gradientenverfahren abgeschaltet und mit dem Momententerm gelernt. Um die Gewichte nicht zu groß werden zu lassen, wird zu $G^{(k)}$ noch ein Komplexitätsterm (*weight decay*) addiert.

Wenn der Anstieg $\partial\varepsilon/\partial w_{ij}$ der Fehlersumme sich bei einem Iterationsschritt nicht oder nur sehr wenig ändert, gehen der Nenner in Gleichung (3.120) gegen Null und der neue Gewichtswert gegen unendlich. Daher ist es sinnvoll, den Momententerm $M^{(k)}$

nach oben zu begrenzen. Ferner ist dieser erst beim zweiten Iterationsschritt nach der Initialisierung heranzuziehen, da zur Berechnung zwei aufeinanderfolgende Werte für $\partial \varepsilon / \partial w_{ij}$ benötigt werden.

Insgesamt ergibt sich für Quickprop die folgende Iterationsvorschrift in Abänderung von Gleichung (3.114):

$$\Delta w_{ij}^{(k+1)} = G^{(k)} + M^{(k)} \quad \text{mit} \tag{3.121}$$

$$G^{(k)} = \begin{cases} 0 & \text{falls sign} [\partial \varepsilon / \partial w_{ij}^{(k+1)}] \neq \text{sign} [\partial \varepsilon / \partial w_{ij}^{(k)}] \\ \eta \, \delta_i^h \, y_k^{h-1} & \text{sonst}, \end{cases} \tag{3.122}$$

$$M^{(k)} = \begin{cases} \mu_{ij} \, \Delta w_{ij}^{(k)} & \text{falls} \, |\mu_{ij}| \leq \mu \quad \text{für } 0 < \mu < 1 \\ \mu \, \Delta w_{ij}^{(k)} & \text{sonst} \end{cases} \tag{3.123}$$

sowie

$$\mu_{ij} = \frac{\partial \varepsilon / \partial w_{ij}^{(k+1)}}{\partial \varepsilon / \partial w_{ij}^{(k)} - \partial \varepsilon / \partial w_{ij}^{(k+1)}}. \tag{3.124}$$

Bemerkung

Der Quickprop-Algorithmus konvergiert mit dem Term G schneller gegen das jeweils näheste lokale Minimum als die Backpropagation-Regel. Dabei erhöht sich aber gleichzeitig das Risiko, in einem lokalen Minimum *gefangen* zu werden. Eine Lösung dieses Problems bietet der Einsatz eines hybriden Lernalgorithmus, bei dem in der Anfangsphase nach dem Backpropagation-Algorithmus trainiert wird, um anschließend die schnelle Konvergenz des Quickprop-Verfahrens auszunutzen.

Marquardt-Levenberg-Algorithmus (MLA)

Dieses Lernverfahren zweiter Ordnung wird bei [HM94] vorgestellt und beruht auf einer in [Mar63] beschriebenen Methode zur Fehlerminimierung in nichtlinearen Systemen. Diese stellt einen Lösungsvorschlag zur Suche des Minimums einer mehrwertigen Funktion dar, hier der Ausgangsfehlerfunktion

$$\epsilon(\underline{w}) = \sum_{s=1,...,S} \sum_{m=1,...,M} (y_m - d_m)_s^2 (\underline{w})$$

$$= \sum_{s=1,...,S} |\underline{\epsilon}_s(\underline{w})|^2$$

$$= \sum_{s=1,...,S} \underline{\epsilon}_s(\underline{w})^T \underline{\epsilon}_s(\underline{w}) \qquad (3.125)$$

beim Offline-Lernen der M Trainingspaare $(\underline{x}_s, \underline{d}_s)$. Um die Variationsaufgabe $\epsilon(\underline{w}) \to$min zu lösen, geht [Mar63] vom Newtonschen Iterationsverfahren aus. Danach werden $\epsilon(\underline{w})$ als Taylorreihe um den aktuellen Argumentvektor $\underline{w}^{(k)}$ bis zum quadratischen Glied entwickelt

$$\Delta\epsilon(\underline{w}^{(k)}) = \nabla\epsilon(\underline{w}^{(k)})^T \Delta\underline{w}^{(k)} + \tfrac{1}{2}\Delta\underline{w}^{(k)} \nabla^2\epsilon(\underline{w}^{(k)})^T \Delta\underline{w}^{(k)} + ...$$

$$(3.126)$$

mit $\Delta\underline{w}^{(k)} = w^{(k+1)} - \Delta\underline{w}$. $\nabla\epsilon(\underline{w}^{(k)})$ ist der Gradient von $\epsilon(\underline{w}^{(k)})$ und $\nabla^2\epsilon(\underline{w}^{(k)})$ die *Hessesche Matrix* von $\epsilon(\underline{w}^{(k)})$.

Die quadratische Funktion in (3.126) wird durch Lösen von $\nabla(\underline{w}^{(k)} + \Delta\underline{w}) = \underline{0}$ minimiert. Die Newton-Methode, das Minimum $\underline{w}^*$ zu erreichen, besteht nun darin, bei hinreichend gutem Anfangswert $\underline{w}^{(0)}$ den Argumentvektor $\underline{w}$ schrittweise nach

$$\Delta\underline{w}^{(k)} = - [\nabla^2\epsilon(\underline{w}^{(k)})]^{-1} \nabla\epsilon(\underline{w}^{(k)}) \qquad (3.127)$$

zu verändern. Die Berechnung der Hesseschen Matrix ist besonders für Systeme mit vielen freien Parametern sehr rechenzeitaufwendig und numerisch fehleranfällig, da sie zweite Ableitungen enthält. Sie wird deshalb auf die einfacher zu berechnende *Jacobi-Matrix* $\underline{J}(\underline{w})\ \underline{\epsilon}(\underline{w})$ zurückgeführt. Mit

$$\underline{J}(\underline{w}) = \begin{bmatrix} \partial/\partial w_1 & ... & \partial/\partial w_n \\ \partial \ddot{i}/\partial w_1 & ... & \partial \ddot{i}/\partial w_n \end{bmatrix} \qquad (3.128)$$

kann gezeigt werden, daß für die Operatoren ∇ und ∇^2 gilt:

$$\nabla\epsilon(\underline{w}) = \underline{J}^T(\underline{w})\ \underline{\epsilon}(\underline{w}), \qquad (3.129)$$

$$\nabla^2\epsilon(\underline{w}) = \underline{J}^T(\underline{w})\ \underline{J}(\underline{w})\ \underline{\epsilon}(\underline{w}) + \underline{R}(\underline{w}),$$

wobei $\underline{R}(\underline{w}) = \sum_{m=0,...,M} [\epsilon(\underline{w})\nabla^2\epsilon(\underline{w})]$ eine Restmatrix ist.

Vernachlässigung von $\underline{R}(\underline{w})$ führt zum Gauß-Newton-Algorithmus

$$\Delta\underline{w} = [\underline{J}^T(\underline{w})\, \underline{J}(\underline{w})]^{-1}\, \underline{J}^T(w)\, \varepsilon(\underline{w}^{(k)})\;. \tag{3.130}$$

Der MLA führt zur Erweiterung des Gültigkeitsbereichs der Gleichung (3.130) durch Addition eines adaptiven Parameters λ zu den Werten der Hauptdiagonalen von $\underline{J}^T(\underline{w})\,\underline{J}(\underline{w})$ [Bat92]. Für die Iterationsvorschrift gilt dann

$$\Delta\underline{w} = [\underline{J}^T(\underline{w})\,\underline{J}(\underline{w}) + \lambda\underline{I}]^{-1}\, \underline{J}^T(w)\, \varepsilon(\underline{w}^{(k)})\;, \tag{3.131}$$

wobei $\underline{I}$ die Einheitsmatrix ist. Der Parameter $\lambda\in[0,\approx0.1]$ wird bei jedem neuen Iterationsschritt mit einem Faktor $\alpha\in[0,\approx10]$ multipliziert, wenn $\varepsilon(\underline{w}^{(k+1)}) \leq \varepsilon(\underline{w}^{(k)})$, und ansonsten durch α dividiert. Für $\lambda\to0$ geht (3.131) über in den Gauß-Newton-Algorithmus, wohingegen sich für große λ-Werte das Gradientenabstiegsverfahren bzw. der Backpropagation-Algorithmus ergibt.

Der Marquard-Levenberg-Algorithmus kann in den folgenden sechs Arbeitsschritten realisiert werden.

1. Aneinanderreihen der Gewichte w_{ij}^h des KNN zu einem Vektor $\underline{w}$ ensprechend

$$\underline{w} = (w_{00}^1,\ldots,w_{N1N1}^1,w_{00}^2,\ldots,w_{N2N2}^2,w_{00}^{aus},\ldots w_{MM}^{aus})^T.$$

2. Präsentation der S Trainingspaare $(\underline{x}_s, \underline{d}_s)$ und Berechnung der Zellenausgangswerte $y_i^h(s)$, der KNN-Ausgangsfehler $\underline{\varepsilon}_s = \underline{y}_s^{aus} - \underline{d}_s$ sowie der Zyklus-Fehlersumme $\varepsilon(\underline{w})$ nach Gleichung (3.126).

3. Berechnen der Jacobi-Matrix auf der Basis des Backpropagation-Algorithmus entsprechend $\partial\varepsilon/\partial w_{ij} = y_i\,\delta_j$.

4. Berechnen der Gewichtsänderung $\Delta\underline{w}$ nach Gleichung (3.131).

5. Berechnen der Zyklus-Fehlersumme $\varepsilon(\underline{w}+\Delta\underline{w})$ und Vergleich mit $\varepsilon(\underline{w})$. Falls der neue Fehler kleiner ist, Ersetzen von λ durch $\alpha\lambda$ und erneute Präsentation der Trainingspaare (Springen nach Schritt 2). Falls der neue Fehler größer ist, Ersetzen von λ durch λ/α und Berechnen einer neuen Gewichtsänderung $\Delta\underline{w}$ (Springen nach Schritt 3).

6. Abbruch der Iteration, wenn $\|\nabla\varepsilon(\underline{w})\| < v_1$ oder $\varepsilon(\underline{w}) < v_2$.

Der MLA benötigt in vielen Fällen deutlich weniger Lernzyklen als die anderen Verbesserungen des Backpropagation-Algorithmus, um eine gewünschte Abbildung A: x→y mit der gleichen Präzision zu approximieren. Dies gilt insbesondere bei einer hohen gewünschten Genauigkeit und für KNN mit nicht zu großer Anzahl variabler Gewichte. Die notwendige Anzahl von Trainingszyklen kann nach Angaben von [HM94] für $\epsilon(\underline{w})^{-1} < 1.6 \times 10^{-6}$ um mehr als zwei Größenordnungen geringer sein als bei Verwendung eines Momententerms nach Gleichung (3.19).

Kreuz-Validierung. Der Backpropagation-Algorithmus ist so abgeleitet, daß mit der Anzahl der Trainingszyklen die quadratische Fehlersumme abnimmt. Obwohl sich das KNN an die Trainingsmenge adaptiert, bedeutet dies nicht automatisch, daß die Generalisierungsleistung zunimmt. In zahlreichen empirischen Untersuchungen wurde stattdessen festgestellt, daß der Generalisierungsfehler zwar bis zu einer gewissen Anzahl von Trainingszyklen abnimmt, aber bei weiterem Training wieder ein Anstieg zu verzeichnen ist (*overfitting*). Ein schematischer Verlauf der Fehlerkurven ist in Abbildung 3.68 gezeigt.

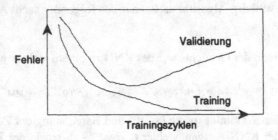

Abb. 3.68. Trainings- und Gültigkeitsfehler beim Backpropagation-Algorithmus.

Eine qualitative Erklärung dafür liefern [WRH91]. Danach tendieren die Gewichte der verdeckten Schichten zunächst dazu, sich an charakteristische Eingangs- und dazugehörige Ausgangsvektoren anzupassen. Bei weiterem Training werden einige der Gewichte so verändert, daß auch statistische Dichteverteilungen der Trainingspaare berücksichtigt werden. Dieser Prozeß schreitet fort, solange ein Adaptionsfehler existiert. Wird die Anzahl der Trainingszyklen zu groß, so entsteht die Tendenz, das übergeordnete Ordnungsprinzip zugunsten einer weiteren Adaption an *Rauscheffekte* aufzugeben. Um diesen Effekt zu berücksichtigen, geht die Kreuzvalidierung von einer zufälligen Aufteilung der vorhandenen Vektorpaare in drei Mengen aus: eine Trainingsmenge, eine Validierungsmenge und eine Vorhersagemenge. Die Trainingsmenge wird zum Lernen der freien Parameter verwendet, durch Anwendung des KNN

auf die Validierungsmenge wird bestimmt, wann das Training abzubrechen ist, und
mit der Vorhersagemenge wird anschließend der Vorhersagefehler des so trainierten
KNN bestimmt.

3.5.6 Time-Delay-Neuronale-Netzwerke (TDNN)

Wenn dem KNN in einer zeitdiskreten Folge eine Anzahl I äquidistanter Abtast-
signale $\underline{x}=\underline{x}(t+i\Delta t)$ mit $i \in [1, I]$ als Eingangsvektoren gleichzeitig zugeführt werden,
die aus einer Zeitreihe $\underline{x}(t)$ mit Merkmalswerten selektiert sind, bildet dieses KNN ein
Time-Delay Neuronales Netzwerk (TDNN). Die Zeitverzögerung wird nach den
Abbildungen 3.69 *a* und *b* durch Schieberegister verdeutlicht, in denen die Werte
pro Zeittakt um eine Position weitergeschoben werden.

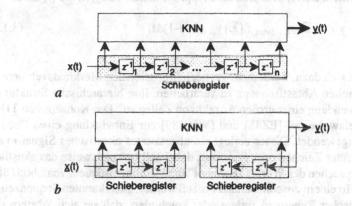

Abb. 3.69. Prinzipdarstellung eines TDNN als *a* FIR-, *b* IIR-Filter.

Im Fall *a* ist der Ausgangsvektor y(t) abhängig von den letzten J Eingangswerten

$$\underline{y}(t) = F[\underline{x}(t), \underline{x}(t-\Delta t), \underline{x}(t-2\Delta t),...,\underline{x}(t-J\Delta t)] . \qquad (3.132)$$

Insgesamt entsteht ein vorwärtsgerichtetes KNN. Wenn die Funktion F[.] eine gewichtete Summe bildet, das KNN also ein Adaline darstellt, entsteht ein adaptives
Finite-Impuls-Response- (FIR-) -Filter. Dieses liefert bei Einspeisen eines Impulses
für die Dauer, die dieser durch das Schieberegister wandert, einen nicht verschwindenden Ausgangswert.

In Abbildung 3.69 *b* wird als Erweiterung zusätzlich das Signal $\underline{y}(t)$ in das KNN rückgeführt. Damit entsteht ein rückgeführtes (*recurrent*) KNN, das einem adaptiven Infinite-Impuls-Response- (IIR-) -Filter entspricht, wenn das KNN ein Adaline ist.

Im folgenden soll der Fall *a* für komplexere KNN betrachtet werden, bei dem ein Zeitfenster über die Zeitreihe der Eingangsvektoren $\underline{x}$ gelegt wird, das die aktuellen, vom KNN zu verarbeitenden Eingangsvektoren $\underline{x}$ selektiert.

Die Trainingsmenge besteht aus den Paaren $(\underline{x}_s, \underline{y}_s)$ mit den Eingangsmatrizen $\underline{x}_s = [\underline{x}(t)\ \underline{x}(t-\Delta t)\ \underline{x}(t-2\Delta t)\ ...\ \underline{x}(t-J\Delta t)]^T$. Die Festlegung der Werte $\underline{y}_s(t)$ nach Gleichung (3.132) bedeutet eine Prädiktion auf der Basis von J vorhergehenden Werten $\underline{x}(t-j\Delta t)$. Dieses Verfahren ist beispielsweise aus der Sprachsignalverarbeitung bekannt, wenn ein neuer Abtastwert x(t+1) aus einer begrenzten Anzahl von Vorgängern vorhergesagt wird. Der Modellansatz mit Hilfe eines TDNN mit einer verdeckten Schicht liefert prizipiell eine Approximation von $\underline{y}_s(t)$ = F[.] durch

$$\underline{y}(t) = \sum_{l=1,...,lmax} f\ [\sum_i \underline{w}_i\ \underline{x}(t-(i-1)\Delta t)] . \tag{3.133}$$

TDNN eignen sich dazu, Zeitreihen von hochdimensionalen Merkmalsvektoren mit einer relativ hohen Abtastfrequenz zu verarbeiten. Ihre hierarchische Struktur läßt auch die Verwendung einer großen Anzahl von Zellen zu. Das Konzept von TDNN wurde beispielsweise bei [EZ88] und [WHH89] zur Entwicklung eines Phonem-Erkenners[1] angewendet. Dieser zerlegt ein abgetastetes akustisches Signal in eine Zeitreihe diskreter Zeichen oder *Phoneme*; dabei soll beispielsweise das akustische Signal beim Sprechen des Wortes "Bahnhof" in die Phonemsequenz /ba:nho:f/ überführt werden. In einem anschließenden Prozeß werden die erkannten Sequenzen mit Hilfe linguistischer Regeln so zerlegt oder kombiniert, daß sie sich Wörtern oder Wortgruppen zuordnen lassen. Damit ist ein Phonemerkenner eine entscheidende Verarbeitungseinheit zur Entwicklung eines Spracherkenners.

Ein beispielhafter Aufbau eines TDNN als Phonemerkenner soll im folgenden dargestellt werden. Zur Merkmalsgewinnung wird das akustische Signal mit Frequenzen von typischerweise 15 - 22 [kHz] abgetastet und in einer Filterbank mit beispielsweise 16 Bandpaßfiltern in Einzelkomponenten zerlegt, deren Signalenergiewerte in kleinen Zeitabschnitten von etwa 10 [msec] zusammengefaßt werden. Das TDNN muß also pro Sekunde 100 zehn- bis sechzehndimensionale Eingangsvektoren verarbeiten. Der

---

[1] *Phoneme* sind die kleinsten bedeutungsunterscheidenden Einheiten einer Sprache. Sie repräsentieren damit Laute oder *Phone*, die - durchaus unterschiedlich akzentuiert oder mit verschiedener Tonhöhe ausgesprochen - dennoch zum gleichen Erkennungsergebnis führen. Zwei Beispiele für Phoneme sind /a/ = kurzes [a], /o:/ = langes [o].

bei einer gleichzeitig großen Anzahl von Zellen oder Schichten extrem hohe Rechenaufwand läßt sich reduzieren, wenn die Zellen der Eingangsschicht nicht vollständig mit der ersten verdeckten Schicht verbunden sind, sondern gemäß Abbildung 3.70 nur eine bestimmte kleinere Auswahl innerhalb eines *rezeptiven Feldes*.

Bei TDNN kann eine Schicht als zweidimensionales Feld von Zellen aufgefaßt werden, dessen vertikale Ausdehnung die Dimensionalität des Eingangsvektors widerspiegelt, während die horizontale Position auf die zeitliche Veränderung verweist. Die Verbindungsgewichte zwischen einer Zelle (i,j) der Eingabeschicht (0) und einer Zelle (k,l) der ersten verdeckten Schicht (1) wird geschrieben als $w^{(1)}_{ijkl}$, die Gewichte der zweiten verdeckten Schicht $w^{(2)}_{ijkl}$, etc. Wenn die rezeptiven Felder einer Schicht r Spalten von Zellen der Vorgängerschicht umfassen (in Abbildung 3.70 ist $r^{(1)} = 3$, $r^{(2)} = 4$), existieren nur Gewichte im Bereich zwischen $w^{(.)}_{i,j,k,j}$ und $w^{(.)}_{i,j+r^{(.)},k,j}$).

Die Existenz rezeptiver Felder bedingt, daß Zellen einer Schicht nur mit einem begrenzten Ausschnitt der Zellen in der Vorgängerschicht verbunden sind (ein Beispiel ist in Abbildung 3.70 dunkelgrau unterlegt).

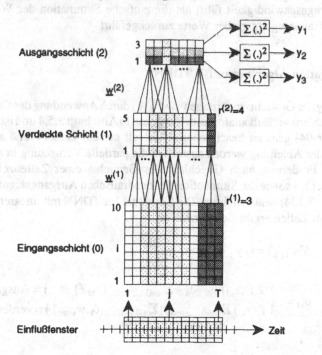

Abb. 3.70. Beispielhafte TDNN-Architektur mit drei Schichten.

Es wird nun die wichtige Forderung erhoben, daß die zu einem Phonem gehörenden Signalabschnitte unabhängig von ihrer aktuellen Position im Schieberegister erkannt werden sollen. Dies bedeutet, daß gleichgerichtete Gewichte in horizontal nebeneinander liegenden Zellen einer Schicht den gleichen Wert besitzen müssen, also

$$w^{(.)}_{i,j,k,l} = w^{(.)}_{i,j+m,k,\,l+m} \quad \text{für m=1,…, r-1.} \tag{3.133}$$

Die *Zeilenergebnisse* der Ausgangsschichtzellen $y^{(aus)}_{pq}$ werden quadratisch addiert und bilden den Ausgangsvektor $\underline{y} = (y_1 \ y_2 \ y_3)^T$. In Abbildung 3.70 gilt beispielsweise

$$y^{(2)}_{pq} = f(z_{kl}) = f \left(\sum_{i=0,…,11} \sum_{j=0,…,q+r(2)\,-1} w^{(2)}_{i,j,k,l} \, y^{(1)}_{ij} \right),$$

$$y_p = \sum_{q=0,…,7} [y^{(2)}_{pq}]^2 . \tag{3.134}$$

Bei Experimenten von [LWH90] stellte sich heraus, daß die Summation der *quadratischen* Ausgangssignale in Gleichung (3.134) zu einer besseren Erkennungsrate und größeren Lerngeschwindigkeit führt als die einfache Summation der Werte. Dies wird auf die Bevorzugung großer Werte zurückgeführt.

Backpropagation-Algorithmus für TDNN

Die Ableitung der Gewichtsänderungen $\Delta w^{(.)}_{i,j,k,l}$ durch Anwendung des Gradientenabstiegsverfahrens verläuft analog zum Vorgehen in Abschnitt 3.5.4 und ist beispielsweise bei [Zel94] genauer beschrieben. Hier soll nur ein kurzer Abriß angegeben werden. Bei der Ableitung werden zusätzlich die partielle Vernetzung in rezeptiven Feldern, die Forderung nach Gleichheit der Gewichte einer Zellenzeile gemäß Gleichung (3.135) sowie die Summation der quadratischen Ausgangssignale $[y^{(.)}_{pq}]^2$ in Gleichung (3.134) berücksichtigt. Die Lernregel für TDNN mit linearen Schwellwertgattern als Zellen ergibt sich danach zu

$$\Delta' w_{i,j,k,l} = \eta \ y_{ij} \ \delta_{kl} \quad \text{mit} \tag{3.135}$$

$$\delta_{kl} = \begin{cases} 2 \ f'(z_{kl}) \ y_{kl} \ (d_k - \sum_{l=0,…,\,lmax} [y_{kl}]^2) & j = \text{Ausgangszelle} \\ f'(z_{kl}) \sum_{m=0,…,mmax} [\sum_{n=l-r+1,…l} [\delta_{kl} w_{klmn}] & j = \text{verdeckte Zelle.} \end{cases}$$

Die Gleichheit der Zeilengewichte wird anschließend durch Bilden des arithmetischen Mittelwerts garantiert. Es wird angesetzt

$$\Delta w_{i,j,k,l} = \Delta w_{i,j,k} = \sum_{l=1,...,lmax} \Delta' w_{i,j,k,l} .$$ (3.136)

Die Division durch die Anzahl der horizontal angeordneten Zellen l_{max} wird vernachlässigt und in die Lernrate eingerechnet.

Zur Beschleunigung und Stabilisierung der Konvergenz sind die gleichen Methoden wie bei vollvernetzten MLP nach Abschnitt 3.5.4 anwendbar. Erweiterungen durch Aufteilung der verdeckten Schichten werden beispielsweise bei [HFW91], [HW93] oder zusammenfassend bei [Zel94] beschrieben.

3.5.7 Minimierung der KNN-Komplexität

Die Lösung komplexer praktischer Anwendungen mit Hilfe von KNN erfordert oft eine große Anzahl freier Parameter und eine stark strukturierte Topologie. Die Zellen in benachbarten Schichten sind dann wie bei TDNN der Aufgabenstellung entsprechend verbunden. Wenn beispielsweise ein automatischer Phonemerkenner auf mehrere Sprecher adaptiert werden soll, kann es sinnvoll sein, für jeden Sprecher (i) ein eigenes KNN (Sp_i) zu trainieren; wenn die Vorhersagen der Sp_i unterschiedlich ausfallen, wählt ein als Schiedsrichter trainiertes KNN (Sch) das optimale Sp_i für diese Eingabedaten aus; es arbeitet damit als Sprechererkenner (Abbildung 3.71).

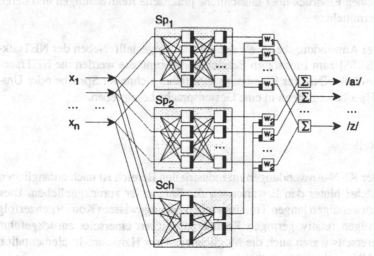

Abb. 3.71. Phonemerkenner mit Sprecherselektion durch einen Sprechererkenner.

Am Eingang des Systems liegt eine Zeitreihe kodierter Sprachdaten, die zum Eingangsvektor x zusammengefaßt sind, die Ausgangszellen entscheiden, um welches aktuelle Phonem es sich handelt. Der binäre Ausgang des Schiedsrichters (Sch) schaltet die Ausgangswerte des erkannten Sprechermoduls Sp_i gemeinsam auf den Ausgang. In Abbildung 3.71 ist deutlich zu erkennen, daß das Gesamtsystem auch als hybrides KNN mit unterschiedlichen Einzelzellen in den jeweiligen Schichten aufgefaßt werden kann. Durch die Strukturierung fehlen zahlreiche Verbindungen, deren Gewichte also auch nicht trainiert werden müssen. Wenn die Struktur eines komplexen Netzwerks a-priori nicht bekannt ist, kann sie durch Elimination der betragsmäßig kleinsten Gewichtswerte und anschließendes Nachtraining künstlich herbeigeführt werden. Durch Umordnung der Zellen innerhalb der Schichten können sich interpretierbare Strukturen ergeben. Komplexere Verfahren zur globalen Minimierung von KNN werden beispielsweise bei [LDS90] und [HSW93] beschrieben. Nach Experimenten von [Zel94] ist die Elimination von Verbindungen mit den betragsmäßig kleinsten Gewichten bei Einhaltung der Funktionalität die schnellste, es können bis zu 30% der Verbindungen und Gewichte eingespart werden.

3.6 Anwendungsbeispiele

Wegen der außerordentlich großen und rasant wachsenden Zahl von Anwendungsbeispielen, die in den letzten Jahren den Einsatz künstlicher Neuronaler Netzwerke in allen Gebieten der Technik kennzeichnete, kann an dieser Stelle nur eine kleine Auswahl vorgestellt werden. Diese erhebt nicht den Anspruch auf Repräsentativität, sondern soll einen Eindruck über tatsächliche praktische Realisierungen und deren Ergebnisse vermitteln.

Es werden drei Anwendungsbeispiele detaillierter vorgestellt. Neben der NETtalk-Architektur [SR88] zum Einsatz im Bereich Sprachsynthese werden die NETface- und die Glove-Talk-KNN zur Erzeugung künstlicher sichtbarer Sprache oder Umsetzung von Handbewegungen in eine Gestensprache beschrieben.

3.6.1 NETtalk

Die Anzahl der KNN-Anwendungen im industriellen Bereich ist nach anfänglichen Erfolgen zunächst hinter den Erwartungen der Entwickler zurückgeblieben. Dies mag auf die notwendigen langen Trainingszeiten bei ungewissem Konvergenzerfolg und gleichzeitigen relativ geringen Rechnerkapazitäten einerseits zurückgeführt werden, andererseits waren auch die Möglichkeiten zur Hardware-Implementation komplexer KNN noch nicht gegeben.

Ein spektakulärer Erfolg gelang mit dem in [SR88] beschriebenen *NETtalk*-System. Dieses besteht gemäß Abbildung 3.72 aus zwei Modulen, einem MLP, das englische Eingabetexte mit 29 möglichen Buchstaben auf dazugehörige Phonemfolgen mit 26 möglichen Symbolen abbildet, und einem kommerziellen Sprachsynthesemodul, das diese in entsprechende akustische Signale umsetzt. Insgesamt entsteht ein *Text-to-Speech*-Synthesegerät.

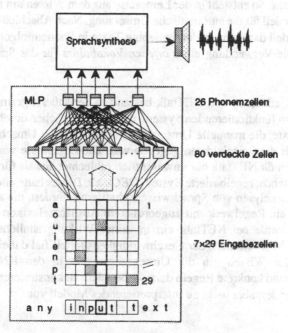

Abb. 3.72. NETtalk-Architektur mit Eingangskodierung.

Eine Besonderheit besteht in der Kodierung der Eingabetexte. Zur Erläuterung muß festgestellt werden, daß im Englischen wie in den meisten anderen Sprachen keine feste Beziehung zwischen Buchstaben und Phonemen bekannt ist. Statt dessen hängt die Umsetzung vom Kontext ab, der also die zu einem Buchstaben gehörende tatsächliche Artikulation mitbestimmt. Diese *Koartikulationseffekte* werden bei NETtalk durch ein 3+1+3-Auswahlfenster für die Texteingabe erfaßt, das neben dem umzusetzenden Buchstaben jeweils die Einflüsse der drei Vorgänger und Nachfolger berücksichtigt. Da zwischen den Buchstaben keine Ähnlichkeitsbeziehungen festzulegen sind, die das akustische Signal betreffen, wird jedem möglichen Buchstaben innerhalb des Rahmens eine eigene Eingabezelle zugeordnet. Als Eingabeschicht entsteht so ein Feld von 7×29 binären Zellen. Wie in Abbildung 3.72 angedeutet, ist in jeder Spalte genau die Zelle aktiviert, die das anliegende Zeichen markiert.

Die folgende verdeckte Schicht besteht aus 80 und die Ausgabeschicht aus 26 LSG. Jede Zelle der Ausgangsschicht kennzeichnet ein an das Sprachsynthesemodul weiterzuleitendes Phonem.

Die Trainingspaare entstehen durch Anlegen eines längeren, für die Sprache repräsentativen Textes, schrittweises Weiterschieben des 3+1+3-Fensters und Zuordnen des *richtigen* Phonems. So entsteht in der Lernphase aus dem Wissen um repräsentative Beispiele ein Modell für die automatische Umsetzung. Nach Abschluß des Trainings wird dieses Modell dazu verwendet, beliebige Texte in Phonemfolgen umzusetzen, es ermöglicht die Verwendung eines *offenen Vokabulars* für das Sprachsynthesemodul.

Die besondere Bedeutung von NETtalk bestand in der äußerst geringen Entwicklungszeit bis zum funktionierenden System, die im wesentlichen durch die Auswahl der Trainingstexte, die manuelle Umsetzung in phonemische Umschrift sowie die Trainingszeit für die Beispieldaten gegeben war. Die Ergebnisse von Sprachgütemessungen fielen für NETtalk nur unwesentlich schlechter aus als für das bis dahin am besten arbeitende, regelbasierte System *DEC-talk*. Dieses hatte allerdings jahrelange manuelle Analysen von Sprachwissenschaftlern erfordert, die aus Trainingsdaten zunächst ein Regelwerk mit zugeordnetem Ausnahmelexikon entwickelten. Offensichtlich wurde bei NETtalk ein in seiner Wirkung ähnliches Regelwerk automatisch im MLP trainiert; der Geschwindigkeitsvorteil fiel dabei sehr deutlich aus. Obwohl das Wissen um die Umsetzungsregeln in den KNN-Gewichten gespeichert ist, sind konkrete Regeln daraus aber nicht zu konstruieren. Es liegt also ein funktionierendes, aber nicht zu interpretierendes Modell vor.

3.6.2   NETface

NETface ist eine Abänderung von NETtalk und dient dem Modellieren artikulatorischer Gesichtsbewegungen [Bot95c]. Das Modell beschreibt den Zusammenhang zwischen gesprochenen Texten und dazugehörigen Gesichtsbewegungen, die insbesondere Form- und Positionsänderungen der Mundregion berücksichtigen. Ziel ist die Entwicklung einer realistischen Computeranimation mit sprechendem Gesicht.

Das Bewegungsmodell geht von einer Bibliothek mit sprechbewegungstypischen Schlüsselbildern aus. Diese kann beispielsweise mit Hilfe des in Abschnitt 2.3.1 beschriebenen Fuzzy-C-Means-Klassifikators erzeugt werden. Durch Bestimmen von Schlüsselbildern wird eine generalisierende Untermenge der im Videofilm vorhandenen Bilder aufgebaut, sie können aber nicht eindeutig einem Phonem in seinem Kontext zugeordnet werden. Mit NETface wird der notwendige Abbildungsalgorithmus trainiert, der für vorgegebene Phonemsequenzen entsprechende Schlüsselbilder auswählt und diese zu Bildfolgen zusammenstellt. Koartikulationseffekte, die in realistischen artikulatorischen Gesichtsbewegungen enthalten sind, werden dabei wie bei NETtalk durch ein 3+1+3-Auswahlfenster berücksichtigt.

Das Schema der Schlüsselbildauswahl sowie einer Umsetzung Phonem- in eine Schlüsselbildsequenz $\{Ph_i \mid i=1,\ldots,9\} \to \{SB_i \mid i=1,\ldots,9\}$ zeigt Abbildung 3.73. Die für eine flimmerfreie Computeranimation notwendige Berechnung von Zwischenbildern erfolgt anschließend mit Hilfe eines Interpolationsalgorithmus, der von einer Zerlegung der Bilder in vernetzte Dreiecksstrukturen ausgeht. Die zeitliche Ablaufsteuerung der Animation ist im anschließenden Abschnitt 3.6.2 beschrieben.

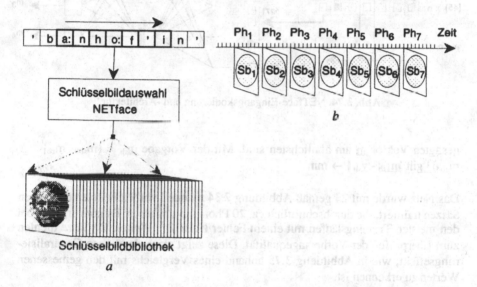

Abb. 3.73. *a* Schlüsselbildauswahl, *b* Umsetzung einer gegebenen Phonemsequenz $\{Ph_i\}$ in eine Schlüsselbildsequenz $\{Sb_i\}$.

Die Eingangskodierung von NETface ist gemäß Abbildung 3.74 analog zu der in NETtalk aufgebaut, allerdings stellen die diskreten Eingangszeichen Phoneme oder andere phonologische Zeichen wie z.B. *Pause*=" ' " dar. Insgesamt wird ein Inventar von 45 Zeichen zu Grunde gelegt. Bei Verwendung eines 3+1+3-Auswahlfensters ergeben sich damit 315 binäre Zellen in der Eingangsschicht des MLP.

Die verdeckte Schicht ist mit 45 LSG aufgebaut, und die Ausgangsschicht mit fünf Adalines. Der Ausgangsvektor $\underline{y}_{sb} = (m_0 \ m_1 \ \ldots \ m_4)^T$ entspricht den in Abbildung

2.33 *b* angegebenen Munddimensionen und markiert für eine vorgegebene Phonem-
kombination das Schlüsselbild (sb), dessen Munddimensionen $\underline{m}_{sb}$ dem vorher-

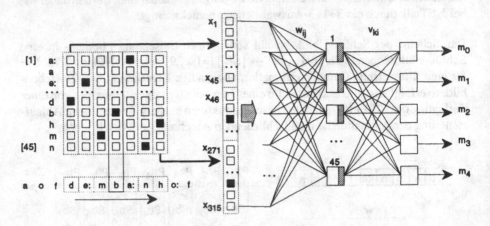

Abb. 3.74. NETface-Eingangskodierung und -Architektur.

gesagten Vektor $\underline{m}$ am ähnlichsten sind. Mit der Vorgabe $\underline{m}_{sb} = (m_{sb0} \ m_{sb1} \ \dots$
$m_{sb4})^T$ gilt $\|\underline{m}_{sb} - \underline{y}_{sb}\| \rightarrow$ min.

Das Netz wurde mit 23 gemäß Abbildung 2.34 manuell vorbearbeiteten deutschen
Sätzen trainiert, die durchschnittlich ca. 20 Phoneme umfassen. Es konvergierte bei
den meisten Trainingsläufen mit einem Fehler $\varepsilon < 1 \times 10^{-4}$. Weitere 20 Sätze dienten
zum Überprüfen der Vorhersagequalität. Diese zeigt einen deutlichen Generalisie-
rungseffekt, wie in Abbildung 3.75 anhand eines Vergleichs mit den gemessenen
Werten zu erkennen ist.

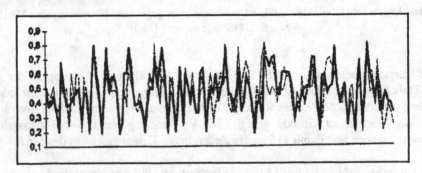

Abb. 3.75. Vorhersage des Merkmalverlaufs m_1 für einen längeren deutschen Satz
(——) gemessen, ($\cdot\cdot\cdot\cdot$) von NETface vorhergesagt.

Ein Maß für die gewünschte Natürlichkeit der Sprechbewegungen läßt sich aus den Verläufen physikalischer Abmessungen nicht aufstellen. Oft sind es nur kleine Bewegungen, die wichtig oder, im Gegensatz dazu, verfälschend wirken. Daher ist es notwendig, die Animation von Experten in Hinsicht auf eine realistische Wiedergabe evaluieren zu lassen. Als Experten können Hörgeschädigte herangezogen werden, die das *Lippenablesen* gut beherrschen. Bei Untersuchungen mit schwerhörigen sowie gehörlosen Kindern und Jugendlichen [BE96] wurden Erkennungsquoten von bis zu 50% eines natürlichen Sprechers ermittelt. Bei den Ergebnissen ist zu berücksichtigen, daß neben den Mundbewegungen keinerlei mimetische Bewegungen modelliert oder dargestellt wurden, auch die für das Lippenablesen wichtigen Zungenbewegungen wurden durch ein sehr einfaches Positionsmodell gesteuert.

3.6.3 Glove-Talk

Ein anderes KNN-basiertes Sprachsynthesesystem stellt *Glove-Talk* dar [FH93], das als Schnittstelle zwischen einem Datenhandschuh (*data-glove*) und einem Sprachsynthesemodul entwickelt wurde. Es bildet vollständige Handgesten auf akustische Sprachsignale ganzer Wörter ab. Die Versuchsperson hat eine künstliche *Handsprache* zu erlernen, die aus 66 englischen Kernwörtern mit sechs möglichen Endungen besteht (*-s, -ed, -ing, -er, -ly, keine Endung*). Dabei sind fünf verschiedene Geschwindigkeitsstufen möglich sowie eine Unterscheidung zwischen betonten und unbetonten Bereichen.

Die Kernwörter werden bestimmten Handfiguren zugeordnet, die Endungen einer gleichzeitigen globalen Handbewegung in eine der sechs kartesischen Hauptrichtungen. Zur Erkennung der intendierten sprachlichen Äußerung besteht Glove-Talk gemäß Abbildung 3.76 aus insgesamt fünf unabhängig voneinander trainierten MLP/ TDNN mit jeweils einer verdeckten Zellenschicht.

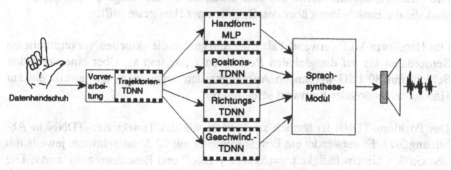

Abb. 3.76. Blockstruktur von Glove-Talk.

Das Trajektorien-TDNN entscheidet über den Start einer Handgeste und initiiert die weitere Analyse des Bewegungsverlaufs durch die vier nachfolgenden parallel arbeitenden KNN. Dazu werden aus den Sensoren des Datenhandschuhs zu jedem Abtastzeitpunkt zunächst die drei kartesischen Positionen (x_1, x_2, x_3), die Drehung, Maximalentfernung und der Scherungswinkel der Handposition in Bezug auf eine festgelegte Ruheposition sowie die Beugungswinkel für alle zehn Finger ermittelt, zwischengespeichert und den KNN zur Verfügung gestellt. In Anlehnung an die NTSC-Fernsehnorm beträgt die Abtastzeit für diese 16 Parameter 1/60 [sec].

Das Trajektorien-TDNN verwendet gemäß Abbildung 3.77 den Eingangsvektor $x_{IN} = (\Delta x_1, \Delta x_2, \Delta x_3, x_4, x_5)$ mit x_4=Geschwindigkeit und x_5=Beschleunigung der Hand. Zur Entscheidung über den Beginn einer Handgeste werden die letzten zehn Abtastzeitpunkte ausgewertet.

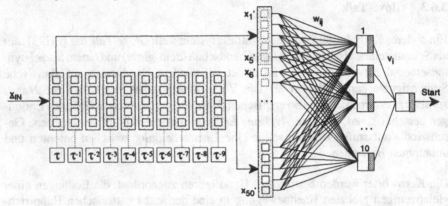

Abb. 3.77. Trajektorien-TDNN als Beispiel für eines der Glove-Talk-KNN.

Die verdeckte Schicht besteht aus zehn LSG, die auf die Ausgangszelle geschaltet sind, die die Entscheidung über den Beginn einer Handgeste trifft.

Das Handform-MLP verwendet als Eingangsgrößen die aktuellen vorverarbeiteten Sensordaten bis auf die globalen Positionen x_1, x_2 und x_3. Über eine verdeckte Schicht mit 80 LSG werden 66 Ausgangszellen angesteuert, die jeweils ein zur Handgeste gehörendes Kernwort selektieren.

Das Positions-TDNN ist ähnlich strukturiert wie das Trajektorien-TDNN in Abbildung 3.77. Es verwendet ein Eingangsfenster mit 20 Abtastschritten, jeweils mit den Größen Geschwindigkeit $v = (\Delta x_1 + \Delta x_2 + \Delta x_3)^{1/2}$ und Beschleunigung $a = \Delta v$. Die resultierenden 40 Eingangswerte werden über eine verdeckte Schicht mit fünf LSG auf ein LSG mit logistischer Schwellwertfunktion am Ausgang abgebildet. Mit Hilfe eines Schwellwerts von 0.5 wird eine Entscheidung über die Betonung getroffen.

Das Richtungs-TDNN legt eine der möglichen sechs Endungen fest. Als Eingangsgrößen dienen die in zehn Abtastschritten aufgenommenen Positionsänderungen Δx_1, Δx_2 und Δx_3. Sie werden über eine verdeckte Schicht mit zehn LSG auf sechs Ausgangsneuronen geführt.

Das Geschwindigkeits-TDNN verwendet die gleichen Eingangsgrößen wie das Positions-TDNN zur Selektion der Sprechgeschwindigkeit. Die Eingangsdaten werden über 15 LSG in der verdeckten Schicht, acht Ausgangszellen und einer anschließenden Nachbearbeitung auf die Sprechgeschwindigkeiten *sehr langsam*, *langsam*, *schnell* und *sehr schnell* abgebildet.

Alle fünf KNN werden separat mit Backpropagation-Lernregeln trainiert. Nach Angaben der Autoren wird in dem implementierten System das verwendete Vokabular von 203 Umsetzungen *Handgeste-Wort* in etwa 5% aller getesteten Fälle nicht richtig ausgeführt. Zum überwiegenden Teil liegt die Ursache dafür beim Trajektorien-TDNN, das keinen Beginn einer Handgeste freigab.

Die fünf zusammengeschalteten KNN lassen sich formal auch als ein komplexes, modular strukturiertes KNN interpretieren, dessen Einzelmodule in isolierten Lernvorgängen trainiert werden.

Bemerkung

In ähnlicher Weise wie bei Glove-Talk können auch andere genormte Hand- und Fingerbewegungen in Sprachsignale umgeformt werden. Eine mögliche Anwendung liegt in der Verwendung des *Daktyl-* oder *Fingeralphabets*, das insbesondere von Hörgeschädigten zur schnellen Kommunikation bevorzugt bei schwierigen Passagen, Namen oder Abstrakta, verwendet wird, die nicht oder nur schwierig durch Lippenablesen erkannt werden können. Jedem Buchstaben wird dabei eine konkrete Hand- und Fingerform zugeordnet. Der Text wird mit Hilfe entsprechender Positionsänderungen in der Luft *buchstabiert*. Einige der Daktylen beinhalten auch vertikale oder horizontale Bewegungen der Hände. Neben einzelnen Wörtern können ganze Sätze buchstabiert werden.

Die unterschiedliche Gestaltung der Buchstabenalphabete einzelner Sprachen bzw. Länder bedingt, daß sich auch die Daktylalphabete unterscheiden. Außerdem variieren die Daktylen einiger Länder mit gleicher Sprache (z.B. in Spanien, Mexiko). In vielen englischsprachigen Ländern werden zweihändige Systeme verwendet. Die eine Hand fungiert dabei als Tafel- oder Papierersatz, während die Art und Weise, wie die andere Hand bestimmte Stellen kennzeichnet, den Buchstaben angibt.

4 FUZZY-METHODEN UND KÜNSTLICHE NEURONALE NETZWERKE

Seit Ende der achtziger Jahre wurden zahlreiche Forschungsarbeiten durchgeführt, die den engen Zusammenhang zwischen Fuzzy-Methoden und Künstlichen Neuronalen Netzwerken herauszuarbeiten versuchten. Dabei entstand eine Vielzahl teilweise ähnlicher, teilweise aber auch sehr originärer neuer Netzwerkarchitekturen oder Möglichkeiten, beide methodischen Familien miteinander zu verbinden. Wichtige Entwicklungsziele bestehen darin, die jeweiligen algorithmisch bedingten Nachteile von FIM und KNN zu kompensieren durch den Einsatz integrierter FIM-KNN-Verfahren sowie standardisierte Funktions- und Datenflußschemata zu finden.

Grundsätzlich kann zwischen kooperativen und hybriden Neuro-Fuzzy-Methoden unterschieden werden. Bei kooperativen Methoden arbeiten FIM und KNN als eigenständige Blöcke zusammen, während bei hybriden Neuro-Fuzzy-Methoden so starke wechselseitige Einflüsse sichtbar sind, daß eine integrative Beschreibung sinnvoller ist. In den folgenden Abschnitten des Kapitels vier wird eine beispielhafte Auswahl kooperativer Neuro-Fuzzy-Methoden beschrieben, während Kapitel fünf hybride Fuzzy-Neuronale Netzwerke beschreibt.

Die primäre Aufgabe von Fuzzy-Methoden besteht darin, sprachliche Beschreibungsformen eines bestimmten Systemverhaltens zu mathematisieren und darauf aufbauend ein interpretierbares Systemmodell zu konstruieren, welches es erlaubt, Schlußfolgerungen zu ziehen und konkrete Eingangs- auf konkrete Ausgangswerte des Systems abzubilden. Fuzzy-Methoden beinhalten deshalb a priori keine Verfahren zur Adaption an ein gewünschtes Systemverhalten. Die große Anzahl freier Parameter kann allerdings mit Hilfe einer Optimierungsmethode nachträglich angepaßt werden. Dies betrifft insbesondere die ZGF der unscharfen Mengen, die Regelbasis sowie die Vertrauensfaktoren $\beta_i{}^*$, welche die Bedeutung der einzelnen Regeln (i) beurteilen. Die Optimierung kann mit Hilfe der Lernregeln für KNN, mit Genetischen Algorithmen oder auch mit anderen Verfahren erfolgen. Es sei ferner erwähnt, daß auch eine Variation der im Bedingungteil der Regeln auftretenden Operatoren vorgeschlagen wurde ([MTK93]).

Im folgenden soll der erste Ansatz detaillierter beschrieben werden.

4.1   Optimierung der Zugehörigkeitsfunktionen

Die erste Möglichkeit, ein Fuzzy-Modell an einen vorgegebenen Trainingsdatensatz zu adaptieren, besteht darin, bei fester Regelbasis die beteiligten ZGF zu variieren. Diese können entweder explizit in parametrisierter Form vorliegen oder implizit, beispielsweise repräsentiert durch ein KNN. Entsprechend gestaltet sich das Lernverfahren. Das Lernen der ZGF in parametrierter Form wurde bereits früh von [LT92], [Ich91], [NHW92] oder [BNB93] beschrieben. Eine Emulation durch KNN ist eine der Grundideen des in Abschnitt 5.4 vorgestellten NNDFR-Verfahrens.

In diesem Abschnitt wird auf das Verfahren von [NHW92] in der bei [NKK94] präsentierten Form näher eingegangen. Die ZGF im Bedingungsteil der Regeln (r) liegen in parametriesierter Dreiecksform vor gemäß

$$\mu_r^i(x_i) = \max \left[0, 1 - 2\, \frac{|x_i - a_r^i|}{b_r^i} \right],$$ (4.1)

wobei a_r^i den Gipfelpunkt der ZGF (I) der Regel (r) angibt und b_r^i die Breite des Dreiecks. Als Konsequenzteile der Regeln werden Singletons s_r angenommen. Bei Verwendung des algebraischen Produkts zur Repräsentation des AND im Bedingungsteil bestimmen sich die Aktivierungsgrade β_r^k der insgesamt R Regeln (r) zu

$$\beta_r^k = \Pi_{i=1,\dots,N}\, \mu_r^i(x_i^k),$$ (4.2)

wenn $\underline{x}^k$ der aktuelle Eingangsvektor ist. Für den Ausgangswert y gilt dann

$$y = \frac{\sum_{r=1,\dots,R} \beta_r^k\, s_r}{\sum_{r=1,\dots,R} \beta_r^k}.$$ (4.3)

Als Lernregel kann ein inkrementelles Gradientenabstiegsverfahren verwendet werden, das den Ausgangsfehler

$$\varepsilon_k = \tfrac{1}{2}\,(d_k - y_k)^2$$ (4.4)

minimiert, oder auch ein Batch-Verfahren. Zur Berechnung der Parameteränderungen wird der Backpropagation-Algorithmus nach Abschnitt 3.5.4 eingesetzt mit den individuellen Lernraten η_a, η_b und η_y.

Bei Verwendung der inkrementellen Lernregel ergeben sich als Parameteränderungen nach Präsentation eines Tupels $(\underline{x}_k, d_k)$

$$\Delta s_r = \eta_y \frac{\beta_r^k}{\sum_{r=1,\dots,R} \beta_r^k} (d_k - y_k) , \qquad (4.5a)$$

$$\Delta a_r^i = \eta_a \frac{\beta_r^k}{\sum_{r=1,\dots,R} \beta_r^k} (d_k - y_k)(s_r - d_k) \frac{2 \operatorname{sgn}(x_i^k - a_r^i)}{b_r^i \mu_r^i(x_i^k)} , \qquad (4.5b)$$

$$\Delta b_r^i = \eta_b \frac{\beta_r^k}{\sum_{r=1,\dots,R} \beta_r^k} (d_k - y_k)(s_r - d_k) \frac{1 - \mu_r^i(x_i^k)}{b_r^i \mu_r^i(x_i^k)} . \qquad (4.5c)$$

Bei Präsentation eines Trainingstupels werden zunächst die s_r variiert und mit diesen neuen Werten die anderen Parameter a_r^i und b_r^i.

Da die Dreiecksfunktionen an jeweils drei Stellen nicht differenzierbar sind, schlagen [NKK94] vor, die eventuell an diesen Stellen liegenden Trainingsdaten nicht für die Parameteränderungen zu verwenden. Dies ist dann gerechtfertigt, wenn hinreichend viele Tupel auch in der Nähe dieser Punkte vorhanden sind und der gesamte Lernerfolg deshalb nur unwesentlich beeinflußt wird.

Die in (4.5a-c) gegebenen Parameteradaptionen haben den Nachteil, daß die veränderten unscharfen Mengen am Ende des Lernprozesses nicht unbedingt mit ihren verbalen Bezeichnungen übereinstimmen müssen und die Interpretierbarkeit der Regelbasis beeinträchtigt ist. Eine diesbezügliche Verbesserung, die voraussetzt, daß jeder linguistische Term einer Ein- oder Ausgangsvariable genau durch eine ZGF repräsentiert wird, findet sich bei [BNB93] und bei [NKK94].

Wenn die Werte der Singletons numerisch angegeben werden, verändern sich lediglich (4.5b-c); die Faktoren $z_r = \beta_r^k (s_r - d_k)$ sind dann zu ersetzen durch z_r' mit

$$z_r' = \sum_\rho \beta_r^k (s_r - d_k) . \qquad (4.6)$$

Zu summieren ist über alle Regeln (ρ), denen $\mu_r^i(x_i)$ als ZGF zugeordnet werden kann.

4.2   Bestimmung von Fuzzy-Regeln

Bereits in Abschnitt 2.2.6 wurde eine Möglichkeit zum automatischen Regelentwurf vorgestellt. Bei fester Partitionierung des Ein- und Ausgangswerteraums wurden sinnvolle Term-Kombinationen mit Hilfe der Testdaten berechnet. Eine alternative Möglichkeit besteht darin, den Eingangswerteraum automatisch zu partitionieren und die entstehenden Bereiche als multidimensionale ZGF zu interpretierten. Sie repräsentieren dann die Bedingungsteile der Fuzzy-Regeln. Im Sinne eines Takagi-Sugeno-Systems nach Abschnitt 2.2.3 werden ihnen dann bereichsweise gültige Zustandsmodelle als Konsequenzteile der Regeln zugeordnet. Dabei kann es sich um statische Zustände, um analytisch gegebene lineare oder nichtlineare Modelle oder um Differentialgleichungssysteme zur Festlegung dynamischer Zustände handeln. Der Fuzzy-Inferenzmechanismus interpoliert dann zwischen benachbarten Zustandsmodellen.

Zum automatischen Generieren von Regeln ist es grundsätzlich immer möglich, den Ein- und den Ausgangswerteraum isoliert voneinander zu partitionieren und mit Hilfe der entstehenden multidimensionalen ZGF Regeln zu formulieren. Zu diesem Zweck können unüberwachte Lernverfahren eingesetzt werden, wie sie in den Abschnitten 3.4.4-7 oder 5.1-3 beschrieben sind.

Bei vorgegebener Partitionierung von Ein- und Ausgangswerteraum läßt sich eine geeignete Regelbasis auf zwei verschiedene Arten bestimmen: Entweder wird eine gewisse Anzahl 'sicherer' Regeln um weitere neue Regeln ergänzt, oder eine durch vollständige Kombination der linguistischen Terme erzeugte Regelbasis wird um 'unwichtige' Regeln reduziert.

Im folgenden werden stellvertretend für die große Anzahl veröffentlichter Entwurfs-strategien verschiedene Varianten vorgestellt, die i) eine Gradientenabstiegsregel oder ii) einen Lernenden Vektorquantisierer (LVQ) verwenden, iii) auf Selbstorgani-sierenden Karten (SOM) oder iv) auf Radialbasisfunktions-Netzwerken (RBFN) beruhen. In Abschnitt 5.4 ist eine weitere Möglichkeit beschrieben, die sich speziell auf die NNFLC-Realisierung eines Takagi-Sugeno-Systems bezieht.

Optimierung der Vertrauensfaktoren mit Hilfe der Delta-Regel. Ausgehend von einer vollständigen Regelbasis für ein Fuzzy-System läßt sich die Adaption oder Feinabstimmung der Regeln (j) durch Einführung variabler Vertrauensfaktoren $\beta_j{}^*$ nach (2.26) erreichen. Ein kleiner Wert für $\beta_j{}^*$ blendet dann die Wirkung der entsprechenden Regel (j) aus, während die Regel für $\beta_j{}^* = 1$ volle Gültigkeit besitzt. Der Aufbau eines solchen Fuzzy-Systems wird beispielsweise bei [Kos92b] beschrieben und ist in Abbildung 4.1 dargestellt.

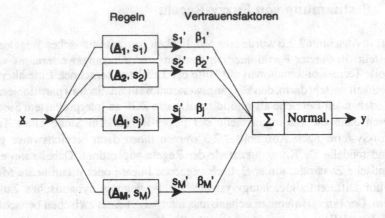

Abb. 4.1. Adaptives Fuzzy-System mit variablen Vertrauensfaktoren β_j' für die Regeln.

Das Lernen kann beispielsweise durch Anwenden der Delta-Regel nach Abschnitt 3.4.2 erfolgen. Dabei wird zunächst die Abhängigkeit des Ausgangswertes $y(\underline{x})$ von den β_j' bestimmt und durch partielle Differentiation der Fehlerfunktion

$$\varepsilon = \tfrac{1}{2}(d_k - y_k(\underline{x}_k))^2$$

die gewünschte Variation von β_j' berechnet. Mit $s_r(\underline{x}_k)$ als einem in der Regel (j) verwendeten Systemmodell und dem auf Basis der Takagi-Sugeno-Inferenzmethode berechneten Ausgangswert

$$y_k = y(\underline{x}_k) = \frac{\Sigma_{i=1...R}\ \beta_i'\beta_i(\underline{x}_k)\ s_i(\underline{x}_k)}{\Sigma_{i=1...R}\ \beta_i'\beta_i(\underline{x}_k)} \qquad (4.7)$$

gilt für die partielle Ableitung

$$-\partial y_k/\partial\beta_j' = \frac{\beta_j'\ [\ s_r \Sigma_i\ [\beta_i'\beta_i] - \Sigma_i\ [\beta_i'\beta_i\ s_i]\ ]}{[\ \Sigma_i\ \beta_i'\beta_i\ ]^2}\ (d_k - y_k)$$

$$= \frac{s_j}{\beta_j'}\ \frac{\beta_j'\beta_j}{\Sigma_i\ \beta_i'\beta_i}\ (d_k - y_k)\ (1 - \Sigma_i\ \frac{\beta_i'\beta_i}{\Sigma_j\ \beta_j'\beta_j}\ \frac{s_i}{s_j})\ .$$

Mit den normalisierten effektiven Aktivierungsgraden

$$\lambda_j(\underline{x}_k) = \beta_j' \beta_j(\underline{x}_k) / (\Sigma_i \beta_i' \beta_i(\underline{x}_k)) \qquad (4.8)$$

berechnet sich die Adaption von β_j' bei vorgegebener Lernrate η zu

$$\Delta\beta_j' = -\eta\ \partial\varepsilon/\partial\beta_j' = \eta\ \lambda_j/\beta_j'\ (d_k - y_k)\ (s_j - \Sigma_i \lambda_i s_i)\ . \qquad (4.9)$$

Die Adaptionsvorschrift nach (4.9) stellt eine inkrementelle Lernregel dar. Wenn nach Abschluß des Lernprozesses einige Vertrauensfaktoren β_j' einen bestimmten Minimalwert δ unterschreiten, dann können die dazugehörigen Regeln (j) eliminiert und eine Nachiteration gestartet werden.

Entwurf der Regelbasis mit Hilfe eines LVQ. Eine alternative Methode zur Optimierung der Regelbasis bei festen Partitionierungen wird bei [Kos92b] vorgeschlagen. Jeder Ausgangsgröße y_j des Fuzzy-Systems wird ein LVQ zugeordnet, dessen Prototypen die möglichen Regeln repräsentieren. Am Eingang jedes LVQ liegen die Eingangsgrößen des zu modellierenden Systems gemeinsam mit der vorherzusagenden Ausgangsgröße. Die Anzahl M der konkurrierenden Zellen entspricht der Regelanzahl bei Verwendung einer vollständigen Regelbasis, die durch Kombination der linguistischen Ein- und Ausgangsterme p_i und q_i entsteht. Es gilt $M = q_i \cdot \Pi p_i$. Der LVQ wird gemäß Abbildung 4.2 als Netzwerk mit lateraler Inhibition realisiert (siehe auch Abbildung 3.42).

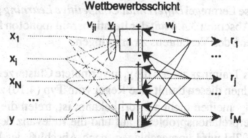

Abb. 4.2. LVQ-Realisierung eines automatischen Regelgenerators.

Jede Zelle (j) repräsentiert eine mögliche Fuzzy-Regel der Form

$$\text{IF } x_1 = \alpha_1 \text{ AND } x_2 = \alpha_2 \text{ AND } \dots \text{ AND } n_N = \alpha_N \text{ THEN } y_j\ . \qquad (4.10)$$

Jeder Zelle ist ein Gewichtsvektor $\underline{v}_j$ zugeordnet, der einen Bereich im Eingangswerteraum repräsentiert, innerhalb dessen diese Regel gültig ist. Rückkopplungen
auf fremde Zellen (r) wirken inhibitorisch und schwächen die Zellaktivierung $z_{r \neq j}$
ab, während die intrinsischen Rückkopplungen exhibitorisch wirken und z_j erhöhen.
Die Aktivierung der Zelle (j) berechnet sich damit zu

$$z_j^{(neu)} = z_j^{(alt)} + \Sigma_i v_{ji} x_i + w_{jj} y_j - \Sigma_{r \neq j} w_{rj} y_r \qquad (4.11a)$$

mit

$$y_r = 1/(1 + \exp(-\beta \cdot z_r)) . \qquad (4.11b)$$

Ein einfacher Algorithmus zum Trainieren der Gewichte v_{ji} ergibt sich, wenn die
lateralen Gewichte w_{rj} fixiert sind und sich nicht ändern, insbesondere für $w_{rj}=0$
$\forall r, j \in \{1,...,M\}$. Bei [Kos92b] werden die w_{rj} angesetzt zu

$$w_{rj} = \begin{cases} 1 & \text{für r=j} \\ -1 & \text{sonst} . \end{cases} \qquad (4.12)$$

Die Adaption der Gewichte v_{ji} erfolgt durch Präsentation der Trainingstupel $(\underline{x}, y)$
und Wettbewerbslernen (siehe auch Abschnitt 3.4.5). Die Lernregel sucht zunächst
für das aktuell präsentierte Tupel $(\underline{x}_k, d_k)$ die gewinnende Zelle (w) mit maximaler
Aktivierung $z_w = \underline{x}_k \underline{v}_w \geq \underline{x}_k \underline{v}_{j \neq w}$ und adaptiert die $\underline{v}_j$ mit

$$\Delta \underline{v}_j = \eta^{(k)} \text{sign} [\Delta y_w] (\underline{x}_k - \underline{v}_j) , \qquad (4.13)$$

wobei Δy_w die Differenz von aktuellem und vorhergehenden Ausgangswert der
gewinnenden Zelle (w) ist und die sign[.]-Funktion deren Vorzeichen angibt. Bei
[Kos92b] wird diese Lernregel *Differential Competitive Learning* genannt. Die Lernrate $\eta^{(k)}$ ist wie in Abschnitt 3.4.6 mit der Iterationszahl monoton fallend anzusetzen,
um eine Konvergenz des Verfahrens zu erzwingen.

Nach Abschluß des Trainings zeigen die $\underline{v}_j$ in vermutete Clusterzentren im Eingangswerteraum und ordnen diesen damit eine Regel vom Typ (4.10) zu. Da die optimale
Klassenzahl im allgemeinen nicht a priori bekannt ist, treten die in Abschnitt 3.4.6
beschriebenen Interpretationsprobleme auf und die Relevanz der $\underline{v}_j$ muß überprüft
werden. Bei [Kos92b] wird vorgeschlagen, nach Abschluß des Lernprozesses den
Trainingsdatensatz nochmals dem LVQ zu präsentieren und die Gewinnerhäufig-
keiten g_j der einzelnen Zellen zu ermitteln. Die relativen Häufigkeiten $\gamma_j = g_j / \Sigma_r g_r$
werden als Bedeutung der Regeln zur Nachbildung des Testdatensatzes interpretiert
und mit den Vertrauensfaktoren β_j' gleichgesetzt, also

$$\beta_j' = g_j / \Sigma_r g_r . \qquad (4.14)$$

Beim Auftreten neuer Beispieldaten kann der Lernprozeß fortgesetzt werden. Dazu muß lediglich die Lernrate auf den Anfangswert gesetzt werden. Regeln mit hinreichend kleinem Vertrauensfaktor werden verworfen.

Die mit diesem Verfahren entwickelten Regelbasen müssen im allgemeinen heuristisch überprüft und validiert werden; nicht in allen Fällen kann davon ausgegangen werden, daß die Vertrauensfaktoren für Fuzzy-Regeln zur Beschreibung eines dynamischen Systems direkt mit den relativen Häufigkeiten der Trainingsdaten gleichzusetzen sind. Während sich die Regeln als unscharfe Punkte interpretieren lassen, die an charakteristischen Stellen der zu approximierenden Funktion zu plazieren sind, tendiert das beschriebene Verfahren dazu, statt dessen mindestens eine größere Anzahl unscharfer Punkte in den Trajektorien zwischen diesen gewünschten Positionen anzusetzen, da deren Werte im statistischen Mittel häufiger auftreten. Extreme Systemzustände, die mit einer geringen, aber nicht verschwindenden Häufigkeit angenommen werden können, müssen sehr wahrscheinlich durch nachträgliche Manipulation der Regeln berücksichtigt werden. Dieses Verfahren bietet jedenfalls die Möglichkeit, das in numerischen Trainingsdaten enthaltene Wissen um ein Systemverhalten mit explizitem Expertenwissen zu kombinieren und auf diese Weise robuste und sichere Modelle zu entwerfen.

Bemerkungen

1. Das in Abbildung 4.1 gezeigte Fuzzy-System wird bei [Kos92b] Adaptive Fuzzy-Associate Memory (AFAM) genannt. Ein Assoziativspeicher (AM) kann entsprechend Abschnitt 3.5.1 eine begrenzte Menge von Zuordnungen zwischen scharfen Ein- und Ausgangswerte speichern, die bei Bedarf ohne Datenverlust wieder abrufbar sind. In Erweiterung dessen lassen sich auch Fuzzy-Assoziativspeicher (FAM) definieren. Um auch hier Reproduzierbarkeit ohne Datenverlust zu garantieren, kann allerdings nur genau eine Regel abgespeichert werden. Die Gewichtsmatrix des FAM speichert die der Regel entsprechende unscharfe Relation. Das Abrufen des Wertes bei Vorgabe eines Schlüssels entspricht den in den Abschnitten 2.1.5 und 2.2.3 beschriebenen Matrixoperationen zur Verkettung unscharfer Relationen und zur Lösung unscharfer Relationalgleichungssysteme, wobei endliche Grundmengen vorausgesetzt sind.

2. Da ein FAM nur eine Regel enthält, ist er nicht weiter trainierbar, und die adaptiven Elemente des AFAM sind die Vertrauensfaktoren $\beta_i{}'$.

3. Das Inferenzverfahren läßt sich anschaulicher mit Hilfe eines Fuzzy-Neurons (siehe Abschnitt 3.3.8) pro Regel nachbilden, das das gewünschte Übertragungsverhalten emuliert. Ein aus Q Regeln bestehendes Fuzzy-System kann dann mit Hilfe von Q Fuzzy-Neuronen gemäß Abbildung 4.1 dargestellt werden.

SOM-Interpretation nach Pedrycz und Card. Die Generierung von Fuzzy-Regeln kann auch halbautomatisch auf der Basis von selbstorganisierenden Karten (SOM) geschehen, deren Funktionsweise zusammen mit möglichen Lernregeln in Abschnitt 3.4.7 beschrieben ist. Eine mögliche Realisierung ist bei [PC92] angegeben. Ähnlich wie bei [Kos92b] werden die Ein- und Ausgangsgrößen x_i und y_j des zu modellierenden Systems gemeinsam als Eingangsvektor $\xi = (x_1,...,x_N, y_1,...,y_M)$ der SOM verwendet. Durch Vorgabe der Trainingsdaten und Wettbewerbslernen bilden sich Regeln heraus, die auf der SOM durch zweidimensionale Bereiche von Einzelzellen repräsentiert sind. Obwohl die Werte der Variablen x_i und y_j zum Trainieren Verwendung finden, handelt es sich hier um eine unüberwachte Lernaufgabe.

Die Zellen der SOM seien auf einer n×m-Matrix angeordnet. Nach Abschluß des Lernprozesses wird jede Eingangsgröße ξ_i durch eine Gewichtsmatrix $\underline{W}_i = ((w^{(i)}_{nm}))$ charakterisiert. Um diese als zweidimensionale, diskrete ZGF interpretieren zu können, müssen sie normalisiert werden [1].

Die ξ_i werden mit Hilfe einer Anzahl von P_i ZGF $\mu_i^{(p)}$ mit p=1,...,P_i partitioniert. Die $\mu_i^{(p)}$ werden manuell so auf der n×m-Gewichtsmatrix konstruiert, daß Bereiche mit hoher Übereinstimmung zwischen den $\underline{W}_i$ und den $\mu_i^{(p)}$ durch hohe Werte $\underline{W}_i \wedge \mu_i^{(p)} \in [0,1]$ wiedergegeben werden. Anschließend wird überprüft, ob und in welchen zweidimensionalen Bereichen auf der SOM die den $\mu_i^{(p)}$ zugeordneten Vektoren ξ Gewinnerzellen produzieren. Eine Fuzzy-Regel entsteht dann, wenn überlappende Bereiche der über die $\mu_i^{(p)}$ transformierten Gewichtsverteilungen $\underline{W}_i$ für die einzelnen Ein- und Ausgangsgrößen des Systems entstehen.

Formal wird jede Größe ξ_i durch eine Anzahl P_i unscharfer Mengen R_i mit den ZGF $\mu_i^{(p)}(w^{(i)}_{nm})$ partitioniert. Die Forderung nach gleichzeitiger Gültigkeit aller Größen ξ_i zur Bestimmung der Regelgültigkeit führt zur unscharfen Menge R_p mit

$$\mu^{(p)}_{nm} = \min_{i=1,...,N+M} [\mu_i^{(p)}(w^{(i)}_{nm})].$$ (4.15)

R_p wird als unscharfe Relation zwischen den Ein- und Ausgangsgrößen x_i und y_j interpretiert und repräsentiert eine mögliche Fuzzy-Regel. Die Anzahl der tatsächlich entstehenden Regeln wird gemäß Abbildung 4.3 durch Konstruktion von α-*Schnitten* beeinflußt, also von Bereichen, innerhalb derer der Zugehörigkeitswert >α ist.

---

[1] Eine Normalisierung der gelernten diskreten Gewichtsverteilungen kann auch durch Normalisierung der Eingangswerte vor dem Training erfolgen.

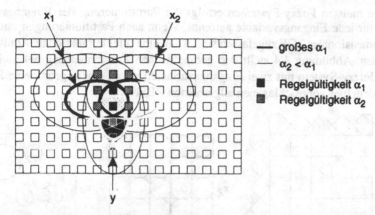

Abb. 4.3. Konstruktion von Fuzzy-Regeln für ein Fuzzy-Modell mit zwei Eingangs- und einer Ausgangsgröße x_1, x_2 und y durch Variation von α. Die Ellipsen stellen α-Schnitte der mit Hilfe von $\mu_i^{(p)}$ ($w_{nm}^{(i)}$) transformierten gelernten Gewichtsverteilungen $w_{nm}^{(i)}$ dar.

Bei Vorgabe eines bestimmten Wertes $\alpha \in [0,1]$ sind diejenigen Regeln relevant, für die Überlappungen der α-Schnitte der transformierten Gewichtsmatrizen existieren. Die gewünschte Anzahl von Regeln und damit die Interpretierbarkeit sowie die Funktionalität des Modells können also indirekt durch Variation von α eingestellt werden. Bei anschließender Präsentation der Eingangsvektoren $\underline{\xi}_k$ wird zusätzlich deutlich, welche $\underline{\xi}_k$ sich den einzelnen Regeln zuordnen lassen oder welche zu keiner gehören. Diese können je nach Aufgabenstellung heuristisch zusammengefaßt werden, um der Regelbasis durch manuellen Eingriff zusätzliche Regeln hinzuzufügen.

Das beschriebene Verfahren läßt sich beispielsweise in einem iterativen Entwurfsprozeß so einsetzen, daß durch Variation von α und anschließende Evaluation der Funktionalität ein Systemmodell entsteht, das bei einem hinreichend kleinen Approximationsfehler eine interpretierbare Funktionalität erzeugt.

Konstruktion mit Hilfe des wachsenden Neurogas-Modells. Eine weitere Methode zur automatischen Konstruktion von Regeln besteht darin, mit Hilfe des in Abschnitt 3.4.7 beschriebenen wachsenden Neurogas-Modells ein Netz von RBF zu konstruieren und den einzelnen RBF jeweils ein lokal gültiges Systemmodell zuzuordnen. Der selektive Charakter der RBF ermöglicht es, ein RBFN nach Abschnitt 3.5.3 zu konstruieren und dieses als Fuzzy-System zu interpretieren. Jede RBF bildet dann zusammen mit dem zugeordneten lokalen Modell eine Fuzzy-Regel vom Takagi-Sugeno-Typ (siehe Abschnitt 2.2.3).

Bei den meisten Fuzzy-Systemen erfolgt die Partitionierung des Eingangswerteraums für jede Eingangsvariable getrennt. Wenn auch Partitionierungen mit Hilfe
mehrdimensionaler ZGF zugelassen sind, kann eine direkte funktionale Äquivalenz
entstehen. Abbildung 4.4 stellt den geometrischen Zusammenhang her zwischen
einem Fuzzy-System mit zwei Eingangsvariablen x_1, x_2, einem geordneten RBFN
sowie dem hier vorgeschlagenen allgemeinen RBFN.

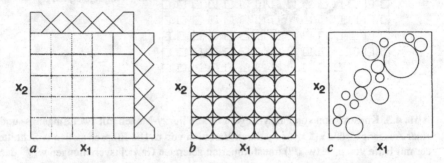

Abb. 4.4. Geometrischer Zusammenhang zwischen *a* Fuzzy-System, *b* geordnetem RBFN
und *c* allgemeinem RBFN (modifiziert nach [Fri96]).

Eine Äquivalenz zwischen Fuzzy-System und geordnetem RBFN besteht dann,
wenn sich durch Wahl eines geeigneten AND-Operators die eindimensionalen ZGF
der Terme im Bedingungsteil der Regeln in zweidimensionale ZGF vom gleichen
Typ überführen lassen, die als RBF interpretierbar sind. Im Falle von Gaußschen
Glockenkurven mit einheitlicher Varianz σ und variablen Zentren c_i der Form

$$\mu_i^{(p)}(x_i) = \exp\left[-(x_i - c_i)/\sigma^2\right] \tag{4.16}$$

sowie der Verwendung des algebraischen Produkts gemäß (2.3b) als AND-Operator
entsteht eine äquivalente Partition mit den RBF

$$\mu_{ij}^{(p)}(\underline{x}) = \exp\left[-(\underline{x} - \underline{c}_{ij})/\sigma^2\right], \tag{4.17}$$

wobei $\underline{x}=(x_1, x_2)^T$ und $\underline{c}=(c_i,c_j)^T$. Die Konsequenzteile in den Fuzzy-IF...THEN...-
Regeln entsprechen den mit den RBF assoziierten lokalen Modellen, die Aktivie-
rungen u_{ij} der RBF den Aktivierungsgraden β_{ij} der korrespondierenden Fuzzy-
Regeln (ij). Bei Verwendung normalisierter Aktivitäten der RBF nach (3.107)
entsprechen die Gewichte w_{ij} den durch Singletons y_{ij} dargestellten Konsequenzteilen der Regeln. Für den Ausgangswert y gilt dann

$$y = \sum_{ij}\left[\beta_{ij}/\left(\sum_{r,s}\beta_{rs}\right)\cdot y_{ij}\right] = \sum_{ij}\left[u_{ij}/\left(\sum_{r,s}u_{rs}\right)\cdot w_{ij}\right]. \tag{4.18}$$

Ein solcher Vektorquantisierer arbeitet - zumindest zum Zweck der Datenkompression - mit einem geringerem Rekonstruktionsfehler als ein Algorithmus, der auf einfacher Datenquantisierung aufbaut. Dies gilt insbesondere, wenn eine signifikante Korrelation zwischen einzelnen Komponenten x_i und $x_{j \neq i}$ besteht. Die Positionierung der RBF-Zentren c_{ij} auf einem einfachen Gitter ermöglicht es, die Funktionalität des Modells einfach zu interpretieren.

Wenn komplexere Gitter und damit differenziertere Übertragungsfunktionen zugelassen werden, entsteht gemäß Abbildung 4.4c ein allgemeines RBFN mit unterschiedlichen Varianzen σ_{ij} der RBF. Diese RBF können mit Hilfe des in Abschnitt 3.4.7 beschriebenen Modells eines wachsenden Neurogases automatisch konstruiert werden. Neue RBF-Zellen werden auf der Basis lokal summierter Fehlerwerte in solchen Regionen eingefügt, in denen das Übertragungsverhalten noch nicht hinreichend genau ist.

Zunächst wird ein System von zwei RBF initialisiert und dieses Netzwerk mit Hilfe der Trainingsdaten trainiert. Für jeden Eingangsvektor wird der Klassifikationsfehler in der am nähesten liegenden RBF akkumuliert, da diese intuitiv am ehesten für den Fehler verantwortlich ist. Bei jedem Adaptionsschritt werden gemäß Abschnitt 3.4.7 die Vektoren $\underline{c}_{ij}$ der RBF-Zentren und $\underline{w}_{ij}$ der Gewichte optimiert. Nach einer definierten Anzahl von Adaptionsschritten wird die RBF mit maximalem akkumulierten Fehler identifiziert, welche offensichtlich die in ihren Einflußbereich fallenden Eingangsvektoren $\underline{x}_k$ nicht wie gewünscht klassifiziert. Deshalb werden eine neue RBF in ihrer unmittelbaren Umgebung eingefügt und die Varianzen σ_{ij} entsprechend dem mittleren Abstand zu den Nachbarzellen korrigiert. Da die σ_{ij} in dem problematischen Bereich abnehmen, führt das Verfahren dort zu einer feineren Auflösung, so daß die Anpassung der Gewichtsvektoren $\underline{w}_{ij}$ zu einem genaueren Systemmodell führen kann. Um das Einfügen weiterer Regeln abzubrechen, kann ein Kreuz-Validierungstest entsprechend Abschnit 3.5.5 eingesetzt werden. Um einen Overfitting-Effekt zu vermeiden, sollte abgebrochen werden, wenn sich das gewünschte Übertragungsverhalten auf den nicht zum Trainieren herangezogenen Validierungsdaten nicht mehr verbessert.

In Abbildung 4.5 ist dargestellt, wie der Algorithmus RBF generiert, um ein Klassifikationsproblem zu lösen, bei dem 18 schwarze und weiße Objektcluster zu separieren sind. Es ist das Klassifikationsergebnis bei zwei, zwölf und 25 RBF nach null, 5500 und 13000 Datenpräsentationen angegeben. Das RBFN besitzt eine Ausgangszelle mit Schwellwertbildung. Die drei linken Bilder zeigen die 18 Datencluster sowie die Übertragungsfunktion des RBFN vor der Schwellwertbildung, die drei rechten das Klassifikationsergebnis nach der Schwellwertbildung. Die eingezeichneten Kreise bestimmen Position und Varianz der RBF.

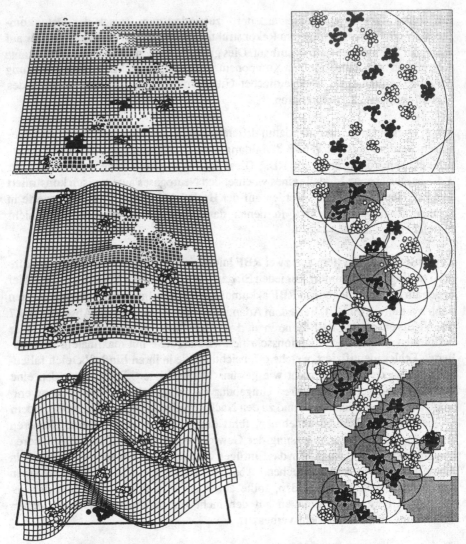

Abb. 4.5. Simulationsergebnisse des Regelentwurfs mit Hilfe des
wachsenden Neuronengas-Modells mit 2, 12 und 25 RBF
nach 0, 5500 und 13000 Datenpräsentationen
(adaptiert nach [Fri96]).

5 Hybride Neuro-Fuzzy-Methoden

Die Integration von Fuzzy- und KNN-Methoden kann auf unterschiedlichen gedanklichen Ebenen geschehen. Wenn das KNN unscharfe Mengen oder Zahlen verarbeiten kann, spricht man von Fuzzy-Neuronalen Netzwerken. Alle anderen Methoden können unter dem Begriff der hybriden Neuro-Fuzzy-Methoden zusammengefaßt werden. Dazu gehören KNN mit erweiterten Lernstrategien (5.1-5.3), wenn die Integration eng genug ist, sowie auch Netzwerke, die mit Hilfe von Fuzzy-Neuronenmodellen reelle Werte verarbeiten (5.4-5.8).

Im folgenden wird stellvertretend für die große Anzahl existierender hybrider Neuro-Fuzzy-Methoden eine Auswahl typischer Algorithmen vorgestellt. Sie sollen einen Einblick in die Entwicklungsmöglichkeiten geben und dazu motivieren, eigene, problemangepaßte hybride Verfahren zu entwerfen.

5.1 Fuzzy-Lernende Vektorquantisierung (FLVQ)

Die ersten Ansätze zur Integration von Fuzzy-Methoden und lernender Vektorquantisierung (LVQ) sind bei [PBT93], [TBP94] und [BP95] beschrieben. Sie präsentieren eine Klasse von Batch-Lernregeln für FLVQ. Eine formale Ableitung dieser Methoden wird bei [KB97] durch Minimierung eines Fehlerfunktionals gegeben.

Ziel der in Abschnitt 3.4.6 beschriebenen Vektorquantisierung (VQ) ist es, eine Menge T^n von Eingangsvektoren $x \in T^n \subset \mathbb{R}^n$ durch eine geeignete Menge von Prototypen $C_B = \{w_1, w_2, ..., w_Q\}$ zu repräsentieren. VQ stellt also eine Abbildung aus dem m-dimensionalen Eingangswerteraum auf die begrenzte Menge $C_B \in \mathbb{R}^n$, das *Codebuch*, dar.

Das Codebuch kann mit Hilfe eines Klassifikators entwickelt werden, der in einem iterativen Prozeß die Klassenzentren und die Zugehörigkeitswerte der Eingangsvektoren variiert. Ein typisches Beispiel für einen Klassifikationsalgorithmus ist das in Abschnitt 2.3.1 vorgestellte Fuzzy-C-Means-Verfahren (FCM).

In [Koh89] ist eine KNN-Implementation vorgeschlagen, die unter Einsatz von Wettbewerbslernen (siehe Abschnitt 3.4.5) eine unüberwachte Lernaufgabe realisiert (lernende VQ, LVQ). Das KNN-Schema ist in Abbildung 5.1 dargestellt.

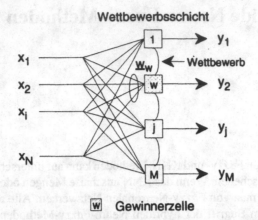

Abb. 5.1. Lernender Vektorquantisierer als KNN-Implementation.

Jede Zelle (j) steht für eine Klasse, und die Gewichtsvektoren $\underline{w}_j$ repräsentieren die dazugehörenden Prototypen. Mit der Häufigkeitsverteilung $p(\underline{x})$ der Eingangsvektoren $\underline{x}$ auf dem Grundbereich $\mathbb{R}^n$ lassen sich LVQ-Lernregeln durch Minimierung des Fehlerfunktionals

$$\int\int...\int_{Rn} p(\underline{x}) \sum_{j=1,...,M} \mu_j(\underline{x}) \, \|\underline{x} - \underline{w}_j\|^2 \, d\underline{x} \rightarrow \min \tag{5.1}$$

ableiten, wobei $\mu_j(\underline{x})$ eine Gewinnverteilungsfunktion ist, die den Wettbewerb zwischen den einzelnen Prototypen $\underline{w}_j$ regelt.

Bemerkung

In Anlehnung an Gleichung (2.1) könnte $\mu_j(\underline{x})$ auch der Sympathievektor von $\underline{x}$ genannt werden. Beim FCM-Verfahren bestimmt er die Zugehörigkeit des Vektors $\underline{x}$ zu den Klassen (j). Wenn eine Anzahl von K Eingangsvektoren angenommen wird, entsteht eine K×M Zugehörigkeitsmatrix.

Die Optimierung nach (5.1) führt auf Grund der Integration im Eingangswerteraum zu einer Batch-Lernregel. Eine entsprechende inkrementelle Lernregel erhält man durch Minimieren des Fehlerfunktionals

$$L = \sum_{j=1,...,M} \mu_j(\underline{x}) \, \|\underline{x} - \underline{w}_j\|^2 \rightarrow \min \tag{5.2}$$

nach jeder einzelnen Präsentation eines Eingangsvektors $\underline{x}$. Im Fall der *Winner-Takes-All*-Lernregel nach Abschnitt 3.4.5 gilt $\mu_w(\underline{x}) = 1$ und $\mu_{j \neq w}(\underline{x}) = 0$, wobei $(_w)$ die gewinnende Zelle indiziert. Bei FLVQ werden über Funtionen $\mu_j(\underline{x})$, $_{j=1,...,M}$ auch nicht gewinnende Zellen mit in die Gewichtsadaption einbezogen. Dies steht ebenfalls in Analogie zum FCM-Verfahren [PBT93].

Wenn die Gewinnverteilungsfunktionen $\mu_j(.)$ beispielsweise in der Form

$$\mu_j(z) = \begin{cases} 1 & \text{wenn j=w Gewinner ist} \\ \mu(z) & \text{sonst} \end{cases} \tag{5.3a}$$

mit

$$z = \| \underline{x} - \underline{w}_w \|^2 / \| \underline{x} - \underline{w}_j \|^2 \tag{5.3b}$$

geschrieben werden, dann akkumuliert die Fehlerfunktion nach (5.2) die lokal gewichteten Fehler jedes Eingangsvektors $\underline{x}$, bezogen auf den Fehler des gewinnenden Prototyps.

Bemerkung

$\mu(z)$ wird so angenommen, daß $\mu(z) \in [0,1]$ gilt; je nach tatsächlicher Realisierung ergeben sich unterschiedliche Klassen von Lernregeln.

Um die relativen Beträge der nicht-gewinnenden Prototypen zu beurteilen, wird (5.2) umgeschrieben zu

$$L = \| \underline{x} - \underline{w}_w \|^2 + \Sigma_{j \neq w} \, \mu_j(\underline{x}) \, \| \underline{x} - \underline{w}_j \|^2 \rightarrow \text{min} \tag{5.4}$$

Der relative Beitrag L_j des Prototyps $\underline{w}_j$ in Bezug auf $\underline{w}_w$ ergibt sich zu

$$L_j = \mu_{wj}(z) \cdot \| \underline{x} - \underline{w}_j \|^2 / \| \underline{x} - \underline{w}_w \|^2 . \tag{5.5a}$$

Aus (5.5a) und (5.3b) ergibt sich

$$\mu_{wj}(z) = z \cdot L_j(z) . \tag{5.5b}$$

Nach heuristischen Annahmen erscheinen die folgenden Annahmen für die relativen Beträge $L_j(z)$ sinnvoll, um geeignete Gewinnverteilungsfunktionen auszuwählen:

1. $0 \leq L_j(z) \leq 1 \quad \forall z \in [0,1]$
2. $L_j(z)$ ist nach z differenzierbar auf $[0,1]$
3. $L_j(z \to 0) \to 1$
4. $L_j(z)$ ist streng monoton fallend auf $[0,1]$
5. $L_j(z \to 1) \to$ min

Die Anwendung des in Abschnitt 3.4.2 beschriebenen Gradientenabstiegs-Verfahrens zur Lösung von (5.4) liefert je nach Vorgabe von $L_j(z)$ beziehungsweise $\mu_{wj}(z)$ verschiedene FLVQ-Algorithmen. Die Gewichtsvektoren $\underline{w}_w$ der gewinnenden Prototypen werden gemäß (3.31) mit $\Delta\underline{w}_w = -\eta \cdot \nabla L_j(z, \underline{w}_w)$ iterativ adaptiert. Es gilt

$$\Delta\underline{w}_w = \eta \cdot (\underline{x} - \underline{w}_w) \cdot [1 + \Sigma_{j \neq w} \delta_{wj}(z)] \qquad (5.6a)$$

mit
$$\delta_{wj}(z) = s[\|\underline{x} - \underline{w}_w\|^2 / \|\underline{x} - \underline{w}_j\|^2] =$$
$$= \mu_{wj}'(z) = L_j(z) + z L_j'(z) . \qquad (5.6b)$$

Die Gewichtsvektoren $\underline{w}_j \neq \underline{w}_w$ der nicht gewinnenden Zellen werden adaptiert nach

$$\Delta\underline{w}_j = \eta \cdot (\underline{x} - \underline{w}_j) \cdot \delta^*_{wj} \qquad (5.7a)$$

mit
$$\delta^*_{wj}(z) = \mu_{wj}'(z) - z \cdot \delta_{wj}(z) = -z^2 \cdot L_j'(z) . \qquad (5.7b)$$

Die Lernrate $\eta = \eta^{(k)}$ nimmt wie in Abschnitt 3.4.6 beschrieben mit der Anzahl (k) der Iterationen monoton ab; es gilt $\eta^{(k)} \to 0$ für $k \to \infty$.

Der Einsatz des Gradientenverfahrens zur Lösung von (5.4) resultiert in zwei gegenüber LVQ neuen Effekten. Zum einen wird gemäß (5.7a) die Gewichtsadaption der nicht gewinnenden Prototypen $\underline{w}_{j \neq w}$ vom aktuell gewinnenden Prototypen $\underline{w}_w$ beeinflußt, und $\delta^*_{wj}(z)$ ist die *Interferenz* von $\underline{w}_w$ auf die Adaption von $\underline{w}_w$. Andererseits beeinflussen nach (5.6a) alle nicht gewinnenden Prototypen die Adaption der Gewichtsvektoren $\underline{w}_w$ des gewinnenden Prototypen. Der Term $\Sigma_{j \neq w} \delta_{wj}(z)$ in (5.6a) bestimmt den kumulativen Effekt der $\underline{w}_{j \neq w}$ auf die Adaption von $\underline{w}_w$ bei Vorgabe des Eingangsvektors $\underline{x}$.

Wenn der relative Einfluß $L_j(z) = c = $ konstant gewählt wird, dann gilt nach (5.5b) $\mu_{wj}(z)=z \;\; \forall z \in [0,1]$. Nach (5.6b) ist dann $\delta_{wj}(z)=1 \;\; \forall z \in [0,1]$. Damit vereinfacht sich (5.6a) zu

$$\Delta \underline{w}_w = [1 + c(M-1)] \cdot \eta \cdot (\underline{x} - \underline{w}_w) . \tag{5.8}$$

Die Gewichtsvektoren $\underline{w}_w$ der gewinnenden Zellen werden also bei variierter Schrittweite nach der Lernregel (3.63) für Wettbewerbslernen adaptiert. Mit $\delta^*_{wj}(z) = 0$ werden die Gewichtsvektoren $\underline{w}_{j \neq w}$ der nicht gewinnenden Zellen dagegen nicht variiert und bleiben konstant. Insbesondere für den Fall $L_j(z) = c = 0 \;\; \forall z \in [0,1]$ reduziert sich (5.8) genau auf die Lernregel (3.63). Es gilt dann

$$\Delta \underline{w}_w = \eta \cdot (\underline{x} - \underline{w}_w) . \tag{5.9}$$

Der inkrementelle FLVQ-Algorithmus läßt sich folgendermaßen zusammenfassen:

Schritt 1: Initialisierung

> Initialisieren des Codebuchs $C_B = \{ \underline{w}_1^{(0)}, \underline{w}_2^{(0)}, ..., \underline{w}_Q^{(0)} \}$ sowie einer maximalen Iterationsanzahl k_{max}.

Schritt 2: Adaption der Gewinnverteilung

> Für jeden Eingangsvektor $\underline{x}$ berechnen:
> - die gewinnende Zelle (w), so daß $\forall j \neq w$: $\| \underline{x} - \underline{w}_w^{(k)} \|^2 < \| \underline{x} - \underline{w}_j^{(k)} \|^2$
> - $\forall j \neq w$: $\mu_{wj}^{(k)}(z)$ nach (5.3)
> - $\forall j \neq w$: $\delta_{wj}(z)$ nach (5.6b)
> - $\forall j \neq w$: $\delta^*_{wj}(z)$ nach (5.7b)

Schritt 3: Adaption der Gewichtsvektoren

> Adaptieren der Gewichtsvektoren mit
> - $\Delta \underline{w}_w$ nach (5.6a)
> - $\forall j \neq w$: $\Delta \underline{w}_j$ nach (5.7a)

Schritt 4: Abbruch der Iteration, falls $k \geq k_{max}$

Beispielsweise können die folgende drei Gewinnverteilungsfunktionen vorgeschlagen werden: 1. $\mu(z) = z(1+\alpha z)^{-1}$, 2. $\mu(z) = z \exp(-\alpha z)$, 3. $\mu(z) = z(1-\alpha z)$. Bei [Kar97] werden die sich daraus ergebenden FLVQ-Lernregeln zur Klassifikation des in Ansatz 2.3.1 beschriebenen Iris-Datensatzes angewendet. Dabei zeigt die erste

214   5 Hybride Neuro-Fuzzy-Methoden

Variante mit 16 Fehlklassifikationen bessere Ergebnisse als die anderen beiden, wenn ein breiter Einstellbereich für den Parameter α gewünscht wird, um den Klassifikator robust zu gestalten.

Eine praktische Anwendung zur Segmentierung von Magnetresonanz-Bildern (MRB) wird ebenfalls bei [Kar97] vorgestellt. Abbildung 5.2 stellt zum Vergleich ein originales Schnittbild durch ein menschliches Gehirn sowie ein mit LVQ und ein mit FLVQ segmentiertes Bild dar. Ein Set von drei Originalbildern, die auf unterschiedlich gemessenen Spin-Relaxationszeiten beruhen, wurde dabei auf ein Bild mit acht Graustufen abgebildet.

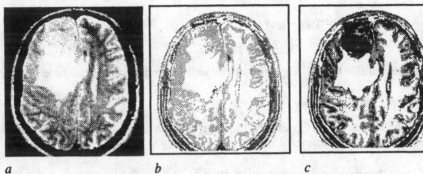

a   b   c

Abb. 5.2. Segmentierung von MR-Bildern mittels LVQ und FLVQ,
a Originalbild mit dem Merkmal *T1-Abklingzeit*,
b LVQ-Segmentierung mit $k_{max}=100$ und $\eta_0=0.1$,
c FLVQ-Segmentierung mit $k_{max}=100$, $\alpha=0.1$, $\mu(z) = z(1+\alpha z)^{-1}$
(adaptiert nach [Kara97]).

Es ist deutlich zu sehen, daß die FLVQ-Segmentierung den im oberen linken Bereich liegenden Tumor darstellen kann, während dies mit einem vergleichbaren LVQ-Verfahren nicht gelingt.

Eine Batch-Lernregel für einen FLVQ wird bei [BP95] vorgestellt und bei [KB97] formal mit Hilfe der Optimierungsaufgabe (5.1) abgeleitet.

5.2 Fuzzy-Kohonen-Clustering-Netzwerk (FKCN)

Neben der Integration von Fuzzy-Methoden in den LVQ-Algorithmus können diese auch die in Abschnitt 3.4.7 beschriebene Arbeitsweise von selbstorganisierenden Karten (SOM) erweitern. In Erweiterung zu LVQ ist bei SOM eine räumlich feste Anordnung der Zellen vorgegeben, meistens auf einer zweidimensionalen Grundfläche, und beim Lernen werden neben dem Gewichtsvektor der gewinnenden Zelle auch die Vektoren der in einer gewissen Nachbarschaft angeordneten Zellen adaptiert. Um die Funktionalität der SOM festzulegen, sind die Netztopologie, eine zeitlich veränderliche Lernrate $\eta^{(k)}$ sowie eine Nachbarschaftsfunktion $\phi^{(k)}(\underline{r}_j, \underline{r}_w)$ anzugeben, wobei $\underline{r}_w = (u_w \ v_w)^T$ und $\underline{r}_j = (u_j \ v_j)^T$ die Positionen von Gewinnerneuron (w) und aktuell zu adaptierendem Neuron (j) auf der zweidimensionalen SOM darstellen.

$\phi^{(k)}(\underline{r}_j, \underline{r}_w)$ und $\eta^{(k)}$ beeinflussen die Adaption der Gewichtsvektoren $\underline{w}_j$. Der Adaptionsvorgang kann entsprechend Abbildung 5.3 mit Hilfe der Wanderung der Merkmalsvektoren $\underline{w}_j$ im Eingangsvektorraum visualisiert werden.

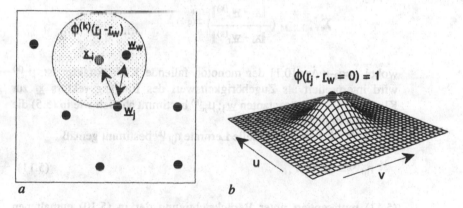

Abb. 5.3. Adaption der Gewichtsvektoren, *a* Adaption der Gewichtsvektoren im Raum der Eingangswerte, *b* beispielhafte, normalisierte Nachbarschaftsfunktion ϕ: $(u_j, v_j) \rightarrow [0,1]$ auf der SOM.

Als Beispiel für die Integration von Fuzzy-Methoden und SOM wird im folgenden das bei [BTP92] vorgestellte Fuzzy-Kohonen-Clustering-Netzwerk (FKCN) beschrieben. Zum Einstellen und Steuern von $\phi^{(k)}(\underline{r}_j, \underline{r}_w)$ und $\eta^{(k)}$ wird das FCM-Verfahren eingesetzt, so daß eine heuristische Optimierung dieser Funktionen nicht notwendig ist. Die Optimierungsstrategie auf der Basis der Minimierung eines Fehlerfunktionals entspricht (5.1). Sie führt ebenfalls zu einer Batch-Lernregel.

Die beim FCM-Verfahren auftretenden ZGF $\mu_{ji}^{(k)}$ werden als Gewinnverteilungsfunktionen interpretiert und bestimmen individuelle Lernraten der Zellen. Der FKCN-Algorithmus kann in vier Einzelschritten realisiert werden:

Schritt 1: Initialisierung

- Vorgabe der Netzstruktur und der Zellenanzahl M
- Festlegen eines geeigneten Abstandsmaßes $\|.\|$ wie beispielsweise des Euklidischen Abstands sowie einer Abbruchschwelle ε
- Vorbelegung der Gewichtsvektoren $\underline{w}_j^{(0)}$, $j=1,...,M$ mit kleinen Zufallszahlen
- Wahl eines initialen Kontrastfaktors q_0 sowie einer Schrittweite Δq

Schritt 2: Beginn der Iteration

- Berechnung der Gewinnverteilungswerte (ZGF) gemäß

$$\mu_{ji}^{(k)} = \frac{1}{\sum_{r=1,...,M} \left(\frac{\|\underline{x}_i - \underline{w}_j^{(k)}\|}{\|\underline{x}_i - \underline{w}_r^{(k)}\|} \right)^{2/(q-1)}} , \tag{5.10}$$

wobei $q=q_0-k\cdot\Delta q \in [0,1]$ der monoton fallende Kontrastfaktor ist. $\mu_{ji}^{(k)}$ wird interpretiert als Zugehörigkeitswert des Eingangsvektors $\underline{x}_i$ zur Klasse (j) des Repräsentanten $\underline{w}_j$; $\mu_{ji}^{(k)}$ bestimmt ähnlich wie in (5.5) die Gewinnverteilung.

- Aus $\mu_{ji}^{(k)}$ wird die individuelle Lernrate $\eta_{ji}^{(k)}$ bestimmt gemäß

$$\eta_{ji}^{(k)} = (\mu_{ji}^{(k)})^q . \tag{5.11}$$

(5.11) repräsentiert unter Berücksichtigung der in (5.10) enthaltenen Information über die räumliche Anordnung aller gewinnenden Zellen beziehungsweise Prototypen indirekt auch die Nachbarschaftsfunktion $\phi^{(k)}(\underline{r}_{mn}-\underline{r}_w)$ (siehe auch nachfolgende Bemerkung und (5.12)).

Schritt 3: Adaption der Gewichtsvektoren $\underline{w}_j^{(k)}$

Die $\underline{w}_j^{(k)}$ werden mit Hilfe eines gewichteten Mittelwerts berechnet zu

$$\Delta\underline{w}_j^{(k)} = \frac{\sum_{i=1,...,Q} \eta_{ji}^{(k)}(\underline{x}_i - \underline{w}_j^{(k+1)})}{\sum_{i=1,...,Q} \eta_{ji}^{(k)}} . \tag{5.12}$$

(5.12) stellt ein Batch-Verfahren dar, weil die Gewichtsvektoren $\Delta \underline{w}_j{}^{(k)}$ erst nach Summation über alle Eingangsvektoren $\underline{x}_i$ berechnet werden. Die Lernregel ist damit im Gegensatz zu (5.6a) und (5.7a) nicht von der Präsentationsreihenfolge abhängig.

Schritt 4: Abbruch der Iteration

Das Iterationsverfahren wird abgebrochen, wenn

$$\Sigma_{j=1,...,M} \, \Sigma_{i=1,...,Q} \, \| \mu_{ji}{}^{(k)} - \mu_{ji}{}^{(k-1)} \| < \varepsilon$$

oder wenn die maximale Iterationszahl $k_{max}=(q_0-1)/\Delta q$ mit $k \geq k_{max}$ überschritten ist.

Bemerkungen

1. Zur Abschätzung der Nachbarschaftsfunktion $\phi^{(k)}(\underline{r}_{mn}-\underline{r}_w)$ kann (5.11) umgeschrieben werden zu

$$1/\mu_{ji}{}^{(k)} = 1 + \Sigma_{r \neq w} \frac{\| \underline{x}_i - \underline{w}_j{}^{(k)} \|^{2/(q-1)}}{\| \underline{x}_i - \underline{w}_j{}^{(k)} \|^{2/(q-1)}} \, ,$$

wobei $(_w)$ die gewinnende Zelle indiziert. Im Fall j=w sind für alle r≠w alle Terme $\| \underline{x}_i - \underline{w}_j{}^{(k)} \| / \| \underline{x}_i - \underline{w}_r{}^{(k)} \| < 0$. Bei einer hohen Iterationszahl, also für q→1, strebt $\mu_{ji}{}^{(k)}$ gegen 1, also $\mu_{ji}{}^{(k)} \to 1$. Deshalb hat dann nur noch der Gewichtsvektor $\underline{w}_w$ der gewinnenden Zelle Einfluß auf das Lernergebnis, und die Nachbarschaftsfunktion $\phi^{(k)}(\underline{r}_{mn}-\underline{r}_w)$ bewirkt nur ein Feinabstimmen von $\underline{w}_w$. Bei niedrigeren Iterationszahlen kann die Summe in (5.12) nicht vernachlässigt werden, so daß wie in Abschnitt 5.1 Interferenzen auftreten.

2. Wenn die Anzahl M der Zellen gleich der Anzahl N der gewünschten Klassen ist und außerdem $\Delta q=0$ gewählt wird, dann arbeitet das FKCN wie ein Fuzzy-C-Means-Verfahren. Für M>N werden bestimmte Klassen durch mehrere Zellen repräsentiert, so daß sich komplexere Klassengrenzen aufbauen können. In dieser Hinsicht stellt also das Trainieren eines FKCN eine Erweiterung der FCM-Klassifikation dar.

Nach Angaben von [BTP92] können sich die Konvergenzeigenschaften von FCKN gegenüber SOM deutlich verbessern, da bereits eine erheblich geringe Anzahl von Trainingszyklen zu einer gleichwertigen Lösung der Lernaufgabe führt.

Bei [LMW95] wird eine beispielhafte technische Anwendung von FKCN zur akustischen Qualitätskontrolle von Keramikfliesen beschrieben. Durch Fremdstoffeinschlüsse in der Rohmasse oder andere Inhomogenitäten können während des Brennens feine Risse in den Fliesen entstehen. Die Qualitätskontrolle wird von einem Mitarbeiter durchgeführt, der am Transportband vorbeiziehende Fliesen mit einem Hammer vorsichtig anklopft und durch Hinhören das dabei entstehende Geräusch beurteilt. Fliesen mit Rissen haben einen anderen Klang, der von einem Experten vom normalen Resonanzgeräusch unterschieden werden kann.

Mit Hilfe einer Meßanordnung und unter Einsatz eines FKCN wird die Qualitätskontrolle automatisch durchgeführt. Nach Angaben in [LMW95] wurde zur Realisierung eine 3×3-Zellenanordnung verwendet, um die Prüflinge auf der Basis von 10 akustischen Merkmalen in eine Gut- oder Schlechtklasse einzuordnen. Als gute Vorgabewerte können $q_0=4$ und $\Delta q=0.02$ sowie eine Abbruchschwelle von $\varepsilon=0.1$ angesehen werden. Angaben über die Adaptions- und Vorhersagefehler oder ein Vergleich mit anderen Klassifikatoren wurden leider nicht angegeben.

5.3   Fuzzy-ART und Fuzzy-ARTMAP

Fuzzy-ART und Fuzzy-ARTMAP sind Varianten der in Abschnitt 3.5.2 beschriebenen Adaptiven Resonanztheorie. Sie erlauben die Verwendung reellwertiger Trainingsdaten für unüberwachte oder überwachte Lernprozesse ([CGR91a], [CG92] und [CG94]).

Fuzzy-ART

Der Fuzzy-ART-Algorithmus beschreibt einen dynamischen Assoziativspeicher, der den mit binärwertigen Eingangsvektoren $x \in \{0,1\}^n$ arbeitenden ART-1-Algorithmus so erweitert, daß sich Prototypen für reellwertige $\xi_s \in [0,1]^{2n}$ entwickeln oder abrufen lassen. Er löst dabei eine unüberwachte Lernaufgabe und stellt eine effektive Alternative zu den rechenaufwendigeren Paradigmen ART-2 und ART-2a dar.

ART-1 besteht aus zwei Zellenschichten, der Erkennerschicht F_2 und der Vergleicherschicht F_1 (Abbildung 3.52). F_2 repräsentiert das Langzeitgedächtnis zur Speicherung von Prototypen w_j, F_1 das Kurzzeitgedächtnis zur Speicherung des aktuellen Eingabemusters ξ_s und zum Vergleich zwischen ξ_s und dem von F_2 vorgeschlagenem Gewichtsvektor w_w der aktuell gewinnenden Zelle (w). Die Matrix T kann als Einheitsmatrix I angenommen werden, wenn die w_{ij} binärwertig sind.

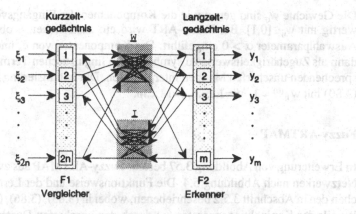

Abb. 5.4. Funktionsschema von Fuzzy-ART.

Ein Funktionsschema ist in Abbildung 5.4 dargestellt. Fuzzy-ART verwendet das Verfahren der Komplement-Kodierung nach (3.92) ($\underline{x} \rightarrow \underline{\xi}$) und erweitert die Regeln zur Aufstellung (3.81) und Beurteilung (3.82) der Hypothese für eine Katcgoriezuordnung des Eingangsvektors $\underline{\xi}_s$ sowie die Lernregel (3.83) für die Gewichte w_{ij}. Die Substitution des binären Konjunktionsoperators ($\wedge$) durch den in (2.3) beschriebenen unscharfen Durchschnittsoperator ($\cap$) führt zu folgender Gegenüberstellung

ART-1 (binärwertiger Eingang)	Fuzzy-ART (reellwertiger Eingang)

Bestimmen des Gewinners $y_w(\underline{\xi}_s) = \max_j [z_j(\underline{\xi}_s)]$:

$$z_j(\underline{\xi}_s) = \frac{|\underline{w}_j \wedge \underline{\xi}_s|}{|\underline{w}_j|} \qquad\qquad z_j(\underline{\xi}_s) = \frac{|\underline{w}_i \cap \underline{\xi}_s|}{\alpha + |\underline{w}_j|} \qquad (5.13a,b)$$

Vigilanztest zur Beurteilung der Gewinner-Hypothese:

$$\frac{|\underline{w}_w \wedge \underline{\xi}_s|}{|\underline{\xi}_s|} \geq \rho_{th} \qquad\qquad \frac{|\underline{w}_w \cap \underline{\xi}_s|}{|\underline{\xi}_s|} \geq \rho_{th} \qquad (5.14a,b)$$

Lernen der Gewichte w_{ij}:

$$\underline{w}_w^{(neu)} = \underline{\xi}_s \wedge \underline{w}_w^{(alt)} \qquad\qquad \underline{w}_w^{(neu)} = \underline{\xi}_s \cap \underline{w}_w^{(alt)} \qquad (5.15a,b)$$

220   5 Hybride Neuro-Fuzzy-Methoden

Die Gewichte w_{ij} sind genau wie die Komponenten der Eingangsvektoren $\underline{\xi}_s$ reell-wertig mit $w_{ij} \in [0,1]$. Bei Fuzzy-ART wird ein zusätzlicher, problemspezifischer Auswahlparameter $\alpha > 0$ eingeführt. Die Komponenten von $\underline{\xi}_s$ und $\underline{w}_j$ lassen sich dann als Zugehörigkeitswerte zu symbolischen linguistischen Termen oder den entsprechenden unscharfen Mengen interpretieren. Die Initialisierung geschieht wie in (3.80) mit $w_{ij}^{(0)} = 1$, $\forall i=1,\ldots,n$, $j=1,\ldots,m$.

Fuzzy-ARTMAP

In Erweiterung von Abbildung 3.57 besteht Fuzzy-ARTMAP aus zwei Fuzzy-ART-Netzwerken nach Abbildung 5.4. Die Funktionsweise und der Lernprozeß entsprechen den in Abschnitt 3.5.2 beschriebenen, wobei in (3.85), (3.86), (3.88) und (3.89) jeweils der Konjunktionsoperator ($\wedge$) durch den unscharfen Durchschnittsoperator ($\cap$) sowie $\underline{x}_s$ durch $\underline{\xi}_s$ und $\underline{d}_s$ durch $\underline{\delta}$ zu ersetzen sind. Dann ändert sich beispielsweise die Abfrage bei der MT-Regel für Fuzzy-ART ^{a} in

$$\left| \underline{\xi}_s \cap \underline{w}^a_w \right| \geq \rho^a \left| \underline{\xi}_s \right| . \tag{5.16}$$

Ein Funktionsschema ist in Abbildung 5.5 dargestellt.

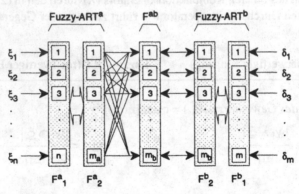

Abb. 5.5. Funktionsschema von Fuzzy-ARTMAP mit Komplement-Kodierung.

Bemerkung

Wie die in Abschnitt 3.5.2 beschriebenen ART-Paradigmen reagieren auch die Fuzzy-Varianten sensitiv gegenüber der Präsentationsreihenfolge der Trainingsmuster. Fuzzy-ARTMAP tendiert wie ARTMAP dazu, zusätzliche Kategorien beziehungsweise Prototypen zu erzeugen, wenn verrauschte Daten präsentiert werden. Die Fuzzy-Algorithmen scheinen aber in vielen Anwendungsfällen stabiler zu arbeiten.

5.4 Neural Network-based Fuzzy Logic Control (NNFLC)

NNFLC ist ein Verfahren, das es ermöglicht, Fuzzy-Systeme vom Max-Min- oder Takagi-Sugeno-Typ in Form eines KNN-Schemas darzustellen. Es wird beispielsweise bei [LL91], [LL92] und [LL94] beschrieben. Während des Entwurfs entsteht gemäß Abbildung 5.6 ein Fuzzy-Neuronales Netzwerk mit vier Zellschichten, bei dem jede Schicht von Einzelzellen eines bestimmten Typs gebildet wird. Die Gewichtswerte sind entweder konstant oder trainierbar. Durch Anwendung verschiedener Lernprozesse werden sowohl die freien Parameter als auch die Struktur des Netzwerks an die Lernaufgabe adaptiert. Die Zellen in der Schicht 3 arbeiten während der Lernphase und im tatsächlichen Betrieb unterschiedlich.

Im folgenden wird das NNFLC-Netzwerkschema anhand des Beispiels in Abbildung 5.6 erläutert. Die Ein- und Ausgangsvariablen der Zellen in einer Schicht (i) sind zur Unterscheidbarkeit zusätzlich mit dem Hochindex $^{(i)}$ versehen; beispielsweise repräsentiert $y_2^{(1)}$ das Ausgangssignal der zweiten Einzelzelle in Schicht eins.

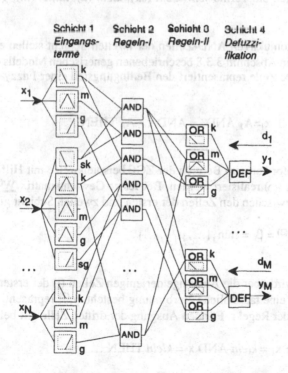

Abb. 5.6. NNFLC-Funktionsschema.

Funktionalität der einzelnen Schichten

Schicht 1. Die Zellen der ersten Schicht bilden die Eingangskodierung des Netzwerks. Sie partitionieren die Eingangswerteräume und repräsentieren die eindimensionalen ZGF der entsprechenden Terme. Ihre Ausgangswerte repräsentieren die Komponenten $\mu_k^{(i)}(x_i)$ des auf die entsprechende Variable bezogenen Sympathievektors $\underline{\mu}^{(i)}(x_i)$. Aus Sicht von KNN lassen sie die Zellen als eindimensionale rezeptive Felder oder RBF interpretieren. Sie werden beispielsweise durch Dreiecksfunktionen oder - wie in (5.17) - durch Gaußsche Glockenfunktionen der Form

$$y_k^{(i)} = \mu_k^{(i)}(x_i) = \exp\,[-(x_i - c_k^{(i)})^2 / 2\sigma_k^{(i)\,2}] \tag{5.17}$$

beschrieben. Die Ein- und Ausgangsvariablen im Beispiel nach Abbildung 5.6 werden mit Hilfe von jeweils drei oder fünf ZGF partitioniert, wobei die Zentren $c_k^{(j)}$ der äußeren ZGF an den Grenzen der entsprechenden Grundbereiche X_i liegen. Die ZGF repräsentieren die Terme *sehr klein* (sk), *klein* (k), *mittel* (m), *groß* (g) oder *sehr groß* (sg).

Schicht 2. Die konjuktiven AND-Zellen der zweiten Schicht stellen eine einfache Sonderform des in Abschnitt 3.3.8 beschriebenen generischen Modells eines Fuzzy-Neurons dar. Jede Zelle repräsentiert den Bedingungsteil einer Fuzzy-Regel r vom Typ

$$r\text{: IF } x_1 = A_1 \text{ AND} \dots \text{ AND } x_n = A_n \text{ THEN} \dots \tag{5.18}$$

Der AND-Operator kann im Bereich der ZGF beispielsweise mit Hilfe des Durchschnittsoperators ($\cap$) realisiert werden. Bei fester Gewichtsmatrix $\underline{W}^{(2)} = ((w_{ij}^{(2)}))$ mit $w_{ij}^{(2)} \in [0,1]$ zwischen den Zellen der ersten und zweiten Schicht gilt

$$y_r^{(2)} = \beta_r = \min_j [\dots, \mu_j^{(1)}, \dots] . \tag{5.19}$$

Das Minimum wird über die Ausgänge derjenigen Zellen (j) der ersten Schicht gebildet, zu denen eine tatsächliche Verbindung besteht. $y_r^{(2)}$ repräsentiert den Aktivierungsgrad β_r der Regel r. Für den Ausgang der dritten Zelle gilt beispielsweise

$$\text{IF } x_1 = klein \text{ AND } x_2 = klein \text{ THEN} \dots \tag{5.20a}$$

mit

$$y_3^{(2)}(x_1, x_2) = \beta_3 = \min\,[\mu_{klein,1}^{(1)}(x_1),\ \mu_{klein,2}^{(1)}(x_2)] . \tag{5.20b}$$

Schicht 3. Im normalen Betrieb führen die Zellen der dritten Schicht eine disjunktive OR-Operation aus und kombinieren die Aktivierungsgrade derjenigen Regeln, die den gleichen Konsequenzterm auswählen. Jeder Zelle wird damit ein bereichsweise gültiges Systemmodell zugeordnet, bei dem es sich im einfachsten Fall um ein Singleton handelt.

Bei Verwendung des Vereinigungsoperators max[.] gilt für die zusammenfassenden Aktivierungsgrade dieser Modelle

$$y_i^{(2)} = \max_r \beta_r = \max_r \min_j [\ldots, y_j^{(1)}, \ldots] . \tag{5.21}$$

Das Maximum wird jeweils über diejenigen Regeln (r) gebildet, die zum gleichen Modell führen. In Abbildung 5.6 lassen sich beispielsweise die Regeln (1) und (3) sowie (1) und (N) zur Berechnung von $y_l^{(4)}$ oder $y_M^{(4)}$ kombinieren. Für die Gewichtsmatrix $\underline{W}^{(3)} = ((w_{ij}^{(3)}))$ zwischen den Zellen der zweiten und dritten Schicht gilt damit $w_{ij}^{(3)} \in [0,1]$, ebenso wie für $\underline{W}^{(2)}$.

Während der Lernphase repräsentieren die Zellen der dritten Schicht die Terme der Ausgangsvariablen (siehe unten). Sie partitionieren deren Grundbereiche in entsprechender Weise wie die Zellen der ersten Schicht.

Schicht 4. Die Zellen der vierten Schicht führen die Defuzzifikation der Ausgangssignale aus. Wenn als Konsequenzwerte der Fuzzy-Regeln Singletons mit trainierbaren Fußwerten w_{ji} angenommen werden, dann lassen sich diese als Gewichte zwischen den Zellen (i) und (j) der dritten und vierten Schicht interpretieren. Mit den Aktivierungen $z_i^{(4)}$ der Zellen gilt dann

$$z_i^{(4)} = \sum_j w_{ji} y_i^{(3)} \tag{5.22a}$$

und

$$y_i^{(4)}(z_i^{(4)}) = \sum_j w_{ji} [y_i^{(3)} / \sum_r y_r^{(3)}] . \tag{5.22b}$$

Die Zellen der vierten Schicht arbeiten also ähnlich wie ein Perzeptron, wobei die Schwellwertbildung durch eine Normalisierung ersetzt ist.

Wenn statt der Singletons unscharfe Zahlen als Konsequenzwerte eingesetzt werden, dann entsteht ein Fuzzy-Neuronales Netzwerk (FNN) mit unscharfen Gewichten w_{ji}. Dieser Fall wird in erweiterter Form in Abschnitt 5.8 beschrieben. Bei [LL94] ist eine reellwertige Approximation des Systemverhaltens angegeben, wenn die ZGF die Form Gaußscher Glockenfunktionen nach (5.17) aufweisen. Mit den

Zentren c_{ji} und den Varianzen σ_{ji} der zu den Ausgangsvariablen y_i gehörenden unscharfen Gewichte gilt

$$z_i^{(4)} = \sum_j w_{ji} y_i^{(3)} \approx \sum_j c_{ji} \sigma_{ji} y_i^{(3)} \tag{5.23a}$$

und

$$y_i^{(4)}(z_i^{(4)}) \approx \sum_j c_{ji} [\sigma_{ji} y_i^{(3)} / \sum_r \sigma_{ri} y_i^{(3)}] . \tag{5.23b}$$

Bemerkungen

1. Zur Berechnung des Ausgangssignals y_1 des Fuzzy-Systems nach Abbildung 5.6 stehen folgende dargestellte Regeln zur Verfügung:

   r_1:   IF x_1=k   AND x_2=sk   THEN y_1=m
   r_2:   IF x_1=m   AND x_2=sk   THEN y_1=k
   r_3:   IF x_1=k   AND x_2=k   THEN y_1=g
   ...
   r_Q: IF x_2=k   AND x_N=g   THEN y_1=m

   Durch die zweite Zelle der dritten Schicht werden die Regeln r_1 und r_N kombiniert, da ihnen gemeinsam der Term *mittel* zugeordnet ist.

2. Wegen der oben vorgestellten Regelkombination in den Zellen der dritten Schicht wird bei der Defuzzifikation nach (5.22b) oder (5.23b) jeder Term einer Ausgangsvariablen genau einmal berücksichtigt. Dies entspricht der meistens bei den Max-*-Methoden verwendeten Defuzzifikationsmethode (*first-accumulate-then-defuzzify*), nicht aber der bei der Takagi-Sugeno-Methode angewandten, bei der die Konsequenzterme mit der Häufigkeit ihres Auftretens in der Regelbasis gewichtet werden.

Lernregeln

Bei [LL94] werden zwei verschiedene Lernverfahren vorgeschlagen, eine überwachte Offline- und eine hybride, zweiphasige Online-Regel. Beide Methoden adaptieren sowohl die Parameter- als auch die Struktur des Netzwerks. Die Offline-Regel basiert wesentlich auf dem Backpropagation-Algorithmus und ist leicht durch Anwendung der in Abschnitt 3.5.4 beschriebenen Verfahren ableitbar. Im folgenden soll als Beispiel eines realzeitfähigen Adaptionsverfahrens die hybride Lernregel vorgestellt werden.

Der Lernprozeß beginnt mit einer initialen Form des NNFLC, die sich wie in

Abschnitt 2.2.6 aus der gewünschten Anzahl linguistischer Terme in den Partitionen der Ein- und Ausgangsvariablen ergibt. Lernen bedeutet dann, daß sowohl die Verbindungen der initialen Form als auch die in den Neuronenmodellen enthaltenen Parameter bei Vorgabe der Ein- und Ausgangsdaten variiert und eingestellt werden.

Initiale Struktur der Regelbasis. Jede mögliche Term-Kombination der Ein- und Ausgangsvariablen erzeugt eine initiale Regel. Wenn $\tau(x_i)$ die Anzahl der Terme für die Variable x_i ist, dann ergibt sich die Gesamtzahl T der Regeln aus $T = \Pi_{i=1,...,n} \tau(x_i)$.

Ausgehend von dieser Regelbasis und den vorhandenen Trainingsdaten ist der hybride Lernprozeß in fünf sukzessiven Schritten organisiert. Ein Ablaufdiagramm ist in Abbildung 5.7 dargestellt.

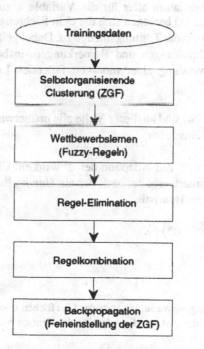

Abb. 5.7. Ablaufdiagramm des hybriden NNFLC-Lernprozesses.

Lernen der ZGF. Ziel dieses Schrittes ist es, eine erste Näherung für die Lage und Form der die linguistischen Terme repräsentierenden ZGF zu finden. Die Trainingsdaten x_i^s und d_j^s werden für jede Variable getrennt betrachtet, um die Zentren c_i^k und die Bandweiten σ_i^k der ZGF zu adaptieren. Im folgenden wird der Lernprozeß zum einfacheren Verständnis anhand einer Variable x mit den Zentren c^k und den Bandbreiten σ^k der partitionierenden ZGF beschrieben.

Lernen der Zentren c^k. Für die ZGF werden Gaußsche Glockenkurven nach (5.17) angenommen. Zur Adaption der c^k findet eine der in Abschnitt 3.4.5 beschriebenen Wettbewerbs-Lernregeln Anwendung. Wenn (^{w}) diejenige ZGF $\mu^w(x)$ aus der Partition der $\mu^k(x)$ kennzeichnet, deren Zentrum c^w am dichtesten am anliegenden Ein- oder Ausgangswert x liegt, dann ist eine einfache Lernregel gegeben durch

$$\Delta c^w(t) = \eta(t)\,(x - c^w(t)) \,. \tag{5.24}$$

Bei wiederholter Präsentation aller für die Variable x zur Verfügung stehenden Lerndaten x_s mit s=1,...,Q bewegen sich die c^k in Richtung auf Klassenzentren mit hoher Lerndatendichte in der Trainingsmenge zu. Dabei gelten die in Abschnitt 3.4.5 beschriebenen Einschränkungen und Bemerkungen, insbesondere auch, daß die Ergebnisse bei Verwendung einer monoton fallenden Lernrate $\eta(t)$ oft stabiler werden.

Als Alternative zu (5.24) sind an dieser Stelle alle unüberwacht arbeitenden Cluster-bildungsalgorithmen einsetzbar.

Lernen der Varianzen σ^k. Zur Adaption der σ^k wird ein Überlappungsparameter λ festgelegt. Der Lernprozeß arbeitet nach der als *Unmittelbarer-Nächster-Nachbar-Verfahren* bezeichneten Heuristik

$$\sigma^k = (\sigma^k - \sigma^w) / \lambda \,. \tag{5.25}$$

Bemerkung

Wenn bei den Ausgangsvariablen statt der Gaußschen Glockenfunktionen Singletons angesetzt werden, dann ist nur die Adaption der Zentren beziehungsweise Fußwerte c^k der Singletons notwendig.

Konstruktion der Regelbasis durch Regel-Elimination. Eine einfache Methode zur Konstruktion der Regelbasis besteht darin, das in Abschnitt 2.2.6 beschriebene Tabellenschema anzuwenden. Als Alternative dazu wird bei [LL94] das folgende auf einer Wettbewerbslernregel basierende Verfahren angegeben. Die Eingangsdaten werden gemäß Abbildung 5.8 von den Zellen (i) der zweiten Schicht bearbeitet und sollen an ausgewählte Zellen (j) der dritten Schicht weitergeleitet werden, die

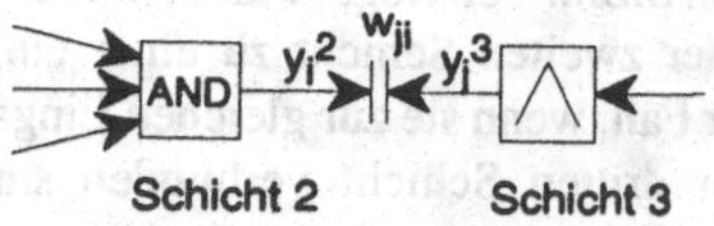

AND y_i^2 w_{ji} y_j^3

Schicht 2   Schicht 3

Abb. 5.8. Anpassung von Ein- und Ausgangswerten am Beispiel y_i^2 und y_j^3.

während des Lernens als rezeptive Felder arbeiten und linguistische Terme beziehungsweise ZGF der Ausgangsvariablen repräsentieren. Jede Verbindung (i-j) stellt eine mögliche Fuzzy-Regel dar. Das Ziel des Strukturlernens ist es nun, gemäß Abbildung 5.8 eine Gewichtsmatrix $\underline{W} = ((w_{ji}))$ zu finden, welche die Qualität der Verbindungen und damit der Regeln beurteilt.

Jede Zelle (i) der zweiten Schicht darf nur mit genau einer zu einer bestimmten Ausgangsvariable gehörenden Zelle (j) der dritten Schicht verbunden sein. Dann werden gegensätzliche IF...THEN...-Regeln mit gleichem Bedingungs- und verschiedenem Konsequenzteil vermieden. Dies wird durch ein zweistufiges Strukturlernverfahren erreicht. Zunächst wird über die Wettbewerbsregel

$$\Delta w_{ji} = y_j^{(3)} (y_i^{(2)} - w_{ji}) \qquad (5.26)$$

eine passende Gewichtsmatrix $\underline{W} = ((w_{ji}))$ erzeugt, welche die gewünschte Abbildung $y_i^{(2)} \rightarrow y_j^{(3)}$ approximiert.[1] Anschließend werden alle Verbindungen (i-j) einer Zelle ($i^{(2)}$) mit allen zur betrachteten Ausgangsvariable gehörenden Zellen ($j^{(3)}$) bis auf die mit dem größten Wert w_{ji} eliminiert.

Der Lernprozeß eliminiert in den meisten Fällen zahlreiche der initialen Verbindungen beziehungsweise Regeln sowie auch einige ZGF, die ihren Einfluß vollständig verlieren.

Verbindungen mit nach Beendigung des Lernprozesses zu kleinen Gewichten w_{ji} können je nach Problemstellung auch manuell entfernt werden, da die entsprechenden Regeln offensichtlich nur einen geringen Einfluß auf die betrachtete Ausgangsvariable haben.

---

[1] Die Subtraktion der w_{ji} wird in (5.26) eingeführt, um ein kontinuierliches Anwachsen der Gewichte zu verhindern; sie läßt sich als Einführung eines Vorgangs *Vergessen* interpretieren.

Regelkombination. Die Anzahl der Regeln kann weiter verringert werden, wenn sich bestimmte Zellen der zweiten Schicht zu einer einzelnen Zelle zusammenfassen lassen. Dies ist der Fall, wenn sie zur gleichen Eingangsvariable gehören, mit den gleichen Zellen der dritten Schicht verbunden sind und ihnen eventuelle problemspezifische Vorbedingungen gemeinsam sind.

An dieser Stelle können von einem Experten heuristisch Regeln zugefügt oder entfernt werden. Dies führt zu einer Vereinigung von numerischen Daten und Expertenwissen mit Hilfe eines gemeinsamen Schemas.

Feineinstellung der ZGF durch Fehler-Backpropagation. Die Verbindungen w_{ji} wurden bezüglich einer optimalen Ein- Ausgangsabbildung adaptiert. Nach der Regelelimination ist diese optimale Abbildung zugunsten einer besseren Interpretierbarkeit gestört. Die entstehenden Fehler $\varepsilon = [\underline{y}^{(4)}(\underline{x}_s) - \underline{d}_s]^2$ können durch Feineinstellung der ZGF teilweise ausgeglichen werden; da jetzt alle Verbindungen fest definiert sind, wird zu diesem Zweck der in Abschnitt 3.4.5 beschriebene Fehler-Backpropagation-Algorithmus angewendet. Die Anwendung des Gradientenabstiegsverfahrens auf die Adaption eines Parameters ρ führt zu $\Delta \rho = -\eta \partial \varepsilon / \partial \rho$. Mit Hilfe der Kettenregel zur Differentiation läßt sich der Fehler zurückrechnen auf die Adaption der ZGF-Parameter in der ersten Schicht. Bei der Auswahl der gültigen Zweige müssen die Selektionsprozesse der AND- und OR-Operationen berücksichtigt werden.

Schicht 4. Wenn die Terme der Ausgangsvariablen als Gaußschen Glockenfunktionen der Form (5.17) angenommen werden, berechnet sich die Adaption der Zentren $c_i^{(4)}$ und der Varianzen $\sigma_i^{(4)}$ zu

$$\Delta c_i^{(4)} = \eta \, (y^{(4)} - d_s) \, \frac{\sigma_i^{(4)} \, y_i^{(3)}}{\sum_i \sigma_i^{(4)} \, y_i^{(3)}} \tag{5.27}$$

und

$$\Delta c_i^{(4)} = \eta (y^{(4)} - d_s) \, y_i^{(3)} \, \frac{c_i^{(4)} \sum_i [\sigma_i^{(4)} y_i^{(3)}] - \sum_i [c_i^{(4)} \sigma_i^{(4)} y_i^{(3)}]}{[\sum_i \sigma_i^{(4)} \, y_i^{(3)}]^2} . \tag{5.28}$$

Schichten 2, 3. Da die Zellen der zweiten und dritten Schicht im Vorwärtsbetrieb als AND- oder OR-Zellen ohne adaptierbare Parameter arbeiten, sind hier keine Feineinstellungen vorzunehmen.

Schicht 1. Bei der Rückführung des Fehlers ε über die Zellen der dritten und zweiten Schicht in die der ersten Schicht dürfen nur diejenigen Verbindungen berücksichtigt werden, die bei der Minimum- und Maximumbildung tatsächlich auf die Ausgangswerte Einfluß nehmen. Die Zentren c_{ki} und die Bandbreiten σ_{ki} der zur Eingangs-variable x_i gehörenden k-ten RBF berechnen sich dann zu

$$\Delta c_{ki} = -\eta \, \frac{2(x_i - c_{ki})}{\sigma_{ki}^2} \, \exp\left[\frac{(x_i - c_{ki})^2}{\sigma_{ki}^2}\right] \Sigma_j \, q_j \qquad (5.29)$$

und

$$\Delta \sigma_{ki} = -\eta \, \frac{2(x_i - c_{ki})^2}{\sigma_{ki}^3} \, \exp\left[\frac{(x_i - c_{ki})^2}{\sigma_{ki}^2}\right] \Sigma_j \, q_j \; . \qquad (5.30)$$

Die Summation ist über alle Verbindungen (i-j) mit Zellen ($_j{}^{(2)}$) der zweiten Schicht auszuführen, die mit dem Ausgang $y_i{}^{(1)}$ verbunden sind, und es gilt

$$q_j = \begin{cases} \delta_j & \text{falls } y_j{}^{(1)} = \min \text{ (Eingangswerte der Zelle } (_j{}^{(2)})) \\ 0 & \text{sonst} \end{cases} \qquad (5.31\,a)$$

mit

$$\delta_j = (y^{(4)} - d_s) \, \sigma_i{}^{(1)} \; \frac{c_i{}^{(1)} \Sigma_i [\sigma_i{}^{(4)} y_i{}^{(3)}] - \Sigma_i [c_i{}^{(4)} \sigma_i{}^{(4)} y_i{}^{(3)}]}{[\Sigma_i \, \sigma_i{}^{(4)} \, y_i{}^{(3)}]^2} \; . \qquad (5.31\,b)$$

Der Wert δ_j kann als von der Ausgangsvariable $y^{(4)}$ zurückpropagierter Fehler inter-pretiert werden. Falls mehrere Ausgangsvariablen $y_m{}^{(4)}$ existieren, ist dieser durch Summation der einzelnen Fehler δ_{jm} über alle (m) zu berechnen.

Bei [LL94] wird die oben beschriebene Lernregel für NNFLC zur optimalen Steue-rung eines simulierten Modellfahrzeugs in Kurvenfahrten demonstriert. In Abbil-dung 5.9a,b sind vergleichend die ZGF der Ausgangspartition (Lenkwinkel) vor und nach Feinabstimmung durch überwachtes Lernen dargestellt.

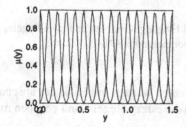
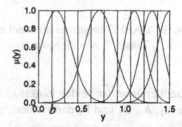

Abb. 5.9. Beispielhaftes Training einer Ausgangspartition. *a* vor und *b* nach dem überwachten Lernen (adaptiert von [LL94]).

5.5   Adaptive-network-based Fuzzy Inference System (ANFIS)

Das bei [Jan91] vorgestellte Fuzzy-Neuronale Netzwerk ANFIS wird vornehmlich als Lernschema für das in Abschnitt 2.2.3 beschriebene Takagi-Sugeno-System eingesetzt. Andere Fuzzy-Inferenz-Methoden lassen sich ebenfalls in diese Form umwandeln. Der Aufbau des Schemas wird zunächst anhand eines Takagi-Sugeno-Systems mit zwei Eingangsvariablen x_1 und x_2, einem Ausgangswert y sowie zwei Fuzzy-Regeln gemäß Abbildung 5.10 erläutert.

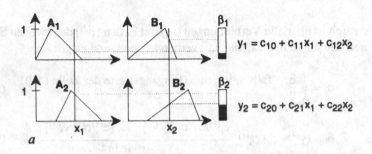

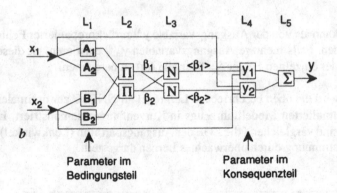

Abb. 5.10. ANFIS-Implementation mit zwei Eingangsvariablen und zwei Regeln, *a* Takagi-Sugeno-Schema, *b* korrespondierendes ANFIS-Schema.

Die Grundbereiche der beiden Eingangsvariablen werden mit Hilfe der unscharfen Mengen A_1, A_2, B_1 und B_2 partitioniert, und die Fuzzy-Regeln sind gegeben mit

$$\text{IF } x_1 = A_1 \text{ AND } x_2 = B_1 \text{ THEN } y_1 = c_{10} + c_{11}x_1 + c_{12}x_2$$

$$\text{IF } x_1 = A_2 \text{ AND } x_2 = B_2 \text{ THEN } y_2 = c_{20} + c_{21}x_1 + c_{22}x_2 .$$

Bei Anlegen eines Eingangsvektors $\underline{x} = (x_1, x_2)^T$ werden die lokalen Modelle y_1 und y_2 mit den Aktivierungsgraden β_1 und β_2 gültig. Nach der Defuzzifikation gilt für den Ausgangswert

$$y = \frac{\beta_1 y_1 + \beta_2 y_2}{\beta_1 + \beta_2} = <\beta_1> y_1 + <\beta_2> y_2 \,. \tag{5.32}$$

ANFIS-Architektur

Ausgehend von (5.32) wird die ANFIS-Architektur abgeleitet. Das ANFIS-Netzwerk in Abbildung 5.10b ist mit Hilfe von fünf vorwärtsverbundenen Schichten aufgebaut. Die Zellen einer Schicht sind vom selben Typ.

Schicht 1. Die Zellen werden als eindimensionale RBF interpretiert und repräsentieren die eindimensionalen ZGF der Partitionen auf den Eingangsvariablen.

Schicht 2. Die Π-Zellen arbeiten als AND-Operator und verwenden zu diesem Zweck das algebraische Produkt nach (2.3b). Sie definieren unscharfe Arbeitspunkte zur Festlegung lokal gültiger Systemmodelle. Es gilt

$$\beta_i = \mu_{Ai}(x_1)\, \mu_{Bi}(x_2), \; i=1,2 \,. \tag{5.33}$$

Die Ausgänge der Π-Zellen repräsentieren also den Bedingungsteil der Regeln (i) und berechnen die Aktivierungsgrade β_i. Wenn Gaußsche Glockenfunktionen vom Typ (5.17) verwendet werden, dann wird aus (5.33)

$$\beta_i = \exp\left[-((x_1 - c_{A1})^2 + (x_2 - c_{Bi})^2) / 2\sigma_i^2\right], \; i=1,2 \,. \tag{5.34}$$

Da es sich bei (5.34) wieder um eine Gaußsche Glockenfunktion vom Typ (5.17) handelt, formen die Π-Zellen eine entsprechende zweidimensionale RBF mit funktional identischem Ausgangssignal.

Schicht 3. Die N-Zellen entsprechen der Ausgangsnormalisierung für eine bessere RBFN Adaptionsleistung nach (3.107). Sie berechnen die normalisierten Aktivierungen $<\beta_i>$ der Regeln mit

$$<\beta_i> = \beta_i / (\beta_1 + \beta_2) \,.$$

Schicht 4. Die Zellen der vierten Schicht repräsentieren den Konsequenzteil der Fuzzy-Regeln und assoziieren zu jedem Bedingungteil ein lokales Modell y_i. Im Falle linearer Modelle gilt für die Ausgänge

$$y_i^{(4)}(x_1, x_2) = <\beta_i>y_i = <\beta_i> (c_{i0} + c_{i1}x_1 + c_{i2}x_2), \ i=1,2 \ . \tag{5.35}$$

Schicht 5. Das Adaline in Schicht 5 vervollständigt den Defuzzifikationsprozeß und liefert als Ausgangswert

$$y_i^{(4)}(x_1, x_2) = <\beta_1>y_1 + <\beta_2>y_2 \ . \tag{5.36}$$

Es kombiniert die in der vierten Schicht assoziierten lokalen Modelle mit Hilfe eines gewichteten Mittelwerts, wobei die Gewichte die Aktivierungsgrade der einzelnen Regeln darstellen. Der Einfluß der Überlappungen in der Partition des Eingangswerteraums ist in Abbildung 2.25 dargestellt.

(5.36) ist identisch mit dem Ausgangswert des Takagi-Sugeno-Systems nach (5.32). Die ANFIS-Repräsentation ist also unter den genannten Bedingungen funktional identisch mit einem entsprechenden Takagi-Sugeno-System. Die Bedingungen sind die Verwendung von Gaußschen Glockenkurven mit übereinstimmenden Bandbreiten σ_i als ZGF und des algebraischem Produkts als AND-Operator.

Eine ANFIS-Implementation mit zwei Ein- und einer Ausgangsvariablen sowie neun Fuzzy-Regeln ist zusammen mit einer korrespondierenden Partition des Eingangswerteraums in Abbildung 5.11 dargestellt. Alle möglichen A_I-B_J-Kombinationen sind mit Hilfe von neun N-Zellen realisiert, sie erzeugen eine symmetrische Karte mit neun Eingangsclustern beziehungsweise RBF. Die Zellen der vierten Schicht assoziieren zu jedem Cluster (i) ein lineares Modell y_i und führen einen Teil der Defuzzifikation aus.

Lernschritte

Unter der Annahme linearer Modelle $y_i = c_{i0} + \sum_j c_{ij} x_j$ im Konsequenzteil der Regeln ist aus (5.36) ersichtlich, daß der Ausgangsfehler $\varepsilon = (d - y)$ linear von den Parametern der Modelle abhängt, während die Parameter der ZGF eine nichtlineare Abhängigkeit erzeugen. Zum Trainieren von ANFIS wird deshalb ein iterativer zweistufiger Lernalgorithmus vorgeschlagen. Dieser ist demjenigen für RBFN sehr ähnlich.

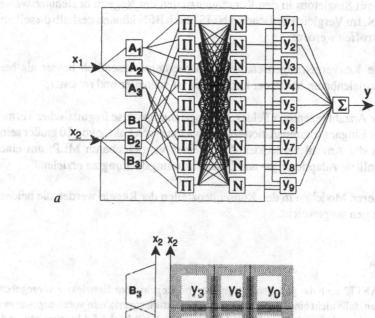

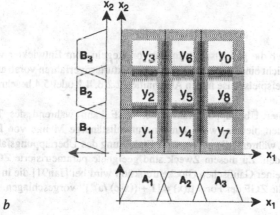

Abb. 5.11. *a* ANFIS mit zwei Eingangsvariablen und neun Regeln,
b symmetrische Partition des Eingangswerteraums.

Zunächst werden bei konstanten Parametern der ZGF die Parameter im Konsequenz-teil der Regeln mit Hilfe der in (3.37) beschriebenen Pseudoinversen bestimmt. Dabei ist es wichtig, daß die Anzahl der Trainingspaare größer ist als die Anzahl der zu trainierenden Parameter. Im zweiten Schritt werden die Parameter im Beding-ungsteil mit Hilfe eines Gradientenabstiegs-Verfahrens trainiert, während die Para-meter der lokalen Modelle fixiert sind.

Unter den oben genannten Bedingungen und der zusätzlichen Annahme konstanter Modellwerte $y_i = c_{i0} =$ konstant arbeitet ein Takagi-Sugeno-System wie ein Max-

Min-System mit Singletons in den Konsequenzteilen der Regeln, beziehungsweise wie ein RBFN. Im Vergleich zwischen ANFIS und RBFN können deshalb dieselben Aussagen getroffen werden:

1. Die Konvergenzeigenschaften sind meistens wesentlich besser als bei vergleichbaren MLP, der Lernprozeß ist schneller und robuster,

2. die Anzahl rezeptiver Felder, RBF beziehungsweise linguistischer Terme der Eingangsraumpartition sollte etwa um einen Faktor von 10 größer sein als die Anzahl verdeckter Zellen eines vergleichbaren MLP, um eine ähnliche Adaptierungs- und Generalisierungsleistung zu erzielen.

Bei komplexeren Modellen in den Konsequenzteilen der Regeln werden die beiden obigen Aussagen aufgeweicht.

Bemerkungen

1. Bei ANFIS muß die gewünschte Anzahl von Regeln vom Entwickler vorgegeben werden, falls nicht eines der automatischen Strukturlernverfahren vorab angewendet wird, wie sie beispielsweise in den Abschnitten 2.2.6, 4.2 oder 5.4 beschrieben sind.

2. Ein gewünschter Überlappungsfaktor der ZGF kann während des Trainierens konstant erhalten bleiben, wenn nur eine unvollständige Menge von Parametern adaptiert wird, während die anderen zur Einhaltung des Überlappungsfaktors exakt berechnet werden. Zu diesem Zweck sind geeignete parametrisierte ZGF zu verwenden. Statt einer Gaußschen Glockenfunktion wird bei [Jan91] die in Abbildung 5.12 dargestellte ZGF der Form $\mu(x) = [1 + ((x-c)/a)^b]^{-1}$ vorgeschlagen.

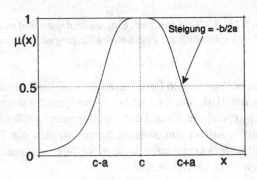

Abb. 5.12. Beispiel einer parametrisierten ZGF $\mu(x)$ nach [Jan91].

3. Bei [Jan91] wird eine adaptive Lernrate $\eta^{(k)}$ verwendet, die als Beispiel für einen problemorientierten Entwurf angesehen werden kann: Falls der lineare Fehlerbetrag viermal nacheinander abnimmt, wird η um 10% vergrößert, und falls zweimal aufeinanderfolgende Kombinationen von Vergrößerung und Verkleinerung auftreten, dann wird η um 10% verkleinert.

Bei [Jan91] ist eine Simulation als mögliche Anwendung angegeben. Die Aufgabe besteht darin, in einem durch die Diffenzengleichung

$$y^{(k+1)} = 0,3 \, y^{(k)} + 0,6 \, y^{(k-1)} + f(x^{(k)})$$

beschriebenen Prozeß die nichtlineare Komponente f(x) zu identifizieren. Die dem ANFIS unbekannte Nichtlinearität f(x) hat in der Simulation die Form

$$f(x) = 0,6 \sin [\pi x] + 0,3 \sin [3\pi x] + 0,1 \sin [5\pi x] \, .$$

Das ANFIS ist als Netzwerk mit einem Eingang, einem Ausgang und sieben linguistischen Termen in der Eingangspartition realisiert. Es verwendet lineare lokale Modelle und eine initiale Lernrate von $\eta^{(0)} = 0.1$ und lernt während der ersten Zeitschritte k=1,...,250 online, während zum Erzeugen der Eingangswerte für den Prozeß eine harmonische Eingangsfunktion $x^{(k)} = \sin [2\pi k/250]$ verwendet wird. Die Parameter werden in jedem Zeitschritt adaptiert.

Bei mehr als fünf Regeln adaptiert das ANFIS die die Verläufe von $f(x^{(k)})$ und $y^{(k)}$ nach weniger als 100 Schritten nahezu fehlerfrei. Dies gilt weiterhin, wenn ab k=500 die Anregungsfunktion $x^{(k)}$ stark verändert wird. Deshalb ist es sehr wahrscheinlich, daß ANFIS das grundsätzliche Prozeßverhalten lernte und dabei die nichtlineare Komponente f(x) identifizierte. Nach [Jan91] benötigt ein mit zufälligen Werten initialisiertes 1-20-10-1-MLP etwa 50000 Backpropagation-Trainingszyklen, um die Zeitreihe mit vergleichbarer Genauigkeit zu adaptieren.

Eine Anwendung zur automatischen Phonemsegmentierung in fließend gesprochener deutscher Sprache ist beispielsweise bei [Bot96b] beschrieben. Als Eingangssignal und Repräsentation des Sprachsignals dient eine zu jedem Zeitpunkt vorgegebene Anzahl linearer Prädiktionskoeffizienten (LPC). In den meisten Fällen stimmen die automatisch und die von Experten manuell gesetzten Grenzen innerhalb eines gewissen Toleranzbereichs überein, der ungefähr in der Größenordnung der manuellen Unsicherheit liegt.

5.6　Neural Network-driven Fuzzy Reasoning (NNDFR)

Die in den vorhergehenden Abschnitten beschriebenen Netzwerkschemata zur
Darstellung von Fuzzy-Systemen gehen von der Idee aus, daß die Eingangsvariablen
entweder weitgehend unabhängig voneinander sind oder in einem einfachen Zusammenhang stehen. Dann lassen sich die Eingangsvariablen unabhängig voneinander
partitionieren oder einfache mehrdimensionale Partitionen und damit eine Regelbasis
erzeugen, wie es beispielsweise Abbildung 5.13a zeigt. Innerhalb jedes Bereichs ist
ein lokales Systemmodell y_i gültig.

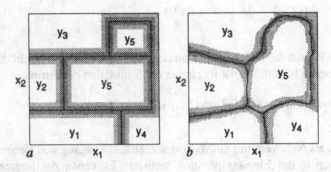

Abb. 5.13. *a* Konventionelle und *b* gewünschte Partitionierung des Eingangsraums.

Abhängigkeiten unter den Eingangsvariablen können aber bei vielen praktischen
Anwendungen den Adaptions- und Generierungserfolg eines adaptiven Systems
essentiell beeinflussen. Sie führen wie in Abbildung 5.13b dargestellt zu krummlinigen mehrdimensionalen Partitionen.

Das bei [TH91] vorgeschlagene NNDFR-System wurde mit der Vorgabe entwickelt,
mögliche, aber a priori unbekannte Abhängigkeiten unter den Eingangsvariablen
bereits beim Netzwerkentwurf zu berücksichtigen. Es ist ein mit Hilfe eines Fuzzy-
Systems strukturiertes KNN, dessen Konzept darin besteht, Methoden des approximierenden Schließens als fundamentalen Aspekt menschlichen Entscheidungsfindens zur Festlegung einer verteilten KNN-Struktur einzusetzen und die KNN
selbst zur exakten Adaptierung zu verwenden. Sowohl zur Partitionierung als auch
zur Bestimmung der lokalen Modelle werden bei [TH91] Mehrschicht-Perzeptrons
(MLP) mit zwei verdeckten Schichten vorgeschlagen, welche auch krummlinige
Klassengrenzen oder komplexe Modelle nachbilden können. Die MLP können natürlich auch durch geeignete andere KNN ersetzt werden. Ein generelles Funktionsschema des NNDFR-Systems ist in Abbildung 5.14 dargestellt.

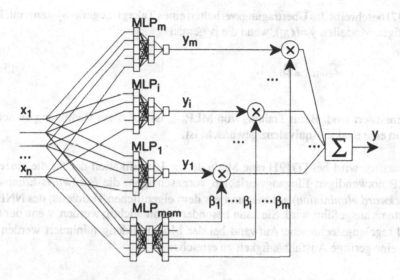

Abb. 5.14. Funktionsschema eines NNDFR-Systems.

Der Entwurf eines NNDFR-Systems beginnt mit einer allgemeinen Formulierung von Fuzzy-Regeln in der Takagi-Sugeno-Form

$$\text{IF } x_{1i} = A_{1i} \text{ AND } \dots \text{ AND } x_{ni} = A_{ni} \text{ THEN } y_i = f_i(\underline{x}_i),$$

wobei $y_i = f_i(\underline{x}_i)$ das lokal gültige Übertragungsmodell am unscharfen Arbeitspunkt $P_i = (A_{1i} \dots A_{ni})^T$ darstellt.

Der NNDFR-Kernalgorithmus besteht aus drei wesentlichen Schritten, i) der heuristischen Festlegung der gewünschten Regelanzahl und damit der Anzahl lokaler Modelle sowie das Zuordnen der Trainingspaare durch einen Klassifikationsalgorithmus, ii) der Identifikation der Bedingungsteile der Regeln in Form mehrdimensionaler ZGF mit Hilfe von MLP_{mem}, sowie iii) der Bestimmung der lokal gültigen Modelle f_i, die in den MLP_i gespeichert sind.

Bei Vorgabe eines Eingangsvektors $\underline{x}$ bestimmt MLP_{mem} die Gültigkeit der Regeln (i) mit Hilfe der Aktivierungsgrade β_i. Die Ausgangswerte y_i der Regeln werden durch nachfolgende Multiplikationen und Akkumulation zusammengefaßt zu

$$y = \sum_{i=1,\dots,m} \beta_i y_i. \tag{5.37}$$

(5.37) beschreibt das Übertragungsverhalten eines Takagi-Sugeno-Systems mit lokal gültigen Modellen $y_i = f_i(\underline{x}_i)$, wenn die β_i gemäß

$$\sum_{i=1,\ldots,m} \beta_i = 1. \tag{5.38}$$

normalisiert sind. Beim Training von MLP_{mem} ist auf diese Bedingung zu achten, wenn eine exakte Äquivalenz gewünscht ist.

Zusätzlich wird bei [TH91] eine Methode zur Identifikation der für die einzelnen MLP notwendigen Eingangsvariablen vorgeschlagen, die *Rückwärts-Elimination* (*backward elimination*) genannt und vor dem eigentlichen Trainieren des NNDRF-Systems ausgeführt wird. Sie kann besonders dann wichtig werden, wenn der meß- und regelungstechnische Aufwand bei der Modellbildung minimiert werden soll, um eine geringe Ausfallhäufigkeit zu erreichen.

Lernschritte

Die vorhandene Datenmenge $D = \{\underline{x}_s, d_s\}$ wird in n_T Trainingspaare und n_E Evaluierungspaare aufgespalten, um durch die in Abschnitt 3.5.5 beschriebene Methode der Kreuzvalidierung eine geeignete Iterationszahl für das Lernen zu finden. Das NNDFR-System wird dann in den folgenden fünf Schritten trainiert.

Schritt 1. Die zur Realisierung eines gewünschten Übertragungsverhaltens des Gesamtsystems notwendigen Eingangsvariablen x_i werden durch Rückwärts-Elimination identifiziert. Zu diesem Zweck wird ein separates und nur an dieser Stelle verwendetes MLP trainiert. Dabei wird der Backpropagation-Algorithmus auf eine repräsentative Auswahl von Datenpaaren angewendet. Nach erfolgreichem Abschluß des Lernprozesses mit hinreichend geringem Generalisierungsfehler auf der Evaluierungsmenge kann angenommen werden, daß das MLP ein Modell des Übertragungsverhaltens gelernt hat. Durch sukzessives Weglassen einzelner Eingangsvariablen wird nun der Approximationsfehler geprüft. Falls sich die Summe der quadrierten Ausgangsfehler (SSE) für alle präsentierten Eingangsvektoren $\underline{x}_s = (x_{s1},\ldots,x_{si},\ldots,x_{sn})^T$ nicht wesentlich vergrößert, wird die entsprechende Eingangsvariable x_i eliminiert, da sie offensichtlich keine Bedeutung auf das Generalisierungsergebnis besitzt. Anschließend werden die Bedeutungen der weiteren x_i geprüft.

Die am Ende dieses Prozesses vorhandenen Eingangsvariablen werden in das NNDFR-System übernommen.

Schritt 2. Der Raum der Eingangswerte wird mit Hilfe eines Klassifikations-algorithmus in M Klassen eingeteilt. Die optimale Klassenanzahl kann dabei bei-spielsweise aus den Euklidischen Abständen der Klassenrepräsentanten in einem Dendrogramm ([Pao89]) abgelesen oder nach problemspezifischen Vorgaben heuristisch abgeschätzt werden. Jedes Trainingsdatenpaar $(\underline{x}_s, d_s)$ wird genau einer Klasse (i) zugeordnet.

Schritt 3. Die Partition des Eingangswerteraums wird durch Trainieren von MLP$_{mem}$ mit Hilfe eines überwachten Lernprozesses erreicht. Das Lernziel besteht darin, optimale Regel- beziehungsweise Modellaktivierungen β_i zu adaptieren mit

$$\beta_i(\underline{x}_s) = \begin{cases} 1 & \text{falls } \underline{x}_s \text{ zu Klasse (i) gehört} \\ 0 & \text{sonst .} \end{cases}$$

Nach Beendigung des Lernprozesses generieren die Trainingsdaten $\underline{x}_s$ für jede Klasse (k) eine ZGF $\mu_k(\underline{x}_s) = \beta_k(\underline{x}_s)$. Bedingt durch Adaptionsfehler beim Lernen von MLP$_{mem}$ werden die Klassengrenzen unscharf ineinander übergehen. Bei einer hin-reichend großen und verteilten Trainingsdatenmenge $T_x = (\underline{x}_s)$ kann beispielsweise nach [Fun89] davon ausgegangen werden, daß MLP$_{mem}$ für neue, nicht zu T_x ge-hörende Eingangsvektoren $\underline{x}_{r \neq s}$ einen bezüglich seiner Nachbarn interpolativen Zugehörigkeitswert produziert.

Schritt 4. Die in MLP$_i$ zu speichernden lokal gültigen Systemmodelle werden mit Hilfe eines Backpropagation-Algorithmus trainiert. Der tatsächliche Beitrag des Trainingspaares $(\underline{x}_s, d_s)$ über das Modell (i) zum aktuellen Ausgangswert $y(\underline{x}_s)$ beträgt

$$y_i'(\underline{x}_s) = \beta_i(\underline{x}_s) \cdot y_i(\underline{x}_s) .$$

Deshalb ergibt sich als Fehlerfunktion für das dem Backpropagation zu Grunde liegende Gradientenabstiegsverfahren

$$\varepsilon = \Sigma_{s=1,\dots,nT} \Sigma_{i=1,\dots,Q} [d_s - \beta_i(\underline{x}_s) \cdot y_i(\underline{x}_s)]^2 , \qquad (5.39)$$

wobei $\beta_i(\underline{x}_s)$ nach Abschluß von Schritt 3 ein dem Eingangsvektor $\underline{x}_s$ zugeordneter fester Wert ist.

Schritt 5. In diesem Schritt wird das Rückwärts-Eliminationsverfahren sukzessive auf jedes lokale Netzwerk MLP$_i$ einzeln angewendet, um weitere Regelvereinfachungen zu erzeugen. Dazu werden die MLP_i jeweils neu trainiert. Das Ziel besteht darin, nach bereichsweise wesentlichen Eingangsvariablen zu differenzieren.

Nach diesem Schritt ist die Systemidentifikation beziehungsweise Modellbildung beendet. Nach Abschluß der Trainingsphase berechnet sich die Reaktion $y_s(\underline{x}_s)$ auf einen Eingangsvektor $\underline{x}_s$ gemäß (5.37).

Ein NNDFR-System kann als Entwicklungssystem für komplexe, strukturierte Systemmodelle angesehen werden. Wenn das spezifische Problem und die gegenseitigen Abhängigkeiten der Eingangsvariablen identifiziert sind, kann die problemspezifische Lösung entworfen werden.

Im folgenden wird als beispielhafte Anwendung für NNDFR die Vorhersage der Rauhigkeit einer mit einem Diamantrad geschliffenen Keramikoberfläche vorgestellt (adaptiert nach [TH91]). Die vorhandenen Ein- und Ausgangsvariablen sind

x_1 = Umlaufgeschwindigkeit des Schleifrades [m/min],

x_2 = Vorwärtsgeschwindigkeit der keramischen Oberfläche [mm/min],

x_3 = Schnittiefe des Schleifrades [mm],

x_4 = Größe des Diamanten,

x_5 = Diamantenkonzentration auf dem Schleifrad.

ρ = Rauhigkeit der Keramikoberfläche [μm].

Nach Aufteilung des Eingangswerteraums in drei überlappende Regionen A_{1-3} führt der Adaptionsprozeß zu den folgenden drei Fuzzy-Regeln, bei denen die Modelle y_1 und y_3 mit einer reduzierten Anzahl von Eingangsvariablen x_j auskommen:

IF $\underline{x}=A_1$ THEN $\rho = y_1(x_1, x_2, x_4, x_5)$

IF $\underline{x}=A_2$ THEN $\rho = y_2(x_1, x_2, x_3, x_4, x_5)$

IF $\underline{x}=A_3$ THEN $\rho = y_3(x_2, x_4)$.

Abbildung 5.15 zeigt einen Vergleich zwischen den vorhergesagten und den mit einem aufwendigen Präzisionsverfahren ermittelten Rauhigkeiten von 20 keramischen Proben. Die ersten 14 Proben gehören zur Trainingsmenge T, die nachfolgend angeordneten sechs zur Evaluierungsmenge E. Auf der Basis dieser ausgemessenen Oberflächen ist kein wesentlicher Unterschied zwischen der Qualität der Vorhersageergebnisse bei T und E zu erkennen.

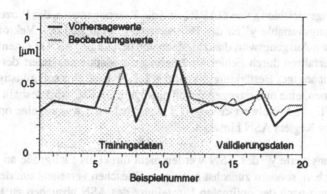

Abb. 5.15. Beurteilung der Rauhigkeit von 20 keramischen Proben mit NNDFR.

5.7 Generalized Approximative Reasoning-based Intelligent Control (GARIC)

Das bei [BK93] beschriebene GARIC-System besteht aus zwei strukturiert angeordneten Netzwerken und wird als selbstlernender Regler eingesetzt. Es wird mit Hilfe einer hybriden Lernregel trainiert, die auf einer Kombination von Gradientenabstiegsverfahren und bestärkendem Lernen (*reinforcement learning*) basiert. Die Netzwerke sind das ASN als zu adaptierender Fuzzy-Regler sowie das AEN als Evaluationsnetzwerk für den aktuellen Ausgangszustand des ASN. GARIC stellt die Weiterentwicklung eines als ARIC bezeichneten Reglers dar [Ber92].

Ein einfacher rückgekoppelter Regelkreis für eine Prozeßregelung mit GARIC ist in Abbildung 5.16 dargestellt.

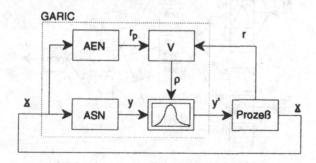

Abb. 5.16. Einfacher Regelkreis mit GARIC.

Die Eingangsvariablen $\underline{x}$ von GARIC sind die Komponenten x_i des Prozeßausgangs, und Ausgangsvariable y' ist der Prozeßeingang. Statt nun den Vektoren $\underline{x}$ einen gewünschten Ausgangswert d zuzuordnen und den Regler ASN in einem überwachten Lernverfahren durch Fehlerminimierung zu adaptieren, liefert der Prozeß ein zustandsabhängiges Bestärkungssignal $r^{(t)} \in \{-1,1\}$. Eine eins soll günstige Zustände kennzeichnen, eine null dagegen die ungünstigen. GARIC wird deshalb so trainiert, daß der zeitliche Mittelwert $\langle r^{(t)} \rangle \in [-1,1]$ maximal wird, was auf eine optimale Einstellung des Reglers ASN hinweist.

Die Ausgangwerte $y^{(t)}$ des ASN werden nicht direkt als Stellgröße an den Prozeß weitergegeben, sondern zunächst mit einem Rauschen versehen, um den gesamten Eingaberaum nach der optimalen Einstellung des ASN absuchen zu können. Die stochastische Variation von $y^{(t)}$ geschieht mit Hilfe einer glockenförmigen Verteilungsfunktion mit dem Zentrum y und einer Varianz $\sigma(\rho)$.

Das AEN liefert den Ausgangswert r_p. Es wird nach einer Initialisierung mit kleinen zufälligen Werten mit dem Ziel trainiert, das Bestärkungssignal $r^{(t)}$ vorherzusagen. Aus dem Vorhersagefehler $\rho(r,r_p)$ wird die Varianz $\sigma = V(\rho(r,r_p))$ abgeleitet, wobei

$$\rho(r,r_p) = \begin{cases} r - r_p & \text{für einen schlechten Zustand} \\ r - r_p + \gamma \cdot r_p & \text{für einen guten Zustand} \end{cases} \tag{5.40}$$

gilt. V(.) ist eine nicht-negative monoton fallende Funktion, und für den heuristischen Faktor γ in (5.40) gilt $0 \le \gamma \le 1$.

Das ASN ist gemäß Abbildung 5.17 ein vierschichtiges vorwärtsgerichtetes FNN mit ähnlicher Struktur wie bei NNFLC.

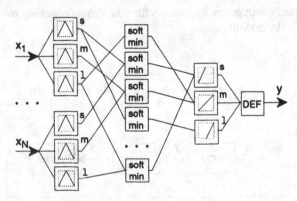

Abb. 5.17. Struktureller Aufbau des ASN.

Die Zellen der ersten Schicht repräsentieren wie in den vorherigen Abschnitten die Eingangspartitionen, die der zweiten Schicht die Bedingungsteile der Regeln, die der dritten Schicht die Partition des Ausgangswertebereichs, und die Zelle in der vierten Schicht kombiniert die Vorhersagen aus den einzelnen Regeln und führt die Defuzzifikationsoperation aus.

Die vorgeschlagenen ZGF in den Zellen der ersten Schicht stellen gemäß Abbildung 5.18 asymmetrische Dreiecksfunktionen mit Zentrum c_{jA} und linker und rechter Spannweite l_{jA} und r_{jA} dar. Für die Konsequenzterme werden vereinfachend streng monoton verlaufende ZGF eingesetzt, da die Tsukamoto-Inferenzmethode nach Abschnitt 2.2.3 Verwendung findet. Ihre linke Spannweite ist l_{iB}, bezogen auf das Zentrum bei c_{iB}.

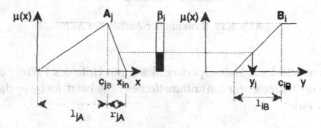

Abb. 5.18. Bemaßung der im ASN verwendeten ZGF für den Sonderfall nur einer Eingangsgröße x.

Die AND-Operation in den Bedingungsteilen der Regeln wird von einer bei [Ber92] als *softmin[.]* bezeichneten Operation verwirklicht, für die gilt

$$\text{softmin} [\mu_1, \ldots, \mu_N] = \frac{\Sigma_{i=1,\ldots,N} \, \mu_i \exp [\alpha \cdot \mu_i]}{\Sigma_{i=1,\ldots,N} \exp [\alpha \cdot \mu_i]}. \tag{5.41}$$

Die Ausgangswerte $y_i = \mu_{Bi}^{-1}(\beta_i)$ der einzelnen Regeln (i) werden mit Hilfe der inversen ZGF $\mu_{Bi}^{-1}(\beta_i)$ berechnet und von der Defuzzifikationszelle DEF in Abbildung 5.16 akkumuliert und normalisiert. Es gilt

$$y = \Sigma_i \frac{\beta_i}{\Sigma_i \beta_i} \mu_{Bi}^{-1}(\beta_i). \tag{5.42}$$

Der Ausgang des ASN wird gemäß Abbildung 5.16 mit Hilfe eines stochastischen Signals moduliert.

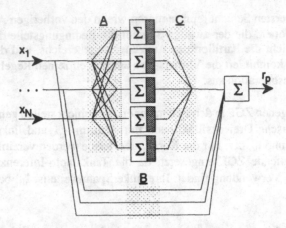

Abb. 5.19. Struktureller Aufbau des AEN.

Die Funktionalität des *softmin*-Operators kann mit Hilfe des Faktors α eingestellt werden. Für $\alpha=0$ berechnet er den arithmetischen Mittelwert, für $\alpha \to \infty$ das Minimum min $[\mu_1, \ldots, \mu_N]$.

Das AEN wird gemäß Abbildung 5.19 aus einer Parallelschaltung eines Adaline und eines MLP mit linearer Ausgangszelle gebildet. An der Abbildung sind eine Gewichtsmatrix $\underline{A} = ((a_{ji}))$ sowie zwei Gewichtsvektoren $\underline{B} = ((b_i))$ und $\underline{C} = ((c_j))$ beteiligt, die nach jeder Berechnung eines neuen Ausgangswertes r_p von AEN adaptiert werden. Die LSG-Zellen in der verdeckten Schicht arbeiten mit einer logistischen Schwellwertfunktion nach Abschnitt 3.3.3. Die Eingangsvektoren $\underline{x}$ werden mit Hilfe von $\underline{A}$ auf die Eingänge der LSG abgebildet, deren Ausgänge über $\underline{C}$ auf die Summierzelle Σ geführt werden. Parallel zur verdeckten Schicht werden über $\underline{B}$ auch die Vektoren $\underline{x}$ auf Σ abgebildet.

Der Ausgangswert r_p des AEN berechnet sich zu

$$r_p^{(t+1)} = \sum_{i=1,\ldots,N} [b_i^{(t)} x_i^{(t+1)}] +$$
$$+ \sum_{j=1,\ldots,J} [c_j^{(t)} f (\sum_{i=1,\ldots,N} [a_{ji}^{(t)} x_i^{(t+1)}])] , \qquad (5.43)$$

wobei J die Zellenanzahl in der verdeckten Schicht ist. Das AEN wird mit dem Ziel trainiert, aus den Prozeßausgängen $\underline{x}$ das Bestärkungssignal $r \in \{-1,1\}$ vorherzusagen.

Lernschritte

Die Adaption der beiden Netzwerke ASN und AEN geschieht während des laufenden Betriebs nach jedem Zeitschritt. Die einzige Voraussetzung für den Einsatz von GARIC ist, daß der Prozeß ein geeignetes Zustandssignal $r \in \{-1,1\}$ ausgeben kann.

AEN. Die Gewichtsvektoren $\underline{B}$ und $\underline{C}$ werden mit Hilfe einer speziellen Belohnungs-Bestrafungsmethode gelernt. Mit der Lernrate η gilt

$$b_i^{(t+1)} = b_i^{(t)} + \eta \, \rho^{(t+1)} \, x_i^{(t)} \tag{5.44a}$$

$$c_j^{(t+1)} = c_j^{(t)} + \eta \, \rho^{(t+1)} \, y_j^{(t)} \, , \tag{5.44b}$$

wobei $y_j^{(t)}$ die Ausgangswerte der verdeckten Zellen darstellen mit

$$y_j^{(t)} = f \, [\Sigma_{\,i=1,\dots,N} \, a_{ji}^{(t)} \, x_i^{(t)}] \; ; \tag{5.45}$$

$\rho^{(t+1)}$ ist der in (5.40) definierte Vorhersagefehler. Die Gewichte a_{ji} werden mit Hilfe eines stark vereinfachten Backpropagation-Algorithmus adaptiert, bei dem $\rho^{(t+1)}$ der zu minimierende Fehler ist. Zusätzlich werden die Gewichte c_j durch ihre Vorzeichen sign[c_j] ersetzt.

Bei Verwendung einer logistischen Aktivierungsfunktion f(.) ergibt sich entsprechend Abschnitt 3.5.4

$$a_{ji}^{(t+1)} = a_{ji}^{(t)} + \eta \, \text{sign}[c_j] \, \rho^{(t+1)} \, y_j^{(t)} \, (1 - y_j^{(t)}) \, x_i^{(t)} \, . \tag{5.46}$$

Bemerkung

Das Ersetzen der c_j durch ihr Vorzeichen sign[c_j] führt nach heuristischen Untersuchungen bei [Ber92] zu einem 'robusteren' Lernverhalten.

ASN. Die freien Parameter des ASN könnten mit vielen der oben beschriebenen Lernregeln trainiert werden oder sogar vollständig mit Hilfe des Backpropagation-Algorithmus, wenn die Stellgröße nicht von einem stochastischen Signal moduliert würde. Da die zeitliche Abhängigkeit von $\rho^{(t+1)}$ unbekannt ist, wird eine heuristische Lernregel verwendet, die den Backpropagation-Algorithmus mit zahlreichen vereinfachenden Annahmen nachbildet.

Um den zeitlichen Mittelwert des Bestärkungssignals r durch Variation eines Parameters ξ zu maximieren, wird mit

$$\Delta\xi = \eta \, \frac{\partial r}{\partial \xi} = \eta \, \frac{\partial r}{\partial y} \cdot \frac{\partial y}{\partial \xi} \tag{5.47}$$

ein Gradientenaufstiegsverfahren angesetzt. Im Gegensatz zu den in Anschnitt 3.4.2 beschriebenen Verfahren ist der Parameter ξ hier in Richtung der positiven Gradienten $\partial r/\partial \xi$ zu verändern, um iterativ in Richtung des Maximums zu gelangen. Der Faktor η ist die Lernrate.

Der erste partielle Differentialquotient $\partial r/\partial y$ in (5.47) kann nicht berechnet, sondern muß heuristisch abgeschätzt werden. Unter Annahme der Differenzierbarkeit des stochastischen Prozesses wird als Approximation die Differenzengleichung

$$\frac{\partial r}{\partial y} \approx \frac{r^{(t)} - r^{(t-1)}}{y^{(t)} - y^{(t-1)}} . \tag{5.48}$$

angesetzt. Ähnlich wie bei der Adaption der Gewichte a_{ji} des AEN in (5.46) wird in der tatsächlichen Lernregel für ξ nur das Vorzeichen von $\partial r/\partial y$ verwendet.

Der zweite Diffentialkoeffizient $\partial y/\partial \xi$ in (5.47) läßt sich durch Einsetzen der Parameter aus (5.42) berechnen. Als variable Parameter im Konsequenzteil der Regeln treten entsprechend Abbildung 5.17 die Knickstellen c_{iB} und die linken Spannweiten l_{iB} auf. Die Lernrate η ist bestimmt aus dem Vorhersagefehler $\rho(r,r_p)$, einem Faktor S, der von der Varianz $\sigma(\rho(r,r_p))$ des Vorhersagefehler abhängt, sowie dem Vorzeichen d von $\partial r/\partial y$ in (5.48). Mit

$$S^{(t)} = \frac{y'^{(t)} - y^{(t)}}{\sigma(\rho^{(t-1)})} \tag{5.49}$$

berechnen sich die Adaptionsschritte Δc_{iB} und Δl_{iB} zu

$$\Delta c_{iB} = \frac{\sigma \cdot d \cdot S \cdot \rho}{\sum_{k=1,\ldots,N} \beta_k} N \tag{5.50}$$

und

$$\Delta l_{iB} = \frac{\sigma \cdot d \cdot S \cdot \rho}{\sum_{k=1,\ldots,N} \beta_k} \sum_{k=1,\ldots,N} [\beta_k \cdot (1 - \beta_k)] , \tag{5.51}$$

wobei der Faktor d in (5.50) und (5.51) für das Vorzeichen des Differenzenquotienten in (5.48) steht und sich ergibt zu

$$d = \begin{cases} \dfrac{r^{(t)} - r^{(t-1)}}{y^{(t)} - y^{(t-1)}} & \text{falls } y^{(t)} - y^{(t-1)} \neq 0 \\ r^{(t)} - r^{(t-1)} & \text{sonst .} \end{cases} \tag{5.52}$$

Die freien Parameter der ZGF im Bedingungsteil der Regeln lassen sich durch Substitution der β_i in (5.42) mit Hilfe desselben modifizierten Backpropagation-Algorithmus bestimmen. Die Adaptionsschritte der Zentren Δc_{iA} sowie der Spannweiten Δl_{iA} und Δr_{iA} variieren dann durch Substitution von ξ_j gemäß

$$\Delta \xi_j = \sigma \cdot d \cdot S \cdot \rho \cdot \partial y / \partial \xi_j . \tag{5.53}$$

Für $\rho^{(t+1)} \to 0$ wird der Ausgangswert $y^{(t+1)}$ des Reglers ASN ohne stochastische Modulation als Stellwert an den Prozeß weitergegeben, da $\rho^{(t+1)}$ gleichzeitig deren Varianz bestimmt. Der Suchprozeß hört dann auf, und nach (5.44a-b), (5.46), (5.50-51) und (5.53) finden keine Gewichts- oder Parameteränderungen mehr statt. Damit ist das Gesamtsystem in einem Gleichgewichtszustand.

5.8 FUzzy Net (FUN)

FUN wurde speziell zur Lenkung eines mobilen Roboters entwickelt ([STV93]). Es ist einfach zu implementieren und hat mit vier Zellschichten denselben strukturellen Aufbau wie NNFLC oder das ASN in GARIC. Die Verbindungen sind ungewichtet. Der wesentliche Unterschied zu ASN und NNFLC ist der Lernalgorithmus.

Eine beispielhafte FUN-Architektur mit zwei Eingangsvariablen x_1 und x_2, einer Ausgangsvariable y_1 und drei möglichen Regeln ist in Abbildung 5.20 dargestellt. Die Zellen der dritten Schicht fassen disjunktiv mehrere Regeln, die auf den gleichen Konsequenzterm zielen, zu einer neuen Regel zusammen. Die tatsächlich in Abbildung 5.20 implementierte Fuzzy-Regel lautet

IF x_1=nahe AND x_2 = vorwärts

OR x_1=fern AND x_2 = rechts

THEN y_1= vorwärts .

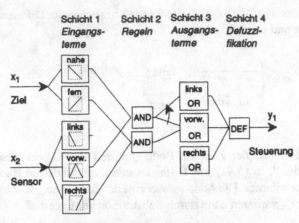

Abb. 5.20. Netzwerkarchitektur von FUN.

Lernschritte

Ausgehend von einer initialen Struktur, die durch *a-priori*-Wissen festgelegt werden muß, können Struktur- und Parameterlernen implementiert werden. Diese sind als aufeinanderfolgende Iterationen stochastischer Suchprozesse im Eingangswerteraum beziehungsweise im Regelraum auszuführen. Der Lernprozeß wird durch eine Fehlerfunktion gesteuert, die entweder zu überwachtem oder zu bestärkendem Lernen führt. Da diese lediglich dazu dient, die Funktionalität des Prozesses zu evaluieren, aber nicht, ihn zu regeln, sind der Einsatz und die Verarbeitung unscharfer Mengen in allen Schichten von FUN erlaubt. Aus diesem Grund kann FUN alle in Abschnitt 2.2.3 beschriebenen unscharfen Regler emulieren.

Lernen der Regelbasis. Die Fuzzy-Regeln werden durch Verbindungen zwischen Zellen der ersten und zweiten sowie der zweiten und dritten Schicht bestimmt. Der Algorithmus zur Optimierung der Regelbasis geht von der Idee aus, eine der regeldefinierenden Verbindungen zufällig auszuwählen und diese nach einer zufälligen Vorgabe neu zu verknüpfen. Die Funktion des neuen Netzwerks wird anhand der Fehlerfunktion evaluiert, so daß Verschlechterungen rückgängig gemacht werden können, während Verbesserungen beibehalten werden. Die in Abbildung 5.20 dargestellte Regelbasis könnte beispielsweise durch die eingezeichnete Änderung der Verbindung zwischen den Zellen $(_1{}^{(2)} - _2{}^{(3)})$ nach $(_1{}^{(2)} - _1{}^{(3)})$ variiert werden in

IF x_1=nahe AND x_2 = vorwärts THEN y_1= links

IF x_1=fern AND x_2 = rechts   THEN y_1= vorwärts .

Nach jeder Veränderung wird die Regelbasis auf ihre Konsistenz hin überprüft. Dabei wird insbesondere gefordert, daß jede Regel nur einmal in der Regelbasis existiert, also durch den Lernprozeß eine bereits vorhandene Regel zusätzlich geschaffen wird. Bei Vorhandensein mehrerer Ausgangsgrößen darf ferner jede Regel mit maximal einem Term einer Ausgangsgröße verbunden sein, um sich widersprechende Regeln auszuschließen. Weitere Konsistenzbedingungen mögen sich aus spezifischem a-priori-Problemwissen ergeben. Falls die neu geschaffene Regel eine dieser Bedingungen verletzt, wird ihr Eintrag in die Regelbasis rückgängig gemacht und nach demselben Zufallverfahren eine andere Verknüpfung erzeugt und evaluiert.

Lernen der ZGF. Die ZGF sind als dreieckförmige selektive Felder ausgeführt und werden entsprechend Abschnitt 2.1.4 oder Abbildung 5.18 mit Hilfe von Gipfelpunkt sowie linker und rechter Spannweite in parametrisierter Form dargestellt. Lernen der ZGF bedeutet Optimieren dieser zu jeder ZGF gehörenden drei Parameter.

Vor Beginn des Lernprozesses wird separat für jeden Parameter p die maximal mögliche Änderung Δp_{max} so festgelegt, daß ein realistischer Suchbereich entsteht und günstige Konvergenzeigenschaften entstehen. Die Adaptionsschritte $\Delta p^{(t)}$ des zufällig ausgewählten Parameters p werden, beginnend mit Δp_{max}, nach der heuristischen Regel

$$\Delta p^{(t)} - \Delta p^{(t-1)} = -\eta \, \Delta p^{(t-1)} \tag{5.54}$$

nach jedem Lernschritt reduziert, um Konvergenz zu erzwingen. Für den Konvergenzfaktor η gilt $\eta \approx 10^{-3} \ldots 10^{-2}$.

Zur Parameteradaption werden mit Hilfe eines Zufallsprozesses ein oder mehrere Parameter einer ZGF ausgewählt, nach Vorgabe des aktuellen Wertes von $\Delta p^{(t)}$ variiert und das neue FUN mit veränderter ZGF evaluiert. Wenn sich der Wert der Fehlerfunktion verringert, werden der neue Parameterwert beziehungsweise die Parameterwerte akzeptiert und die Richtung der Veränderung gespeichert. Bei der nächsten zufälligen Auswahl desselben Parameters wird zunächst eine Parameteränderung in die gespeicherte Richtung versucht.

Als beispielhafte Anwendungen werden bei [STV93] eine Simulation zur Nachbildung eines sehr einfachen Gravitationsproblems und die Steuerung eines autonomen Roboters im Kontext der aktuellen Position und der Zielposition angegeben.

5.9   NEural Fuzzy CONtroller (NEFCON)

Das bei [NKK93] und [NKS95] beschriebene NEFCON-System optimiert die Partitionen des Ein- und Ausgangswerteraums und berücksichtigt dabei die symbolische Bedeutung der Terme. Dies führt dazu, daß die einzelnen Terme auch nach der Optimierung in allen Regeln durch dieselbe ZGF repräsentiert und damit verbal interpretierbar sind. Weiterhin ist auch eine Methode angegeben, die Regelbasis aufzubauen und zu trainieren.

Netzwerkarchitektur

NEFCON ist ein vorwärtsgerichtetes hybrides Mehrschicht-Perzeptron (MLP) mit einer verdeckten Schicht, das auch als Fuzzy-Regler interpretiert werden kann. Es hat einen sehr ähnlichen Aufbau wie FUN oder das ASN in GARIC, verwendet aber unscharfe Gewichtswerte vom Typ

$$G^j_i = \{(x_j; \mu_i(x_j)) \mid x_j \in \mathbf{R}, \mu(x_j) \in [0,1]\} , \qquad (5.55)$$

die sich entsprechend Abschnitt 2.1.4 als unscharfe Zahlen interpretieren lassen. Deshalb muß ein geänderter Lernalgorithmus eingesetzt werden. Die Netzwerkarchitektur ist beispielhaft für n Regeln R_n in Abbildung 5.21 dargestellt.

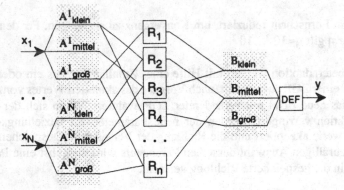

Abb. 5.21. Beispielhafte NEFCON-Architektur mit N Eingangsvariablen und n Regeln.

NEFCON arbeitet mit reellen Werten $x_j \in \mathbf{R}$. An den Eingängen der Zellen der verdeckten Schicht liegen die Signale $\mu_{Aj\,r}(x_j)$, die mit Hilfe eines geeigneten t-Norm-Operators (τ) nach Abschnitt 2.1.2 verarbeitet werden.

Wenn die x_j als Singletons x_j interpretiert werden, entstehen an den Zellen (r) als Ausgangssignale die Aktivierungsgrade der Regeln (r)

$$\beta_r = \tau_{jr} \, [x_j \, \tau \, A_{jr}] \, , \tag{5.56}$$

wobei die äußere t-Norm-Operation (τ_{jr}) auf die mit R_r verbundenen Zweige (j) anzuwenden ist. Bei Einsatz des Durchschnitts gilt $\beta_r = \min_j [\mu_{Ajr}(x_j)]$. Die β_r bilden über einen unscharfen Gewichtsvektor **B** den Eingangsvektor x_B für die Defuzzifikationszelle DEF. Mit dem zu (r) assoziierten unscharfen Gewicht B_k gilt

$$x_B = (\dots \ \beta_r \, \tau \, B_k \ \dots)^T \, . \tag{5.57}$$

DEF akkumuliert die unscharfen Teilergebnisse x_{Br} der Regeln (r) und bildet sie anschließend auf einen scharfen Ausgangswert y ab. Als geeignetes Defuzzifikationsverfahren kann beispielsweise die in Abschnitt 2.2.4 beschriebene Tsukamoto-Methode eingesetzt werden, wenn die ZGF der B_k auf dem Definitionsbereich streng monoton sind und sich die Umkehrfunktionen $\mu_{Dk^{-1}}(.)$ bilden lassen.

Lernschritte

Wie bei NNFLC besteht der Adaptionsalgorithmus aus zwei Teilen, dem Parameterlernen der ZGF und dem Strukturlernen der Regeln. Die Adaption erfolgt wie bei GARIC während des Betriebs in Realzeit. Dazu wurden verschiedene Lernregeln vorgeschlagen und an praktischen Problemen evaluiert. Im folgenden wird die bei [NKS95] beschriebene Version vorgestellt.

Das Lernverfahren basiert auf einem Fehlermaß $\varepsilon \in [0,1]$, welches den aktuellen Zustand des zu regelnden Prozesses beschreibt. Es stellt eine Erweiterung des in Abschnitt 3.43 beschriebenen bestärkenden Lernens in Kombination mit einer mathematisch vereinfachten Version des Backpropagation-Algorithmus für überwachtes Lernen. Da die Systemzustände gerade bei komplexen Prozessen nicht immer vollständig bestimmt oder gemessen werden können, entsteht für den Entwickler der Vorteil, graduelle Zustandsvariablen für den Prozeß als Bestärkungssignal einsetzen zu können. Im Vergleich zu GARIC kann auf ein lernendes Kritikernetz AEN zur Realzeit-Adaption des Reglers verzichtet werden, wenn sich das Fehlermaß wissensbasiert ableiten läßt.

Adaption der ZGF. Da die Operationen der einzelnen Zellen im mathematischen Sinne nicht differenzierbar sind, arbeitet NEFCON mit einer einfachen Heuristik anstelle des Backpropagation-Algorithmus. Das vom zu regelnden Prozeß erzeugte Fehlermaß ε wird rückwärtig in das Netzwerk geführt und dort zur lokalen Änderung der Systemparameter mit Hilfe eines Belohnungs-Bestrafungsschemas verwendet. Wenn eine Regel zum fehlerhaften Signal beiträgt, wird ihr Einfluß reduziert, im umgekehrten Fall erhöht. Die Einflußänderung erfolgt durch Verschiebung oder Vergrößerung/Verkleinerung der beiteiligten ZGF. Beteiligt sind nur solche ZGF, die die oben angegebenen semantischen Beschränkungen nicht verletzen, damit der Fuzzy-Regler weiterhin interpretierbar bleibt. Für die unscharfen Gewichte A_{jr} werden dreieckförmige ZGF $\mu_{Ajr}(x_j)$ entsprechend Abbildung 5.17 angenommen, für die B_r streng monotone Funktionsverläufe.

Das Fehlermaß wird im allgemeinen durch eine Regelbasis mit Fuzzy-IF...THEN... -Regeln aus den aktuellen Werten der Zustandvariablen x_i des zu regelnden Systems abgeleitet. Die Bestimmung von ε ist problemspezifisch. Der erweiterte Fehler

$$E = \varepsilon \cdot \text{sign} [y_{opt}] \in [-1,1] \tag{5.58}$$

enthält zusätzlich Informationen über die notwendige Richtungsänderung, wenn das Vorzeichen des optimalen NEFCON-Ausgangswerts y_{opt} bekannt ist.

Die Lernregel wird in den folgenden fünf Schritten implementiert und ausgeführt.

Schritt 1.
Bestimmen von sign $[y_{opt}]$ und $E^{(t)}$ für den Prozeßzustand im aktuellen Zeitpunkt (t).

Schritt 2.
Abschätzen der Absolut- und Relativbeiträge ac_r und rc_r der Zelle (r) zum aktuellen Ausgangswert y mit

$$ac_r = <\mu_{jk}(\beta_r)> \tag{5.59a}$$

und $$rc_r = (\mu(y) - <\mu_{jk}(\beta_r)>) / (y_{max} - y_{min}) ; \tag{5.59b}$$

y_{max} und y_{min} bestimmen dabei den Variabilitätsbereich Y des Ausgangswerts y, und $<\mu_{jk}(y)>$ berechnet sich durch eine inverse Operation zu

$$<\mu_{jk}(\beta_r)> = \frac{\sum_{y \in Y: \, \mu_{jk}(y)>0} y \cdot \min [\beta_r, \mu_{jk}(\beta_r)]}{\sum_{y \in Y: \, \mu_{jk}(y)>0} \min [\beta_r, \mu_{jk}(\beta_r)]} . \tag{5.60}$$

Schritt 3.
Bestimmen des Ausgangswerts $y^{(t+1)}$, des neuen Prozeßzustands sowie des Fehlermaßes $E^{(t+1)}$ und der Fehlertendenz $\tau^{(t+1)}$ nach

$$
\tau = \begin{cases}
1 & \text{falls } (|E^{(t+1)}| \geq |E^{(t)}|) \wedge (E^{(t+1)} \cdot E^{(t)} \geq 0) \\
0 & \text{falls } (|E^{(t+1)}| < |E^{(t)}|) \wedge (E^{(t+1)} \cdot E^{(t)} \geq 0) \\
-1 & \text{sonst.}
\end{cases} \tag{5.61}
$$

$\tau=1$ bedeutet damit eine Vergrößerung von E bei gleichem Vorzeichen, $\tau=0$ eine
Verkleinerung bei gleichem Vorzeichen und $\tau=-1$ einen Vorzeichenwechsel.

Schritt 4.
Adaption der Gipfelwerte a_k in den ZGF der Konsequenzteile sowie der Gipfelwerte
b_i in den ZGF der Bedingungsteile nach den heuristischen Lernregeln

$$
\Delta b_k = \eta \cdot \tau \cdot \text{sgn}[y_{opt}] \cdot |E^{(t+1)}| \cdot \beta_r \cdot |y - ac_r| \tag{5.62}
$$

$$
\Delta a_k = \eta \cdot \tau \cdot \text{sgn}[y_{opt}] \cdot |E^{(t+1)}| \cdot \iota c_r \cdot |x_j - b_k|. \tag{5.63}
$$

Die ZGF können nur verändert werden, wenn die erwähnten semantischen Beschränkungen eingehalten werden. Nach Angaben der Autoren sind Verbreiterungen oder
Verengungen der ZGF nicht notwendig für eine Verbesserung der Adaptions-
fähigkeit.

Lernen der Fuzzy-Regeln. Das Strukturlernen kann auf zwei unterschiedliche
Arten als aufstockendes oder abbauendes Lernen geschehen. Aufstockendes Lernen
beginnt mit einer leeren oder minimalen Regelbasis und fügt immer dann neue
Regeln hinzu, wenn die Ergebnisse mit der aktuellen Regelbasis nicht befriedigend
sind. Dazu sollte der Lernalgorithmus über ausreichende Informationen über den
gewünschten Ausgangswert verfügen. Abbauenden Lernen der Regalbasis geht dagegen von einer vollständigen oder wenigstens überbestimmten Regelbasis aus, und
überflüssige Regeln werden detektiert und entfernt. Bei Systemen mit vielen
Zustandsvariablen kann dieses Verfahren rechenzeitaufwendig sein.

In der ursprünglichen Version der Lernregel [NKK93] wurde die Regelbasis durch
abbauendes Lernen erzeugt. Die im folgenden beschriebene aktuelle Version basiert
dagegen auf aufstockendem Lernen durch Klassifikation des Eingabevektors.
Prinzipiell sind alle in Abschnitt 4.2 beschriebenen Verfahren zum Erzeugen von

Regeln einsetzbar. Die bei [NKS95] beschriebene Methode arbeitet in zwei Phasen. Nach Präsentation eines neuen Eingangsvektors $\underline{x}_s = (\ldots x_{js} \ldots)^T$ sucht die zunächst für jede Eingangsvariable x_j nach dem Gewinner (w) als der am besten passenden ZGF $\mu_{Aw}(x_{js}) = \mu_{Ajk}(x_{js})$, für die $\mu_{Ajk}(x_{js}) \geq \mu_{Ajw}(x_{js})$ ($\forall k \neq w$) gilt. Die dazugehörenden unscharfen Zahlen A^j_w bilden den Bedingungteil der prospektiven Regel. Dann versucht der Algorithmus, aus dem aktuellen Wert des Fehlermaßes E auf den dazugehörenden Ausgangsterm zu schließen. In der zweiten Phase kann die Regelbasis durch Adaption der ZGF in den Konklusionen optimiert werden. In beiden Phasen wird eine feste Iterationsanzahl m_1 bezeihungsweise m_2 angesetzt. Im Detail werden die folgenden Lernschritte ausgeführt:

Phase 1 (m_1 Iterationen).

(i)   Für den aktuellen Eingabevektor $\underline{x}_s$ werden diejenigen unscharfen Mengen $A^1_w, \ldots, A^n_w$ gesucht, für die $(\forall l,k)$: $\mu_{Ajk}(x_{js}) \geq \mu_{Ajl}(x_{js})$ gilt.

(ii) Wenn noch keine Regel mit dem entsprechenden Bedingungteil existiert, dann wird diejenige ZGF $\mu_{Bk}(y_{opt})$ in der Partition der Ausgangsgröße y ausgesucht, für die $(\forall l,k)$: $\mu_w(y_{opt}) \geq \mu_{B\,l}(y_{opt})$ gilt. Der Ausgangswert y_{opt} wird dabei unter Ausnutzung einer Intervallhalbierungs-Suchstrategie approximiert durch

$$y_{opt} = \begin{cases} m + |E| \, (y_{max} - m) & \text{falls } E \geq 0 \\ m - |E| \, (m - y_{min}) & \text{falls } E < 0 \end{cases} \tag{5.64}$$

mit $m = \frac{1}{2} (y_{max} + y_{min})$.

(iii) Die Regelbasis wird erweitert um die Regel

$$\text{IF } x_1 = A^1_w \text{ AND } \ldots \text{ AND } x_n = A^n_w \text{ THEN } y = B_w . \tag{5.65}$$

Phase 2 (m_2 Iterationen).

(i)   Der aktuelle Eingabevektor $\underline{x}_s$ wird an das NEFCON-System gelegt, und die Aktivierungsgrade β_r der Regeln werden als Ausgangswerte der verdeckten Zellen berechnet. Anschließend lassen sich die gewünschten Beiträge t_r der Regeln (r) zum Ausgabewert d_s des Systems abschätzen mit

$$t_r = <\mu_{j\,k}(\beta_r)> + \Delta b_k . \tag{5.66}$$

(ii) Die neuen ZGF $\mu_{Bw}(\beta_r)$ im Konsequenzteil der Regeln werden jetzt so be-
     stimmt, daß $(\forall k): \mu_{Bw}(\beta_r) \geq \mu_{Bk}(\beta_r)$.

Nach Ende der zweiten Phase können diejenigen Regeln aus der Regelbasis wieder
entfernt werden, die nur selten in der zweiten Phase als Gewinner aufgetreten sind.

Das NEFCON-Modell wurde bei [NK95] so umstrukturiert, daß es sich als Klassifikator eignet. Die Netzwerkarchitektur dieses NEFCLASS genannten Modells ist
anhand eines Beispiels mit vier Eingangsgrößen, sieben Regeln und drei möglichen
Klassen in Abbildung 5.22 dargestellt.

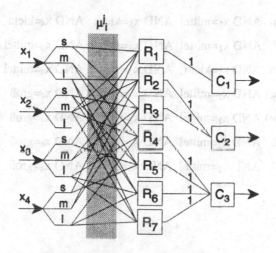

Abb. 5.22. NEFCLASS-System mit vier Eingängen, sieben Regeln
und drei Ausgangsklassen.

Der Unterschied zu NEFCON liegt darin, daß jede Klasse durch eine eigene Ausgangszelle C_i repräsentiert ist. Klassenzellen und Regelzellen sind nach Regel-
vorgabe über feste Gewichte $\mu_B(y)=1$ miteinander verbunden. Während des Trainierens wird versucht, die Ausgänge der C_i je nach Klassenzugehörigkeit der Eingabevektoren auf diskrete Werte null oder eins zu adaptieren.

Das obige Beispiel stellt einen Klassifikator für den in Abschnitt 2.3.1 beschriebenen
Iris-Datensatz dar (siehe auch Anhang A). Die Aufgabe besteht darin, die spezielle
Sorte aus vier vermessenen Parametern vorherzusagen. Der Datensatz beinhaltet
150 Eingangsmuster, die zu drei unterschiedlichen Klassen gehören. Diese Muster
werden zur Hälfte in eine Trainings- und zur anderen in eine Evaluationsmenge
aufgespalten. NEFCLASS beginnt mit einer leeren Regelbasis und generiert die erste

Regel zum Klassifizieren der ersten und leicht separierbaren Klasse. Für die beiden anderen, in ihren Merkmalen überlappenden Klassen werden zwei beziehungsweise vier Regeln erzeugt. Anschließend werden die ZGF adaptiert.

Bei [NK95] wird der Klassifikator mit drei unscharfen Mengen mit gleichschenkligen ZGF initialisiert. Der Lernprozeß zeigt, daß bereits nach 39 Epochen nur noch zwei beziehungsweise drei der 75 Muster in der Trainings- oder Evaluationsmenge falsch eingeordnet werden. Dies entspricht einer Trefferquote > 96%. Im folgenden ist die dazugehörige Regelbasis angegeben:

IF x_1=klein AND x_2=mittel AND x_3=klein   AND x_4=klein   THEN C_1

IF x_1=groß   AND x_2=mittel AND x_3=mittel AND x_4=mittel THEN C_2

IF x_1=klein AND x_2=klein   AND x_3=mittel AND x_4=mittel THEN C_2

IF x_1=mittel AND x_2=mittel AND x_3=groß   AND x_4=groß   THEN C_3

IF x_1=mittel AND x_2=mittel AND x_3=groß   AND x_4=groß   THEN C_3

IF x_1=groß   AND x_2=mittel AND x_3=groß   AND x_4=groß   THEN C_3

IF x_1=groß   AND x_2=mittel AND x_3=groß   AND x_4=groß   THEN C_3 .

6 FUZZY-NEURONALE NETZWERKE

Fuzzy-Neuronale Netzwerke (FNN) verwenden im Gegensatz zu anderen KNN unscharfe Zahlen nach Abschnitt 2.1.4 für die Gewichte oder können unscharfe Zahlen als Eingangswerte verarbeiten. Sie sind durch Vernetzung von Fuzzy-Neuronen aufgebaut, deren Funktionalität mit Hilfe des Erweiterungsprinzips für unscharfe Zahlen (2.11) aus der Arbeitsweise des Perzeptrons abgeleitet ist. Gemäß einem Vorschlag von [BH94] können drei Fälle unterschieden werden,

FNN_1: die Eingangssignale x_j sind numerische Werte, die Gewichte w_{ji} dagegen unscharfe Zahlen,

FNN_2: die x_j sind unscharfe Zahlen und die w_{ji} numerische Werte,

FNN_3: die x_j und w_{ji} sind unscharfe Zahlen.

Der in Abschnitt 5.9 beschriebene NEFCON-Controller kann beispielsweise auch als FNN_1 klassifiziert werden.

Vielleicht die ersten Ansätze zur Integration von Fuzzy-Methoden und KNN sind bei [LL74], [LL75] und [KH85] zu finden. Die Autoren erweitern das McCulloch-Pitts-Neuronenmodell beziehungsweise das Perzeptron so, daß Zugehörigkeitswerte $\mu \in [0,1]$ verarbeitet oder ZGF integriert werden können. Ein weiteres Fuzzy-Neuron ist bei [YT89] beschrieben. Es wurde unter anderem bei [Hag91] und [YUM92] weiterentwickelt. Die einzelnen Zellen stellen Sonderfälle des in Abschnitt 3.3.8 beschriebenen Neuronenmodells dar.

Das Neuronenmodell nach [YUM92] partitioniert die Grundbereiche der Eingangsvariablen gemäß Abbildung 6.1 und berechnet einen numerischen Ausgangswert y zu

$$y = \sum_i y_i = \sum_i \left[\sum_j w_{ji} \cdot \mu_{ji}(x_i) \right].$$

(6.1)

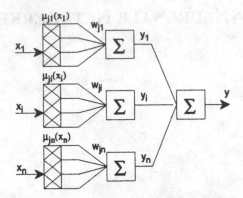

Abb. 6.1. Fuzzy-Neuron nach Yamakawa [YUM92].

Es wird vorgeschlagen, die Partitionierungen so festzulegen, daß zwei benachbarte (beziehungsweise als Sonderfall genau eine) ZGF einen von null verschiedenen Zugehörigkeitswert liefern. Die ZGF werden nicht gelernt. Zur Adaption der Gewichte w_{ji} wird die in Abschnitt 3.4.2 beschriebene Delta-Lernregel eingesetzt. Wenn mit diesem Fuzzy-Neuron durch Vernetzung ein FNN aufgebaut wird, kommt der Backpropagation-Algorithmus zur Anwendung. Die Funktionalität des Fuzzy-Neurons entspricht einer vereinfachten Fuzzy-Inferenzmethode.

Ähnliche Neuronenmodelle werden unter anderem bei [GQ91], [NFH92], [HBC92] oder [IFT92] beschrieben. Dabei werden jeweils dreiecks- oder trapezförmige ZGF verwendet und die Delta-Regel als Lernalgorithmus. In [HBC92] wird eine fuzzifizierte Delta-Regel entworfen und bei [RD92] ein stochastischer Trainingsalgorithmus vorgestellt, wie er auch zum Lernen des in Abschnitt 3.3.6 beschriebenen stochastischen Schwellwertgatters zum Einsatz kommt. Das dazugehörige FNN verwendet unscharfe Eingangswerte, reelle Gewichte und einen unscharfen Schwellwert innerhalb der Zellen. Es kann damit als FNN_2 klassifiziert werden. Das bei [HBC92] entworfene FNN ist vom Typ FNN_3.

FNN_3-Lernverfahren wurden bisher für vorwärtsgerichtete Netzwerke entworfen, die entsprechend Abbildung 6.2 eine Erweiterung des Mehrschicht-Perzeptrons nach Abschnitt 3.5.4 darstellen. Die Adaptionsvorschrift für die unscharfen Gewichte kann aus einem unscharfen Fehler-funktional $E(\| \mathbf{d}_s, \mathbf{f}(\mathbf{w}, \mathbf{x}_s) \|)$ abgeleitet werden mit

$$E(\| \mathbf{d}_s, \mathbf{f}(\underline{\mathbf{w}}, \underline{\mathbf{x}}_s) \|) \to \min. \tag{6.2}$$

Dabei sind $\underline{\mathbf{x}}_s$ und $\mathbf{d}_s$ der gewünschte unscharfe Eingangsvektor beziehungsweise Ausgangswert, $\mathbf{w} = (w_1 \ w_2 \ \dots \ w_n)^T$ ist der unscharfe Gewichtsvektor, und $\mathbf{f}(.)$ die

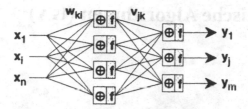

Abb. 6.2. Fuzzy-Neuronales Netzwerk vom Typ FNN_3 mit unscharfen Ein- und Ausgangswerten x_i und y_j sowie unscharfen Gewichten w_{ki} und v_{jk}.

gemäß (2.11) erweiterte Schwellwertfunktion der Zelle, angewendet auf die unscharfe Aktivierung $z = w^T \otimes x_s$ (erweiterte Multiplikation). Das Abstandsmaß $\|.\|$ soll über $d_s \ominus f(\underline{w}, \underline{x}_s)$ den unscharfen Fehler bestimmen und minimieren.

Wenn man das Erweiterungsgesetz (2.11) auf die Differenz $u = d_s \ominus f(\underline{w}, \underline{x}_s)$ anwendet, geht u leider auch für $d_s = f(\underline{w}, \underline{x}_s)$ nicht gegen null, da sich die Spannweiten von d_s und $f(\underline{w}, \underline{x}_s)$ als gewichtete Fehlerintervalle fortpflanzen (siehe auch [Bot95]). Daher muß ein Abbruchkriterium für den Iterationsprozeß definiert werden. Es steht ferner zu befürchten, daß die entworfene Lernregel mit (6.2) dann nicht konvergiert.

Eine formale Ableitung einer der Delta-Regel ähnlichen Lernregel ist bei [BH94] angegeben. Gemäß dem Gradientenabstiegs-Verfahren nach Abschnitt 3.4.2 wird

$$\Delta w = -\eta \ \partial E / \partial w = \eta \ \textstyle\sum_{s=1,...,Q} [d_s \ominus f(\underline{w}, \underline{x}_s)] \otimes [1 \ominus f(\underline{w}, \underline{x}_s)] \otimes f(\underline{w}, \underline{x}_s) \otimes x_{si} \ .$$

$$(6.3)$$

gefolgert. (6.3) wurde allerdings nicht durch erweiterte Differentiation und Anwendung der Kettenregel gewonnen, sondern durch Erweiterung der Delta-Regel. Daneben sind einige Anwendungsbeispiele aus den Bereichen Fuzzy-Systemidentifikation, Reglerentwurf, Klassifikation sowie das Lösen unscharfer Matrixgleichungen angegeben. Andere Herleitungen von Lernregeln wurden beispielsweise bei [TUA82], [Dia88] und [Alb92] vorgestellt. Insgesamt bleibt festzustellen, daß gerade im Bereich Fuzzy-Neuronale Netzwerke noch ein hoher Forschungsbedarf besteht.

Dies betrifft auch hybride FNN, bei denen die Funktionalität der Zellen nicht mit Hilfe des Erweiterungsprinzips beschrieben wird, sondern bei denen beliebige Aktivierungsfunktionen zugelassen sind. Wenn das entworfene FNN mehrere Zellschichten aufweist, dann können auch verschiedenartige Zellen gemeinsam integriert sein wie beispielsweise AND- und OR-Zellen. Typische Forschungsarbeiten auf diesem Gebiet findet man bei [Ped93].

7 Genetische Algorithmen (GA)

Genetische Algorithmen sind stochastische Optimierungsverfahren, die in Anlehnung an biologische Evolutionsprozesse eine *Population* zahlreicher *Individuen* bearbeiten. Ein Individuum kann beispielsweise ein Systemmodell, ein Regler oder ein Klassifikator sein. Die Information um gute Funktionalität ist sowohl in den Individuen selbst als auch in der Zusammensetzung der gesamten Population enthalten. Der Optimierungsvorgang verbessert eher die statistisch mittlere Funktionalität der Population als die eines einzelnen Individuums.

Wesentliche Ideen leiten sich aus der Darwinschen und Lamarckschen Abstammungslehre sowie Erkenntnissen der Genetik und Populationsgenetik ab. GA modellieren Begriffe wie beispielsweise *biologische Nische, Selektionsdruck* oder *Fortpflanzung*. Die Erscheinungsformen der Individuen (*Phänotypen*) werden als konkurrierende Elemente der Population mit Hilfe einer (vorab zu definierenden) *Fitneß-Funktion* miteinander verglichen. Erfolgreiche Individuen erlangen Selektionsvorteile für die Fortpflanzung und können ihre Eigenschaften auf die nachfolgende Generation übertragen, während weniger erfolgreiche eher aus der Population herausfallen.

Einzige Voraussetzung zur Einsetzbarkeit eines GA ist die Existenz einer geeigneten Fitneß-Funktion. Diese stellt die Verbindung des GA zu dem zu optimierenden Modell dar; der eigentliche GA ist problemunabhängig und somit ein allgemein verwendbares generisches Verfahren.

Die Individuen einer Population werden als suboptimale Lösungen des vorgegebenen Problems betrachtet. Jedem Individuum wird ein Fitneßwert und eine kodierte Form, der *Genotyp*, zugeordnet. Die Kodierung findet auf einem oder mehreren *Chromosomen* mit Hilfe aneinandergereiter *Gene* statt. Gene oder Gengruppen kodieren jeweils eine tatsächliche Eigenschaft des Individuums.

Die mathematische Berechnung einer neuen *Generation* von Individuen geschieht in einer Reihe aufeinanderfolgender Einzelschritte. Zunächst werden die fortpflanzungsfähigen Eltern auf der Basis ihres Fitneßwertes ausgesucht. Nach der Reproduktion nachfolgender Individuen mit Hilfe der kodierten Form werden deren Fitneßwerte berechnet. Eine Selektion der Besten legt die neuen Individuen der Population fest. Da nach Initialisierung einer Population die Nachfolger wesentlich von der gewählten Kodierung und der Fitneß-Funktion abhängen, sind diese von entscheidender Bedeutung für die Wirkungsweise eines GA.

Die wichtigsten Operatoren zur Bildung neuer individueller Nachkommen (*Reproduktion*) sind die *Rekombination* (*crossover*) zweier Eltern-Chromosomen, die *Mutation* einzelner Gene oder Genbestandteile, das *Einfügen* oder *Duplizieren* neuer sowie das *Löschen* vorhandener Teile eines Chromosoms. Abbildung 1.6 zeigt die Wirkung dieser genetischen Operatoren.

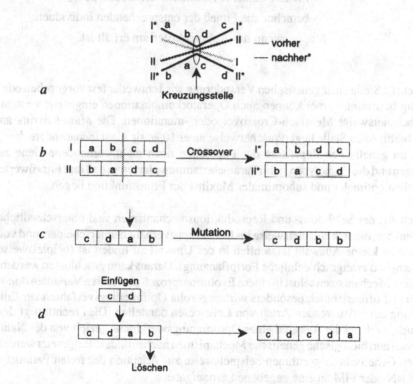

Abb. 1.6. Mechanismen zur GA-Reproduktion von Nachkommen, *a,b* Crossover-Rekombination, *c* Mutation, *d* Einfügen und Löschen.

Die Reproduktionsoperatoren wirken auf die kodierte Form, den Genotypen, während die Fitneßwerte anhand der dekodierten Realisierungsform, des Phänotypen, berechnet werden. Durch diese Trennung wird die Formulierung eines allgemeinen Algorithmus möglich.

Ein einfacher GA läßt sich durch die folgende schrittweise Abarbeitung einzelner Operationen beschreiben:

1. Schritt: Bilde eine Anfangspopulation,

2. Schritt: Berechne die Fitneßwerte der Individuen dieser Population,

3. Schritt: Starte den Optimierungsprozeß:

          - reproduziere eine neue Population,

          - rekombiniere die Genotypen der neuen Population,

          - mutiere einzelne Positionen der Genotypen,

          - berechne die Fitneß der entsprechenden Individuen.

        Stoppe, wenn das Abbruchkriterium erfüllt ist.

Die genaue Stelle einer genetischen Veränderung wird entweder fest vorgegeben oder zufällig bestimmt. Ferner können auch Operatorkombinationen eingesetzt werden, also beispielsweise Mehrfach-Crossover oder -mutationen. Die *Mutationsrate* an einer bestimmten Stelle liegt typischerweise unter 10%; sie dient insbesondere dazu, neue, im genetischen Repertoire der Population noch nicht vorhandene Gene zu erzeugen und die Phänotypen so im Parameterraum zu plazieren, daß ihre Fitneßwerte an Stellen optimaler und suboptimaler Maxima der Fitneßfunktion liegen.

Je nach Art der Selektions- und Reproduktionsmechanismen sind unterschiedliche GA denkbar, die sich beispielsweise im Konvergenzverhalten unterscheiden, und von denen eine kleine Auswahl tatsächlich in der Umwelt zu finden ist (beipielsweise auch ein- und zweigeschlechtliche Fortpflanzung). Daraus kann geschlossen werden, daß diese Mechanismen selbst in einem Evolutionsprozeß alternative Varianten dominieren und offensichtlich besonders wirkungsvolle Optimierungsverfahren zur Entwicklung der existierenden Arten von Lebewesen darstellen. Dies rechtfertigt den Versuch, auch bei der Auswahl eines Optimierungsverfahrens gezielt von der Natur zu lernen und biologische genetische Mechanismen nachzubilden. Eingesetzt werden können Genetische Algorithmen beispielsweise zur Adaption der freien Parameter von KNN oder FIM an eine gegebene Lernaufgabe.

Evolutionsnahe mathematische Algorithmen wurden bereits in der zweiten Hälfte der fünfziger Jahre beschrieben und für Computersimulationen selbstorganisierender biologischer Modellprozesse eingesetzt. Die ersten theoretischen Grundbegriffe wurden in [Hol75] und [Hol80] mit der Einführung des *Schema*-Begriffs gelegt. Ein Schema ist formal eine Ähnlichkeitsschablone, die aus fixen Zeichenfolgen und

Platzhaltern besteht [1]. Die verschiedenen Schemata einer Population werden durch ihre Genotypen in kodierter Form repräsentiert.

In der Folgezeit entstanden technische Anwendungen beispielsweise in den Bereichen Mustererkennung und Regelungstechnik, die zusammenfassend in [Gol89] dargestellt sind. Seit Ende der achtziger Jahre wurden auch zahlreiche Ansätze beschrieben, um mit GA Struktur und Parameter von KNN und FIM zu optimieren (siehe beispielsweise [Kar91], [Wyl91], [CDH93], [HML93], [Sur95]). Der Entwurf entsprechender Genotypen geschieht durch Kodierung der freien Parameter, der Regeln oder der Verbindungen zwischen den einzelnen Neuronen.

Da eine Population individueller Genotypen optimiert wird und nicht nur ein einzelnes Individuum, werden im allgemeinen mehrere lokale Maxima der Fitneß-Funktion mit Genotypen belegt. Wenn sich der Umgebungszustand für das zu regelnde System mit der Fitneß-Funktion zeitlich ändert, kann ein GA das neue absolute Maximum schnell finden, da gute Startpositionen für den Optimierungsprozeß bereits vorhanden sind.

GA besitzen eine garantierte Konvergenz und sind sehr einfach zu implementieren. Die Reproduktionsalgorithmen arbeiten ferner erheblich schneller als viele andere Lernalgorithmen. Die optimale Lösung muß dabei nicht notwendigerweise gefunden werden, da es sich um stochastische Verfahren handelt. Eine größere Anzahl zu evaluierender und kodierender Individuen kann trotz der schnellen Reproduktionsalgorithmen zu einer hohen Gesamtrechenzeit führen.

---

[1] Wenn ein Schema die Spezies einer Art von Lebewesen wie beispielsweise eine *Rose* beschreibt, dann bestimmen die Platzhalter die noch freien Gene zur Ausbildung von Eigenschaften, im Fall der Rose beispielsweise die Blütenfarbe. Da Genetische Algorithmen gleichzeitig die Schemata und die Werte der Platzhalter verändern können, optimieren sie sowohl die Eigenschaften der Spezies als auch die Existenz und Neubildung von Spezies. So wird die Population an die durch eine Fitneß-Funktion vorgegebene Umweltsituation adaptiert.

Literaturverzeichnis

[AA89]   A. Amano, T. Aritsuka (1989): On the use of neural networks and fuzzy logic in speech recognition. Proc. 1989 Int. Joint Conf. Neural Networks, 301-305.

[AHS85]   D.H. Ackley, G.E. Hinton, T.J. Sejnowski (1985): A learning algorithm for Boltzmann machines. Cognitive Sci., Bd. 9, 147-169.

[Ake89]   L.A. Akers (1989): VLSI implementations of neural systems. In: J.R. Brink, C.R. Haden (Hrsg.): The Computer and the Brain: Perspectives on Human and Artificial Intelligence, North Holland, New York, 125-157.

[AKN92]   S. Amari, K. Kurata, H. Nagaoka (1992): Information geometry of Boltzmann machines. IEEE Trans. Neural Networks, Bd. 3, Nr. 2, 260-271.

[Alb75]   J.S. Albus (1975): A new approach to manipulator control: The cerebellum model articulation controller (CMAC). Trans. ASME, Jour. of Dyn. Sys. Meas. and Control, Bd. 97, Sept., 220-227.

[Alb92]   M. Albrecht (1992): Approximation of functional relationships to fuzzy observations. Fuzzy Sets and Systems, Bd. 49, 301-305.

[Alk89]   D.L. Alkon (1989): Memory storage and neural systems. Sci. Am., Bd. 258, 42-50.

[All83]   J.F. Allen (1983): Maintaining knowledge about temporal intervals. Commun. ACM, Bd. 26, Nr. 11, 832-843.

[Ama72]   S.-I. Amari (1972): Neural theory of association and concept formation. Biol. Cybernetics, Bd. 26, 175-185.

[Ama77]   S.-I. Amari (1977): Neural theory of association and concept formation. Biological Cybernetics, Bd. 27, 77-87.

[Ama90]   S.-I. Amari (1990): Mathematical foundations of neurocomputing. Proc. IEEE, Bd. 78, Nr. 9, 1443-1463.

[And72]   J. Anderson (1972): A simple neural network generating an interactive memory. Math. Biosc., Bd. 14, 197-230.

[And92]   J.A. Anderson (1992): Neural-network learning and Mark Twain's cat. IEEE Communications Mag., Bd. 30, Nr. 9, 16-22.

[AR88]   D.L. Alkon, H. Rasmussen (1988): A spatial-temporal model of cell activation. Science, Bd. 239, Nr. 4843, 998-1005.

[AT78]   S.-I. Amari, A. Takeuchi (1978): Mathematical theory on formation of category detecting nerve cells. Biol. Cybernet. 29, 127-136.

[Ati90]   A.F. Atiya (1990): An unsupervised learning technique for artifical neural networks. Neural Networks, Bd. 3, 707-711.

[AY93]   S.-I. Amari, H.F. Yanai (1993): Statistical neurodynamics of various types of associative nets. In: M. Hassoun (Hrsg.): Associative Neural Memories: Theory and Implementation, 169-183, Oxford University Press, New York.

[BA85]   A.G. Barto, P. Anandan (1985): Pattern recognizing stochastic learning automata. IEEE Trans. Systems, Man, and Cybernetics, Bd. SMC-15, 360-375.

[Bai90]   B. Baird (1990): Associative memory in a simple model of oscillating cortex. In: D.S. Touretzky (Hrsg.): Advances in Neural Information Processing 2 (NIPS-2), Morgan Kaufmann, San Mateo, CA.

[Bal79]   J.F. Baldwin (1979): A New Approach to Approximate Reasoning using a Fuzzy Logic. Fuzzy Sets and Systems, Bd. 2, 309-325.

[Bat92]   R. Battiti (1992): First- and second-order methods for learning: Between steepest descent and Newton's method. Neural Computation, Bd. 4, Nr. 2, 232-240.

[BCM82]   E.L. Bienenstock, L.N. Cooper, P.W. Munro (1982): Theory for the development of neuron selectivity: Orientation specificity and binocular interaction in visual cortex. J. Neurosci., Bd. 2, 32-48.

[BDG81]   C. Bruce, R. Desimone, C.G. Gross (1981): Visual properties of neurons in a polysensory area in superior temporal sulcus of the macaque. Jour. Neurophysiol., Bd. 46, Nr. 2, 369-384.

[BE96]   H.-H. Bothe, J. Eger (1996): Evaluation of the naturalness of a facial animation system with hearing-impaired persons: Strategies, results, implications for system improvement. In: J. Klaus, E. Auff, W. Kremser, W.L. Zagler (Hrsg.): Interdisciplinary aspects on Computers helping people with special needs, Proc. ICCHP '96, Linz, Oldenbourg Verlag, Wien, München, Bd. 1, 113-118.

[Ben82]   T.L. Bennett (1982): Introduction to Physiological Psychology. Brooks/ Cole Publishing, Monterey, CA.

[Ber88]   J.A. Bernard (1988): Use of rule-based system for prozess controll. IEEE Contr. Syst. Mag., Bd. 8, Nr. 5, 3-13.

[Ber92]   H.R. Berenji (1992): A reinforcement learning-based architecture for fuzzy logic control. Int. J. Approximate Reasoning, Bd. 6, 267-292.

[Bez81]   J.C Bezdek: (1981): Pattern Recognition with Fuzzy Objective Function Algorithms. Plenum Press, New York.

266

[BG90]   H. Bandemer, S. Gottwald (1990): Einführung in FUZZY-Methoden.
           Akademie-Verlag, Berlin.
[BG91]   D. Bullock, S. Grossberg (1991): Adaptive neural networks for control
           of movement trajectories invariant under speed and force rescaling. Hum.
           Movement Sci., Bd. 10, 3-53.
[BH90]   R. Braham, J.O. Hamblen (1990): The design of a neural network with
           a biologically motivated architecture. IEEE Trans. Neural Networks,
           Bd. 1, Nr. 3.
[BH94]   J.J. Buckley, Y. Hayashi (1994): Fuzzy neural networks. In: R.R. Yager,
           L.A. Zadeh (Hrsg.): Fuzzy Sets, Neural Networks, and Soft Computing,
           233-249. Van Nostrand Reinhold, New York.
[BHM93]   C. Bregler, H. Hild, S. Manke, A. Waibel (1993): Improving connected
           letter recognition by lipreading. Proc. IEEE Int. Conf. on Acoustics,
           Speech, and Signal Processing, Bd. 1, 557-560.
[BJ87]   A.G. Barto, M.I. Jordan (1987): Gradient following without backpropa-
           gation in layered networks. IEEE 1st Int. Conf. Neural Networks, San
           Diego 1987, Bd. 2, 629-636.
[BK92a]   H.R. Berenji, P. Khedkar (1992): Fuzzy rules for guiding reinforcement
           learning. Proc. Int. Conf. Information Processing and Management of
           Uncertainty in Knowledge-based Systems, Mallorca, 511-514.
[BK92b]   H.R. Berenji, P. Khedkar (1992): Learning and tuning fuzzy-logic
           controllers through reinforcements. IEEE Trans. Neural Networks,
           Bd. 3, 724-740.
[BL88]   D.S. Broomhead, D. Lowe (1988): Multivariate functional Interpolation
           and adaptive networks. Complex Systems, Bd. 2, 321-355.
[BL89]   S. Becker, Y. Le Cun (1989): Improving the convergence of back-
           propagation learning with second-order methods. Proc. of the 1988
           Connectionist Models Summer School, 29-37.
[BNB93]   H. Bersini, J.-P. Nordvik, A. Bonarini (1993): A simple direct adaptive
           fuzzy controller derived from its neural equivalent. Proc. IEEE Int. Conf.
           on Fuzzy Systems, San Francisco, 345-350.
[Boc74]   H.H. Bock (1974): Automatische Klassifikation. Vandenhoeck & Rup-
           recht, Göttingen.
[Boc82]   G.V. Bochmann (1982): Hardware specification with temporal logic:
           An example. IEEE Trans. Comp., Bd. C-31, Nr. 3, 223-231.
[Boc87]   S.F. Bocklisch (1987): Prozeßanalyse mit unscharfen Verfahren. VEB
           Verlag Technik, Berlin.
[Böh93]   G. Böhme (1993): Fuzzy-Logik. Springer-Lehrbuch, Berlin-Heidelberg.
[Bon70]   M. Bongard (1970): Pattern Recognition. Spartan Books, New York.
[Bot95a]   H.-H. Bothe (1995): Fuzzy Logic - Einführung in Theorie und Anwen-
           dungen, 2., erw. Aufl., Springer-Verlag, Berlin-Heidelberg.

[Bot95b]   H.-H.Bothe, (1995): Fuzzy input coding for an artificial neural network. Proc. ACM SAC'95, Nashville, TE.

[Bot95c]   Bothe, H.-H. (1995): Artificial visual speech, generated by fuzzy inference methods. In: I. Placencia-Porrero, R. Puig de la Bellacasa (Hrsg.), Assistive Technology Research Series 1: The European Context for Assistive Technology (Proc. 2nd TIDE Congress, Paris), 302-305, IOS Press, Amsterdam.

[Bot96a]   H.-H. Bothe (1996): Relations between visible and audible speech signals in a physical feature space: Implications for the hearing-impaired. In: D. Storck, M. Hennecke (Hrsg.): Speechreading by Humans and Machines: Models, Systems and Applications, NATO Advanced Study Institute Series F: Computer and System Sciences, Bd. 150, 445-460, Springer-Verlag, Berlin-Heidelberg.

[Bot96b]   H.-H. Bothe (1996): Automatic phoneme segmentation in fluent German sentences by a fuzzy neural network. Proc. Symp. Intelligent Computing (SIC'96), Budapest.

[Bot97]   H.-H. Bothe (1997): Audio to audio-video speech conversion with the help of phonetic knowledge integration. Proc. IEEE Conf. Systems, Machines, and Cybernetics (SMC'97), Orlando/USA (in press).

[BP92]   J.C. Bezdek, S.K. Pal (Hrsg.; 1992): Fuzzy Models for Pattern Recognition: Methods that Search for Patterns in Data. IEEE Press, New York.

[BP95]   J.C. Bezdek, N.R. Pal (Hrsg.; 1995): Two software relatives of learning vector quantization. Neural Networks, Bd. 8, Heft 5, 729-743.

[BR79]   M. Braae, D.A. Rutherford (1979): Selection of parameters for a fuzzy logic controller. Fuzzy Sets & Syst., Bd. 2, Nr. 3, 185-199.

[Bra91]   R. Brause (1991): Neuronale Netze: Eine Einführung in die Neuroinformatik. B.G. Teubner, Stuttgart.

[Bru94]   D.I. Brubaker (1994): Fuzzy PD+I control. Huntington Technical Brief, Nr. 49, April 1994. Huntington Advanced Technology, 883 Santa Cruz Ave, Suite 31, Menlo Park, CA 94025-4608, U.S.A.

[BS88]   J. Buchman, K. Schulten (1988): Storing sequences in biased patterns in neural networks with stochastic dynamics. In: R. Eckmiller, C. v. d. Malsburg (Hrsg.): Neural Computers, NATO ISI Series, Bd. E41, Springer-Verlag, Berlin, 231-242.

[BS89]   M. Bichsel, P. Seitz (1989): Minimum class entropy: A maximum information approach to layered networks. Neural Networks, Bd. 2, 133-141.

[BS92]   A. Bulsari, H. Saxen (1992): Fuzzy simulation by an artificial neural network. Eng. Appl. Artificial Intelligence, Bd. 5, Nr. 2, 401-406.

[BSA83]   A.G. Barto, R.S. Sutton, C.W. Anderson (1983): Neuronlike adaptive elements that can solve difficult learning control problems. IEEE Trans. Systems, Man Cybernetics. Bd. SMC-13, Nr. 5, 834-847.

[BTP92]   J.C. Bezdek, E.C.K. Tsao, N.R. Pal (1992): Fuzzy Kohonen clustering networks. Proc. IEEE Int. Conf. Fuzzy Systems, San Diego, 1035-1043.

[Buc93]   J.J. Buckley (1993): Sugeno Type Controllers are Universal Controllers. The MYCIN Experiment of the Stanford Heuristic Programming Experiment. Addison-Wesley, Reading.

[Bur88]   D. Bursky (1988): Content-addressable memory does fast matching. Electric. Design, Dez., 119-121.

[Bur91]   P. Burrascano (1991): A norm selection criterion for the generalized delta rule. IEEE Trans. Neural Networks, Bd. 2, Nr. 1, 125-130.

[Bur92]   G. Burgin (1992): Using cerebellar arithmetic computers. AI Expert, Juni, 32-41.

[BW91]   A.J. Baloch, A.M. Waxman (1991): Visual learning, adaptive expertations and learning behavioral conditioning of the mobil robot MAVIN. Neural Networks, Bd. 4, 271-302.

[Car82]   F. Carter (Hrsg., 1982): Molecular Electronic Devices. M. Decker, New York.

[CD76]   J.P. Changeux, A. Danchin (1976): Selective stabilization of developing synapses as a mechanism for the specification of neural networks. Nature (London), Bd. 264, 705-712.

[CDH93]   J.M. Castro, M. Delgado, F. Herrera (1993): A learning method of fuzzy reasoning by genetic algorithms. In: First European Congress of Fuzzy and Intelligent Technologies (EUFIT'93), Aachen, 7-10.9.1993, 804-809.

[CF91]   V. Cingel, N. Fristacky (1991): A temporal logic-based model for event-driven nets. Jour. Real-Time Systems, Bd. 3, 407-428.

[CG86]   M. Cohen, S. Grossberg (1986): Neural dynamics of speech and language coding: Developmental programs, perceptual groupings and competition for short term memory. Hum. Neurobiol. Bd. 5, 1-22.

[CG87a]   G.A. Carpenter, S. Grossberg (1987): ART2: Stable self-organization of pattern recognition codes for analog input patterns. Appl. Optics, Bd. 26, 4919-4930.

[CG87b]   G.A. Carpenter, S. Grossberg (1987): A massively parallel architecture for a self-organizing neural pattern recognition machine. Computer Vision, Graphics, and Image Processing, Bd. 37, 54-115.

[CG87c]   G.A. Carpenter, S. Grossberg (1987): Neural dynamics of category learning and recognition: Attention, memory consolidation and amnesia. In: S. Grossberg (Hrsg.): The Adaptive Brain, I: Cognition, Learning, Reinforcement and Rhythm, Elsevier/North-Holland, Amsterdam, 238-286.

[CG87d]   M. Cohen, S. Grossberg (1987): Masking fields: A massively parallel architecture for learning recognizing and predicting multiple groupings of pattern data. Appl. Optics., Bd. 26, 1866-1891.

[CG88]   G.A. Carpenter, S. Grossberg (1988): The ART of adaptive pattern recognition by a self-organizing neural network. Computer, Bd. 21, März, 77-88.

[CG90]   G.A. Carpenter, S. Grossberg (1990): ART 3: Hierarchical search using chemical transmitters in self-organizing pattern recognition architectures. Neural Networks, Bd. 3, 129-152.

[CG91]   G.A. Carpenter, S. Grossberg (Hrsg.; 1991): Pattern Recognition by Self-organizing Neural Networks. MIT Press, Cambridge, MA.

[CG92]   G.A. Carpenter, S. Grossberg (1992): Fuzzy ARTMAP: Supervised learning, recognition and predictions by a self-organizing neural network. IEEE Commun. Mag. 30, 38-49.

[CGI92]   G.A. Carpenter, S. Grossberg, K.Iizuka (1992): Comparative performance measures of fuzzy ARTMAP, learned vector quantization and back propagation for handwritten character recognition. Proc. Int. J. Conf. Neural Networks, Baltimore, IEEE Service Center, I. Piscataway, N.J.

[CGM92]   G.A. Carpenter, S. Grossberg, N. Markuzon, J.H. Reynolds, D.B. Rosen (1992): Fuzzy multidimensional maps. IEEE Trans. Neural. Networks, Bd. 3, 698-713.

[CGR91a] G.A. Carpenter, S. Grossberg, D.B. Rosen (1991): Fuzzy ART: Fast stable learning and categorization of analog patterns by an adaptive resonance system. Neural Networks, Bd. 1, 759-771.

[CGR91b] G.A. Carpenter, S. Grossberg, J.H. Reynolds (1991): ARTMAP: Supervised real time learning and classification of nonstationary data by a self-organizing neural network. Neural Networks, Bd. 4, 565-588.

[CGS91]   M.L. Commons, S. Grossberg, J.E.R. Staddon (Hrsg.; 1991): Neural Network Models of Conditioning and Action. Erlbaum, Hillsdale, NJ.

[Cha93]   J.-P. Changeux (1993): Chemical signals in the brain. Sci. Am., Bd. 269, Nr. 5, 58-62.

[CK91]   S.-B. Cho, J.H. Kim (1991): A fast back-propagation learning method using Aitken's Δ^2 process. Jour. Neural Networks, Bd. 2, Nr. 1, 37-42.

[CK92]   G. Cybenko, D.J. Kock (1992): Revolution or evolution? IEEE Spectrum, Sept., 39-41.

[CL92]   K.J. Cios, N. Liu (1992): A machine learning method for generation of a neural network architecture: A continuous ID3 algorithm. IEEE Trans. Neural Networks, Bd. 3, Nr.2.

[Coh75]   A.I. Cohen (1975): The retina and optic nerve. In: E. Moses (Hrsg.), Adler's Physiology of the Eye: Clinical Applications, 6. Aufl., Mosby, St. Louis.

[Con86]   M. Conrad (1986): The lure of molecular computing. IEEE Spectrum, Okt., 55-60.

[Cox92]   E. Cox (1992): Integrating fuzzy logic into neural nets. AI Expert, Juni, 43-47.

[CP43]   J.L. McCulloch, W. Pitts: A logical calculus of ideas immanent in nervous activity. Bulletin of Math. Biophysics, Bd. 5, 115-133.

[CR93]   L.O. Chua, T. Roska (1993): The CNN paradigm. IEEE Trans. Circ. Sys., Bd. 40, 147-56.

[CRT91]   L. Console, A.J. Rivolin, P. Torasso (1991): Fuzzy temporal reasoning on causal models. Int. Jour. Intelligent Systems, Bd. 6, Nr.2, 107-133.

[CSJ91]   T. Caudell, S. Smith, C. Johnson, D. Wunsch, R. Escobedo (1991): An industrial application of neural networks to reusable design. Adaptive Neural Systems. Technical Report BCS-CS-ACS-91-001. The Boing Company, Seattle, WA.

[CY88a]   L.O. Chua, L. Yang (1988): Cellular neural networks: Theory. IEEE Trans. Circuits and Systems, Bd. 35, Nr. 10, 1257-1272.

[CY88b]   L.O. Chua, L. Yang (1988): Cellular neural networks: Applications. IEEE Trans. Circuits and Systems, Bd. 35, Nr. 10, 1273-1290.

[Dar72]   H.J.A. Dartnall, (Hrsg., 1972): Photochemistry of Vision. Springer-Verlag, New York.

[Dar77]   H. Darson (Hrsg., 1977): The Eye. 2. Aufl., Academic Press, New York.

[DER94]   D. Driankov, P. Eklund, A. Ralescu (Hrsg.; 1994): Fuzzy Logic and Fuzzy Control. Lecture Notes in Artificial Intelligence 833, Springer-Verlag, Berlin-Heidelberg.

[DH73]   R. Duda, P. Hart (1973): Pattern Classification and Scene Analysis. Wiley, New York.

[DHR96]   D. Driankov, H. Hellendoorn, M. Reinfrank (2. Auflage, 1996): An Introduction to Fuzzy Control. Springer-Verlag, Berlin-Heidelberg.

[Dia88]   Ph. Diamond (1988): Fuzzy least squares. Information Sciences, Bd. 46, 141-157.

[DK94]   J.A. Dickersen, B. Kosko (1994): Ellipsoidal learning and fuzzy throttle control for platoons of smart cars. In: R.R. Yager, L.A. Zadeh (Hrsg., 1994): Fuzzy Sets, Neural Networks, and Soft Computing, 63-84. Van Nostrand Reinhold, New York.

[DM97]   D. Dasgupta, Z. Michalewicz (Hrsg.; 1997): Evolutionary Algorithms in Engineering Applications. Springer-Verlag, Berlin-Heidelberg.

[Dow87]   J.E. Dowling (1987): The Retina, an Approachable Part of the Brain. Belknap Press/ Harward University Press, Cambridge.

[DP79]   D. Dubois, H. Prade (1979): Fuzzy real algebra: some results. Fuzzy Sets and Systems, Bd. 2, 327-348.

[DP80]   D. Dubois, H. Prade (1980): Fuzzy Sets and Systems - Theory and Applications. Academic Press, New York.

[DP88]   D. Dubois, H. Prade (1988): Possibility Theory. Plenum Press, New York.

271

[DP92]   D. Dubois, H. Prade (1992): Possibility Theory: A Tool for Interpolative
          Reasoning and Defeasible Inference. In: Japanisch-Deutsches Zentrum
          Berlin: Joint Japanese-European Symp. on Fuzzy Systems, 4.-7.10.1992,
          Berlin, 103-115.
[DTV90]   M. Delgado, E. Trillas, J. L. Verdegay, M.-A. Vila (1990): The
          generalized "modus ponens" with linguistic labels. In: Proc. IIZUKA
          '90, 725-728.
[EB95]   M. Egelhaaf, A. Borst (1995): Calcium accumulation in visual
          interneurons of the fly: Stimulus dependence and relationship to mem-
          brane potential. J. Neurophysiology, Bd. 73, Nr. 6, 2540-2552.
[Ecc77]   J.C. Eccles (1977): The understanding of the brain. McGraw-Hill, New
          York.
[Fah88]   S.E. Fahlmann (1988): An empirical study of learning speed in back-
          propagation networks. In: D. Touretzky, G. Hinton, T. Sejnowski (Hrsg.):
          Proc. 1988 Connectionist Modelling Summer School, Carnegie Mellon
          University, Morgan Kaufmann, San Mateo, CA.
[FBS97]   D.C. Fitzpatrick, R. Batra, T.R. Stanford, S. Kuwada (1997): A neuronal
          population code for sound localization. Nature, Bd. 388, Nr. 28, 871-874.
[FH93]   S.S. Fels, G.E. Hinton (1993): Glove-Talk: A neural network interface
          between a data-glove and a speech synthesizer. IEEE Trans. on Neural
          Networks, Bd. 4, Nr. 1, 2-8.
[FL90]   S.E. Fahlmann, C. Lebiere (1990): The cascade-correlation learning
          architecture. In: D.S. Touretzky (Hrsg.): Advances in Neural Information
          Processing Systems 2, Morgan Kaufmann, San Mateo, CA, 524-532.
[FM82]   K. Fukushima, S. Miyake (1982): Neocognitron: A new algorithm for
          pattern recognition. Pattern Recognition, Bd. 15, Nr. 6, 455-469.
[FMI83]   K. Fukushima, S. Miyaka, T. Ito (1983): Neocognitron: A neuronal
          network model for a mechanism of visual pattern recognition. IEEE
          Trans. Systems, Man Cybernetics. Bd. SMC-13, Nr. 5, 826-834.
[Fra87]   M.A. Franzini (1987): Speech recognition with back-propagation. Proc.
          9th Ann. Conf. of IEEE Engg. in Medicine and Biology Soc., 1702-
          1703, Boston, MA.
[Fre90]   M. Frean (1990): The upstart algorithm: A method for constructing and
          training feedforward neural networks. Neural Comp., Bd. 2, 198-209.
[Fri91]   B. Fritzke (1991): Let it grow - self-organizing feature maps with problem
          dependent cell structure. Proc. Int. Conf. on Artificial Neural Net-
          works, (ICANN), Espoo, Bd. 1, 403-408, Elsevier Science Publishers,
          Amsterdam.
[Fri93]   B. Fritzke (1993): Kohonen feature maps and growing cell structures -
          a performance comparison. In L. Giles, S. Hanson, J. Cowan (Hrsg.):
          Advances in Neural Information Processing Systems 5 (NIPS-5), Morgan
          Kaufmann, San Mateo, CA.

272

[Fri95]   B. Fritzke (1995): A growing neural gas network learns topologies. In: G. Tesauro, D.S. Touretzky, T.K. Leen (Hrsg.): Advances in Neural Information Processing Systems, 625-632, MIT Press, Cambridge, MA.

[Fri96]   B. Fritzke (1996): Automatic construction of radial basis function networks with the growing neural gas model and its relevance for fuzzy logic. Proc. ACM Symposium on Applied Computing, Philadelphia, PE.

[FRW91] R.C. Fry, E.A. Rietman, C.C. Wong (1991): Back-propagation learning and nonidealities in analog neural network hardware. IEEE Trans. Neural Networks, Bd. 2, Nr. 1, 110-117.

[FS91]   P.W.Frey, D.J. Slate (1991): Letter recognition using Holland-style adaptive classifiers. Machine Learning, Bd. 6, 161-182.

[Fuk75]   K. Fukushima (1975): Cognitron: A self-organizing multilayer neural network. Biol. Cybernetics, Bd. 20, 121-136.

[Fuk80]   K. Fukushima (1980): Neocognitron: A self-organizing neural network model for a mechanism of pattern recognition unaffected by shift in position. Biol. Cybernetics, Bd. 36, 193-202.

[Fuk86]   K. Fukusima (1986): A neural network model for selective attention in visual pattern recognition. Biol. Cybernetics, Bd. 55., Nr. 1, 5-15.

[Fuk90]   Fukunaga, K. (2. Aufl., 1990): Introduction to Statistical Pattern Recognition, Academic Press, Boston, MA.

[Fun89]   K. Funahashi (1989): On the approximate realization of continuous mappings by neural networks. Neural Networks, Bd. 2, Nr. 3, 183-192.

[Gal88]   S.I. Gallant (1988): Connectionist expert systems. Commun. ACM, Bd. 31, Nr. 2, 152-169.

[Gal93]   S.I. Gallant (1993): Neural Network Learning and Expert Systems. MIT Press, Cambridge, Mass.

[Ges92]   N. Geschwind (1992): Die Großhirnrinde. In: Gehirn und Nervensystem, Spektrum der Wissenschaft Verlag, Heidelberg, 10. Auflage, 76–85.

[GGS91] P. Gaudiano, S. Grossberg (1991): Vector associative maps: Unsupervised real-time error-based learning and control of movement trajectories. Neural Networks, Bd. 4, 147-183.

[Gje90]   R.O. Gjerdingen (1990): Categorization of musical patterns by self-organizing neuronlike networks. Music Percept., Bd. 7, 339-370.

[GK89]   S. Grossberg, M. Kuperstein (1989): Neural Dynamics of Adaptive Sensory-motor Control: Expanded edition. Pergamon Press, Elmsford.

[GKE92] P. Goodman, V. Kaburlasos, D.Egbert, G.A. Carpenter, S. Grossberg, J.H. Reynolds, K. Hammermeister, G. Marshall, F. Grover (1992): Fuzzy ARTMAP neural network prediction of heart surgery mortality. Proc. of the Wang Institute Research Conference: Neural Networks for Learning, Recognition and Control. Boston University, Boston, MA, 48.

[GL70]   I. Gitman, M.D. Levine (1970): An algorithm for detecting unimodal fuzzy sets and its application as a clustering technique. IEEE Trans. Comp., Bd. 19, 583-593.

[Gol89]   D.E. Goldberg (1989): Genetic Algorithms in Search, Optimization, and Machine Learning. Addison-Wesley Pub. Comp., Reading, MA.

[Got84]   S. Gottwald (1984): On the existence of solutions of systems of fuzzy equations. Fuzzy Sets and Systems, Bd. 12, 301-302.

[Got93]   S. Gottwald (1993): Fuzzy Sets and Fuzzy Logic. Vieweg-Verlag, Wiesbaden.

[GPD88]   I. Guyon, L. Personnaz, G. Dreyfus (1988): Of points and loops. In: R. Eckmiller, C. v. d. Malsburg (Hrsg.): Neural Computers, NATO ISI Series, Bd. E41, Springer-Verlag, Berlin, 261-269.

[GQ91]   M.M. Gupta, J. Qi (1991): On fuzzy neuron models. Proc. Int. Joint Conf. Neural Networks, Seattle, WA, 431-436.

[Gra95]   A. Grauel (1995): Fuzzy-Logik, Einführung in die Grundlagen und Anwendungen, BI Wissenschaftsverlag, Mannheim.

[Gro69]   S. Grossberg (1969): On learning and energy-entropy dependence in recurrent and nonrecurrent signed networks. J. Stati. Phys., Bd. 1, 319-350.

[Gro72]   S. Grossberg (1972): Neural expectation: Cerebellar and retinal analogs of cells fired by learnable or unlearned pattern classes. Kybernetik, Bd. 10, 49-57.

[Gro76a]   S. Grossberg (1976): On the development of feature detectors in the visual cortex with applications to learning and reaction-diffusion systems. Biol. Cybernetics, Bd. 21, 145-159.

[Gro76b]   S. Grossberg (1976): Adaptive pattern classification and universal recoding. I. Parallel development and coding of neural feature detectors, Biol. Cybernet., Bd. 23, 121-134.

[Gro76c]   S. Grossberg (1976): Adaptive pattern classification and universal recoding. II. Feedback, expectation, olfacation, and illusions, Biol. Cybernet., Bd. 23, 187-202.

[Gro80]   S. Grossberg (1980): How does a brain build a cognitive code? Psychol. Rev., Bd. 1, 1-51.

[Gro82a]   S. Grossberg (1982): A theory of human memory: Self-organization and performance of sensory-motor codes, mapes and plan. In: R. Rosen, F. Snell (Hrsg.): Progress in theoretical biology, Vol. 5, Academic Press, New York.

[Gro82b]   S. Grossberg (1982): Studies of Mind and Brain: Neural Principles of Learning, Perception, Development, Cognition and Motor Control. Reidel Press, Boston.

[Gro87]   S. Grossberg (Hrsg.; 1987): The Adaptive Brain, I: Cognition, Learning, Reinforcement and Rhythm. Elsevier/ North-Holland, Amsterdam.

274

[Gro87]   S. Grossberg (Hrsg.; 1987): The Adaptive Brain, II: Vision, Speech, Language and Motor Control. Elsevier/ North-Holland, Amsterdam.

[Gro88a]   S. Grossberg (Hrsg.; 1988): Neural Networks and Natural Intelligence. MIT Press, Cambridge, MA.

[Gro88b]   S. Grossberg (1988): Nonlinear neural networks: Principles, mechanisms and architectures. Neural Networks, Bd. 1, 17-61.

[Gro93]   S. Grossberg (1993): How does the brain build a cognitive code? Psychol. Rev., Bd. 89, 529-572.

[Gro94]   S. Grossberg (1994): §-D vision and figure-ground separation by visual cortex. Perception & Psychophysics, Bd. 55, Nr. 1, 48-120.

[GS82]   M.M. Gupta, E. Sanchez (Hrsg.; 1982): Approximate Reasoning in Decision Analysis. North-Holland, Amsterdam.

[GS86]   S. Grossberg, G.O. Stone (1996): Neural dynamics of word recognition and recall: Attentional priming, learning and resonance. Psych. Rev., Bd. 93, 46-74.

[GY88a]   M.M. Gupta, T. Yamakawa (Hrsg.; 1988): Fuzzy Computing: Theory, Hardware and Applikations. North-Holland, Amsterdam.

[GY88b]   M.M. Gupta, M.M., T. Yamakawa (Hrsg.; 1988): Fuzzy Logic in Knowledge-Based Systems, Decision and Control. North-Holland, Amsterdam.

[Hag91]   M. O'Hahan (1991): A fuzzy neuron based upon maximum entropy ordered weighted averaging. In: B. Bouchon_meunier, R.R. Yager, L.A. Zadeh (Hrsg.): Uncertainty in Knowledge Bases, Lecture Notes in Computer Sciences, Bd. 521, 598-609.

[Haj85]   B. Hajek (1985): A tutorial survey of theory and applications of simulated annealing. Proc. 24th IEEE Conf. Decision and Control, Dez., 755-760.

[Hal87]   R. Hale (1987): Using temporal logic for prototyping: The design of lift controller. In: B. Banieqbal, H. Barringer, A. Pnueli (Hrsg.): Proc. of Temporal Logic in Specification. Springer-Verlag, New York, 375-408.

[Has89]   M.H. Hassoun (1989): Dynamic heteroassociative neural memories. Neural Networks. Bd. 2, 275-287.

[Has93]   M. Hassoun (Hrsg.; 1993): Associative Neural Memories: Theory and Implementation. Oxford University Press, New York.

[Has95]   M.H. Hassoun (1995): Fundamentals of Artificial Neural Networks. MIT Press, Cambridge.

[Hat90]   N. Hataoka (1990): Large vocabulary speech recognition using neural-fuzzy and concept networks. In: L.B. Wellekens, C.J. Wellekens (Hrsg.): Neural Networks. Proc. EURASIP Workshop 1990, Portugal, Springer-Verlag, New York, 186-196.

[Hay91]   S. Hayashi (1991): Auto-tuning fuzzy PI controler. Proc. of the IFSA'91, 41-44.

275

[Hay94]   S. Haykin (1994): Neural Networks. Macmillan Collage Publishing Company, New York.
[HB95]   J. Haefner, H.-H. Bothe (1996): Fuzzy logic applied to compensation equipment in power electronics. Proc. ACM-SAC'96, Philadelphia,PE.
[HBC92]   Y. Hayashi, J.J. Buckley, E. Czogala (1992): Direct fuzzification of neural network and fuzzified delta rule. Int. Conf. Fuzzy Logic and Neural Networks, Iizuka, 73-76.
[HE93]   H. Hild, A. Waibel (1993): Multi-speaker/speaker-independent architectures for the multi-state time delay neural network. Proc. IEEE Int. Conf. on Acoustics, Speech and Signal Processing, II-255-258, Minneapolis.
[Heb49]   D. Hebb (1949): The Organization of Behaviour. Wiley, New York.
[Hec42]   S. Hecht et al. (1942): Energy, quanta and vision. Jour. Gen. Physiol., Bd. 25, 819.
[Hec87]   R. Hecht-Nielsen (1987): Counterpropagation networks. Appl. Optics, Bd. 26, Nr. 23, 4979-4984.
[Hei95]   L. Heimer (2. Aufl., 1995): The Human Brain and Spinal Cord. Springer-Verlag, Berlin-Heidelberg.
[HFW91]   P. Haffner, M. Franzisi, A. Waibel (1991): Integrating time alignment and neural networks for high performance speech recognition. Proc. IEEE Int. Conf. on Acoustics, Speech and Signal Processing, 105-108, Toronto.
[HG93]   S.K. Halgamuge, M. Glesner (1993): The fuzzy-neural controller FuNe II with a new adaptive defuzzification strategy based on CBAD distributions. First Europ. Congr. Fuzzy and Intelligent Technologies (EUFIT'93), Aachen, 7-10.9.1993, 852-855.
[Hin89]   G.E. Hinton (1989): Connectionist learning procedures. Artifical Intelligence, Bd. 40, 185-234.
[Hin92]   G.E. Hinton (1992): How neural networks learn from experience. Sci. Am., Bd. 261, Nr. 9, 144-151.
[Hir81]   K. Hirota (1981): Concepts of probabilistic sets. Fuzzy Sets and Systems, Bd. 5, 31-46.
[HK91]   S. Hölldobler, F. Kurfeß (1991): CHCL - A connectionist inference system. In: B. Fronhöfer, G. Wrightson (Hrsg.), Parallelization in Inference Systems, Lecture Notes in Computer Science, Springer-Verlag, Berlin-Heidelberg.
[HK92]   L. Holmstrom, P. Koistinen (1992): Using additive noise in back-propagation training. IEEE Trans. Neural Networks, Bd. 3, Nr. 1, 24-38.
[HKP91]   J. Hertz, A. Krogh, R.G. Palmer (1991): Introduction to the Theory of Neural Computation. Addison-Wesley, Reading.
[HM78]   P.C. Hinkle, R.E. McCarty (1978): How cells make ATP. Sci. Am., Bd. 238, Nr. 3, 104-123.
[HM94]   M.T. Hagan, M.B. Menhaj (1994): Training feedforward networks with the Marquard algorithm. IEEE Trans. Neural Net., vol. 5, no. 6, 989-93.

276

[HML93]   J. Herrera, J.L. Verdegay, M. Lozano (1993): Tuning Fuzzy Logic controllers by genetic algorithms. University of Granada, Dept. of Comp. Sci. and Art. Int., Tech. Rep. DECSAI-93102.

[Hof93]   N. Hoffmann (1993): Kleines Handbuch Neuronale Netze, Vieweg, Braunschweig.

[Hol75]   J.H. Holland (1975): Adaption in Natural and Artificial Systems. University of Michigan Press, Ann Arbour.

[Hol80]   J.H. Holland (1980): Adaptive algorithms for discovering and using general patterns in growing knowledge bases. Int. J. Policy Anal. Inform. Syst., Bd. 4, 217-240.

[Hop82]   J.J. Hopfield (1982): Neural networks and physical systems with emergent collective computational abilities. Proc. Nat. Acad. Sci. (USA), Bd. 79, April, 2554-2558.

[Hop84]   J.J. Hopfield (1984): Neurons with graded response have collective computational properties like those of two-state neurons. Proc. Nat. Acad. Sci. (USA), Bd. 81, Mai, 3088-3092.

[HP89]   S.J.Hanson, L.Y. Pratt (1989): Comparing biases for minimal network construction with back-propagation. In: Advances in Neural Information Processing Systems 1, Morgan Kaufmann, San Mateo, CA, 177-185.

[HS81]   L.L. Horowitz, K.D. Senne (1981): Performance advantage of complex LMS for controlling narrow band adaptive arrays. IEEE Circuits, Systems, vol. CAS-28, 562-576.

[HSA86]   G.E. Hinton, T.J. Sejnowski, D.H. Ackley (1986): Boltzmann machines: Constraint satisfaction networks that learn. S.I.A.M. Jour. Control and Optim., Bd. 24, 1031-1043.

[HSG93]   C. Heite, K. Schumacher, K. Goser (1989): Präzise Fuzzy-Logic-Grundgatter in analoger CMOS-Technik mit kleinen Strukturen. ITG Fachberichte 110, VDE-Verlag, 119-125.

[HSL88]   S.U. Hedge, J.L. Sweet, W.B. Levy (1988): Determination of parameters in a Hopfield/Tank computational network. Proc. IEEE Int. Conf. Neural Networks, Juli, II-291-II-298.

[HSW93]   B. Hassibi, D.G. Stork, G.J. Wolff (1993): Optimal brain surgeon and general network pruning. Proc. IEEE Int. Conf. Neural Networks , Bd. I, 293-299, San Francisco.

[HT85]   J.J. Hopfield, D.W. Tank (1985): Neural computation of decisions in optimization problems. Biol. Cybernetics, Bd. 52, 141-152.

[HTX93]   S.Z. He, S. Tan, F.L. Xu, P.Z. Wang (1993): Fuzzy self-tuning of PID controllers. Fuzzy Sets and Systems, Bd. 56, 37-46.

[HW92]   D.H. Hubel, T.N. Wiesel: Die Verarbeitung visueller Information. In: Gehirn und Nervensystem, Spektrum der Wissenschaft Verlag, Heidelberg, 10.Auflage, 1992, 76-85.

[HYH91]   Y. Hirose, K. Yamashita, S. Hijiya (1991): Back-propagation algorithm which varies the number of hidden units. Neural Networks, Bd. 4, 61-66.

[HØ82]   L.P. Holmblad, J.J. Østergaard (1982): Control of cement kiln by fuzzy logic. In: Gupta & Sanchez, 389-400.

[Ich91]   H. Ichihashi (1991): Iterative fuzzy modelling and hierarchical network. Proc. 4th Congr. Int. Fuzzy Set Assoc. (IFSA), Brüssel, 49-52.

[IFT92]   H. Ishibushi, R. Fukioka, H. Tanaka (1992): An architecture of neural networks for input vectors of fuzzy numbers. Proc. IEEE Int. Conf. Fuzzy ħSystems, San Diego, 1293-1300.

[IM91]   D. Ingman, Y. Merlis (1991): Local minimum escape using thermo-dynamic properties of neural networks. Neural Networks, Bd. 4, 395-404.

[IM92]   D. Ingman, Y. Merlis (1992): Maximum entropy signal reconstruction with neural networks. IEEE Trans. Neural Networks, Bd. 3, Nr. 2, 195-201.

[RD92]   I. Requena, M. Delgado (1992): R-FN: A model of fuzzy neuron. Proc. Int. Conf. Fuzzy Logic and Neural Networks, Iizuka, Japan, 793-796.

[Jac88]   L.D. Jackel et. al. (1988): An application of neural net chips: Handwritten digit recognition. Proc. ICNN, San Diego, II-107-II-115.

[Jac89]   R. Jackendoff (1989): Languages of the computation mind. In: J.R. Brink, C.R. Haden (Hrsg.): The Computer and the Brain: Perspectives on Human and Artificial Intelligence, North Holland, New York, 171-190.

[Jäh89]   B. Jähne (1989): Digitale Bildverarbeitung. Springer-Verlag, Berlin-Heidelberg.

[Jai76]   R. Jain (1976): Tolerance analysis using fuzzy sets. Inter. J. Syst. Sci. Bd. 7, Nr. 12, 1393-1401.

[JKZ86]   A. Jones, A. Kaufmann, H.-J. Zimmermann (Hrsg.; 1986): Fuzzy Sets Theory and Applications. NATO ASI Series, D. Reidel Publishing Company, Dordrecht.

[Jam94]   M. Yamshidi (1994): On software and hardware applications of fuzzy logic. In: R.R. Yager, L.A. Zadeh (Hrsg.): Fuzzy Sets, Neural Networks, and Soft Computing, 376-430. Van Nostrand Reinhold, New York.

[Joh90]   R.C. Johnson (1990):Fuzzy-neural hybrid born. Electr. Eng. Times, Aug. 27, 29-33.

[Joh93]   R.C. Johnson (1993): Making the neural-fuzzy connection. Electr. Eng. Times, Sept. 27, 33-36.

[Joh94]   R.C. Johnson (1994): Logicon breeds neural hybrid. Electr. Eng.Times, Jan. 17, 31-32.

[Jor89]   M.I. Jordan (1989): Interminate motor skill learning problems. In: M. Jeannerod (Hrsg.): Attention and performance XIII, Erlbaum, Hillsdale, NJ.

278

[JR96]   A. Jacobs, T. Roska, F. Werblin(1996): Methods for constructing physiologically motivated neuromorphic cells in CNNs. Int. J. Circ. Theory Appl., vol 24, no.5.

[Jud90]   J.S. Judd (1990): Neural network design and the complexity of learning. MIT Press, Cambridge, MA.

[KA94]   B. Kuipers, K. Åström (1994): The composition of heterogenous control laws. In: R.R. Yager, L.A. Zadeh (Hrsg., 1994): Fuzzy Sets, Neural Networks, and Soft Computing. Van Nostrand Reinhold, New York, 45-62.

[Kac83]   J. Kacprzyk (1983): Multistage Decision-Making under Fuzziness. TÜV Rheinland, Köln.

[Kah95]   J. Kahlert (1995): Fuzzy Control für Ingenieure. Fr. Vieweg & Sohn Verlagsgesellschaft, Braunschweig/Wiesbaden.

[Kan86]   A. Kandel (1986): Fuzzy Techniques in Pattern Recognition. John Wiley and Sons, New York.

[Kar90]   S.V. Kartalopoulos (1990): Signal processing and implementation of motion detection neurons in optical pathways. Proc. Globecom'90 Conference, San Diego, Dez. 2-5.

[Kar91]   Chuck Karr (1991): Genetic algorithms for fuzzy controllers. AI Expert, Bd. 6, 26-33.

[Kar94]   S.V. Kartalopoulos (1994): Temporal fuzziness in communications systems. Proc. ICNN, Bd. 7, 4786-4791.

[Kar96]   S.V. Kartalopoulos (1996): Understanding Neural Networks and Fuzzy Logic - Basic Concepts and Applications. IEEE Press, Piscataway.

[Kara94] C. Karaali (1994): Beitrag zur digitalen Regelung von Synchronmaschinen mit Fuzzy-Algorithmen. Dissertation, Berlin.

[Kaw90]   M. Kawato (1990): Computational schemes and neural network models for formation and control of multijoint arm trajectory. In: W.T. Miller III, R.S. Sutton, P.J. Werbos (Hrsg.): Neural networks for control, MIT Press, Cambridge, MA.

[KB97]   N.B. Karayiannis, J.C. Bezdek (in press, 1997): An integrated approach to fuzzy learning vector quantization and fuzzy-c-means-clustering. IEEE Trans. on Fuzzy Systems.

[KBC88]   T. Kohonen, G. Barna, R. Chrisley (1988): Statistical pattern recognition with neural networks. Proc. IEEE Int. Conf. on Neural Networks, San Diego, 61-68.

[Key79]   R.D. Keynes (1979): Ion channels in the nerve-cell membrane. Sci. Am., Bd. 240, Nr. 3, 126-136.

[KF88]   G.J. Klir, T.A. Folger (1988): Fuzzy Sets, Uncertainty, and Information. Prentice-Hall, Englewood Cliffs.

[KG85]   A. Kaufmann, M.M. Gupta (1985): Introduction to Fuzzy Arithmetic: Theory and Applications. Van Nostrand Reinhold, New York.

[KGV83]   S. Kirkpatrick, C.D. Gelatt, M.P. Vecchi (1983): Optimization by simulated annealing. Science, Bd. 220, Nr. 4598, 671-680.

[KH85]   J.M. Keller, D.J. Hunt (1985): Incorporating fuzzy membership functions into the perceptron algorithm. IEEE Trans. Pattern Anal. Machine Intell., PAMI-7, 693-699.

[KH91]   C.-M. Kuan, K. Hornik (1991): Convergence of learning algorithms with constant learning rates. IEEE Trans. Neural Networks, Bd. 2, Nr. 5, 484-489.

[KH92]   R. Kandell, R.D. Hawkins (1992): The biological individuality. Sci. Am., Bd. 261, Nr. 9, 78-83.

[KHS92]   T. Kettner, C. Heite, K. Schumacher (1992): Realisierung eines analogen Fuzzy-Controllers in BiCMOS-Technik. VDE-Fachtagung "Technische Anwendungen von Fuzzy-Systemen", Dortmund, 221-230.

[KK93]   F. Klawonn, R. Kruse (1993): Equality Relations as a Basis for Fuzzy Control. Fuzzy Sets and Systems, Bd. 54, 147-156.

[KKG93]   R. Kruse, F. Klawonn, J. Gebhardt (1993): Fuzzy-Systeme, Teubner, Stuttgart.

[KM75]   P.J. King, E.H. Mamdani (1975): The application of fuzzy control systems to industrial processes. In: IFAC World Congress, MIT, Boston.

[KM86]   M. Karplus, J.A. McCammon (1986): The dynamics of proteins. Sci. Am., Bd. 254, Nr. 4, 42-51.

[KM90]   Y. Kodratoff, R. Michalski (1990): Machine Learning. Vol. 3, Morgan Kaufmann, San Mateo, CA.

[KM96]   C. Koch, B. Mathur (1996): Neuromorphic vision chips. IEEE Spectrum, Bd. 5, 38-46.

[Kni90]   K. Knight (1990): Connectionist ideas and algorithms. Commun. ACM, Bd. 33, Nr. 11. 59-74.

[Knu68]   D.E. Knuth (1968): Semantics of context-free languages. Math. Syst. Theory, Bd. 2, 127-145.

[Koh72]   T. Kohonen (1972): Correlation matrix memories. IEEE Trans. Comp., Bd. C-21, 353-359.

[Koh84]   T. Kohonen (1984): Content-addressable Memories. Springer-Verlag, Berlin-Heidelberg.

[Koh89]   T. Kohonen (1989): Self-Organization and Associative Memory (3rd ed.). Springer-Verlag, Berlin-Heidelberg.

[Kos86]   B. Kosko (1986): Fuzzy entropy and conditioning. Inform. Sci., Bd. 40, 165-174.

[Kos87a] B. Kosko (1987): Adaptive inference in fuzzy knowledge networks. Proc. 1987 Int. Joint Conf. Neural Networks, Bd. 2, 261-268.

[Kos87b] B. Kosko (1987): Adaptive bidirectional associative memories. Appl. Optics, Bd. 26, Nr. 23, 4947-4959.

[Kos88]   B. Kosko (1988): Bidirectional associative memories. IEEE Trans. Systems, Man, and Cybernetics, Bd. SMC-18, 42-60.

[Kos90]   B. Kosko (1990). Unsupervised learning in noise. IEEE Trans. Neural Networks, Bd. 1, Nr. 1, 44-57.

[Kos92a]   B. Kosko (1992): Fuzzy Systems as Universal Approximators. Proc. IEEE Conf. on Fuzzy Systems, San Diego, 1153-1162.

[Kos92b]   B. Kosko (1992): Neural Networks and Fuzzy Systems. Prentice-Hall, Englewood Cliffs.

[KP90]   J.F. Knight, K.M. Passino (1990): Decidability for a temporal logic used in discrete system analysis. Int. Jour. Control, Bd. 52, Nr. 6, 1489-1506.

[Kro87]   F. Kroeger (1987): Temporal Logic of Programs. Springer-Verlag, Berlin-Heidelberg.

[KS93]   E.P. Klement, W. Slany (Hrsg.; 1993): Fuzzy Logic in Artificial Intelligence. Lecture Notes in Artificial Intelligence 695, Springer-Verlag, Berlin-Heidelberg.

[KUI88]   M. Kawato, Y. Uno, M. Isobe, R. Suzuki (1988): A hierarchical neural network model for voluntary movement with applications to robotics. IEEE Control Syst. Mag., Bd. 8, 8-16.

[Kun93]   S.Y. Kung (1993): Digital Neural Networks. Prentice Hall, Englewood Cliffs.

[LA87]   P.J.M. van Laarhoven, H.L. Aarts (1987): Simulated Annealing: Theory and Applications. D. Reidel Publishing, Norwell, Mass.

[Lap93]   P.A. Laplante (1993): Real-time systems design and analysis, an engineer's handbook. IEEE Press, Piscataway, NJ.

[LB89]   C:C: Lee, H. Berenji (1989): An intelligent controller based on approximate reasoning and reinforcement learning. Proc. IEEE Intelligent Machine, 200-205.

[LDS90]   Y. Le Cun, J.S. Denker, S.A. Solla (1990): Optimal brain damage. In: D.S. Touretzky (Hrsg.): Advances in Neural Processing Systems, Bd. 2 (NIPS-2), Morgan-Kaufmann, San Mateo, CA, 598-605.

[Lee90]   C.C. Lee (1990): Fuzzy Logic in Control Systems: Fuzzy Logic Controller, Teile 1,2. IEEE Trans. on Systems, Man & Cybernetics, Bd. 20, 404-435.

[Lee91]   T.C. Lee (1991): Structure Level Adaptation for Artificial Neural Networks. Kluwer Academic, Boston.

[Lee93]   J. Lee (1993): On methods for improving performance of PI-type fuzzy logic controllers. IEEE Trans. on Fuzzy Systems, Bd. 1, 298-301.

[Lev85]   W.B. Levy (1985): Associative changes at the synapse: LTP in the hippocampus. In: W.B. Levy, J. Anderson, S. Lehmkuhle (Hrsg.): Synaptic Modification, Neuron Selectivity and Nervous System Organization, Erlbaum, Hillsdale, NJ, 105-121.

[Lig92]   F.S. Ligler (1992): Fiber optic based biosensor. Report N92-22458, American Institute of Aeronautics and Astronautics.

[Lin86]   R. Linsker (1986): From basic network principles to neural architecture. Emergence of spatial-opponent cells. Proc. Natl. Acad. Sci. U.S.A. Bd. 83, 8779-8783.

[Lin88]   R. Linsker (1988): Self-organization in a perceptual network. Computer, März, 105-117.

[Lip87]   R.P. Lippmann (1987): An introduction to computing with neural nets. IEEE Mag. Acoustics, Signals, and Speech Processing, Bd. 4, 4-22.

[Lip89]   R.P. Lippmann (1989): Review on neural networks for speech recognition. Neural Computation, Bd. 1, Nr. 1, 1-38.

[LL74]   S.C. Lee, E.T. Lee (1974): Fuzzy sets and neural networks. Jour. Cybernetics, Bd. 4, 83-103.

[LL75]   S.C. Lee, E.T. Lee (1975): Fuzzy neural networks. Math. Biosci., Bd. 23, 151-177.

[LL91]   C.T. Lin, C.S.G. Lee (1991): Neural-network-based fuzzy logic control and decision system. IEEE Trans. Computers, Bd. C-40, Nr. 12, 1320-1336.

[LL92]   C.T. Lin, C.S.G. Lee (1992): Real-time supervised structure/parameter learning for fuzzy neural network. Proc. IEEE Int. Conf. Fuzzy Syst., San Diego, CA, 1283-1290.

[LL94]   C.T. Lin, C.S.G. Lee (1994): Supervised and unsupervised learning with fuzzy similarity for neural networked-based fuzzy logic control systems. In: R.R. Yager, L.A. Zadeh (Hrsg.): Fuzzy Sets, Neural Networks, and Soft Computing. Van Nostrand Reinhold, NY, 85-125.

[LMW95]   K. Lieven, W. Meier, R. Weber, H.-J. Zimmermann (1995): Methoden und Anwendungen der Fuzzy Datenanalyse und Neuro-Fuzzy Systeme. In: H.-J. Zimmermann (Hrsg.): Neuro-Fuzzy, Technologien und Anwendungen. VDI-Verlag, Düsseldorf.

[LNR87]   J.E. Laird, A. Newell, P.S. Rosenbloom (1987): SOAR: An architecture for general intelligence. Artificial Intelligence , Bd. 33, 1-64.

[Loè63]   M. Loève (1963): Probability Theory. Van Nostrand, New York.

[LRS74]   P.M. Lewis, D.J. Rosendrantz, R.E. Stearns (1974): Attributed translations. J. Comp. System Sci., Bd. 9, 279-307.

[ŁT32]   J. Łukasiewicz, A. Tarski (1932): Untersuchungen über den Aussagenkalkül. Comptes Rendus Soc. Sci. et Lettr. Varsovie, cl III, 23, 30-50.

[LT92]   C.J. Li, J.C. Tzou (1992): Neural fuzzy point processes. Fuzzy Sets and Systems, Bd. 48, 297-303.

[LWH90]   K.J. Lang, A.H. Waibel, G.E. Hinton (1990): A time-delay neural network architecture for isolated word recognition. Neural Networks, Bd. 3, 23-43.

[MA81]   E.H. Mamdani, S. Assilian (1981): An Experiment in Linguistic Synthesis with a Fuzzy Logic Controller. International Journal of Man-Machine Studies, Bd. 7, 1-13.

[MA87]   M. Mishkin, T. Appenzeller (1987): The anatomy of memory. Sci. Am., Bd. 256, Nr. 6, 80-89.

[Mac67]   J. MacQueen (1967): Some methods for classification and analysis of multivariate observations. In: L.M. LeCam, J. Neyman (Hrsg.): Proc. 5th Berkeley Symp. Mathematics, Statistics, and Probability, University of California Press, Berkeley, 281-297.

[Mal73]   C. von der Malsburg (1973): Self-organizing of orientation sensitive cells in the striate cortex. Kybernetik, Bd. 14, 85-100.

[Mar63]   D. Marquard (1963): An algorithm for least squares estimation of non-linear parameters. J. Soc. Appl. Math., 431-441.

[Mas86]   R.H. Masland (1986): The functional architecture of the retina. Sci. Am., Bd. 255, Nr. 6, 102-111.

[Mas94]   D.W. Massaro (1994): A pattern recognition account of decision making. Memory & Cognition, 22(5), 616-627.

[May63]   C.H. Mays (1963): Adaptive Threshold Logic. PhD thesis, Tech. Rep. 1557-1, Stanford Electronic Labs., Stanford, CA.

[May64]   C.H. Mays (1964): Effects of adaptation parameters on convergence time and tolerance for adaptive threshold elements, IEEE Trans. Electronic Comp., EC-13, 465-468.

[MB90]   M. Morgan, H. Bourlard (1990): Generalization and parameter estimation in feedforward nets: Some experiments. In: D.S. Touretzky (Hrsg.): Advances in Neural Information Systems 2 (NIPS-2), Morgan Kaufmann, San Mateo, CA, 630-637.

[MC79]   R. Levi-Montalcini, P. Calissano (1979): The nerve-growth factor. Sci. Am., Bd. 240, Nr. 6, 68-77.

[MC93]   D.W. Massaro, M.M. Cohen (1993): The paradigm and the fuzzy logical model of perception are alive and well. J. Experimental Psychology, Bd. 122, Nr. 1, 115-124.

[MD89]   J. Moody, J. Darken (1989): Fast learning in networks of locally-tuned processing units. Neural Comp., Bd. 1, 281-294.

[ME83]   O. Macchi, E. Eweda (1983): Second-order convergence analysis of stochastic adaptive linear filtering. IEEE Trans. Automatic Control, Bd. AC-28, Nr. 1, 76-85.

[Med61]   P. Medgassy (1961): Decomposition of Superposition of Distributed Functions. Ungarische Akademie der Wissenschaften, Budapest.

[Mes93]   H.P. Messmer (1993): Pentium. Klassische CISC-Konzepte, moderne RISC-Strategien und ein Vergleich mit Alpha, Power PC, MIPS, SPARC, Fuzzy Logic und Neuronalen Netzen. Addison-Wesley, Bonn.

[MG81]   E.H. Mamdani, B.R. Gaines (Hrsg.; 1981): Fuzzy Reasoning and Its Applications. Academic Press, Boston.

[MHN89]   T. Matsuoka, H. Hamada, R. Nakatsu (1989): Syllable recognition using integrated neural networks. Proc. IJCNN, Washington, DC, 18-23, 251-258.

[Mil90]   W.T. Miller III et al. (1990): CMAC, an associative neural network alternative to backpropagation. Proc. IEEE, Bd. 78, Okt., 10.

[Miy90]   S. Miyamoto (1990): Fuzzy Sets in Information Retrieval and Cluster Analysis. Kluwer Academic Publishers, Dordrecht.

[MMS93]   B. Mechler, A. Mayer, A. Schlindwein, R. Wolke (1993): Fuzzy Logic - Einführung und Leitfaden zur praktischen Anwendung. Mit Fuzzy-Shell in C++. Addison-Wesley, Bonn.

[MN89]   M. Mezard, J.P. Nadal (1989): Learning in feedforward layered networks: The tiling algorithm. J. Phys., Bd. 22, 2191-2204.

[Moo89]   B. Moore (1989): ART 1 and pattern clustering. In: D. Touretzky, G. Hinton, T. Sejnowski (Hrsg.): Proc. 1988 Connectionist Models Summer School, Morgan Kaufmann, San Mateo, 174-185.

[MP43]   W.W. McCulloch, W. Pitts (1943): A logical calculus of the ideas imminent in nervous activity. Bull. Math. Biophys., Bd. 5, 115-133.

[MP69]   M.L. Minsky, S.Papert (1969): Perceptrons: An Introduction to Computational Geometry. MIT Press, Cambridge,MA.

[MP92]   Z. Manna, A. Pnueli (1992): The Temporal Logic of Reactive and Concurrent Systems-specification. Springer-Verlag, New York.

[MPR87]   R.J. McEliece, E.C. Posner, E.R. Rodemich, S.S. Venkatesh (1987): The capacity of the Hopfield associative memory. IEEE Trans. Information Theory, Bd. IT-33, 461-482.

[MR90]   B. Müller, J. Reinhardt (1990): Neural Networks: An Introduction. Springer-Verlag, Berlin-Heidelberg.

[MST]   R. Mooney, J. Shavlik, G. Towell, A. Gove: An experimental comparison of symbolic and connectionist learning algorithms., Readings Machine Learning, 171-176.

[MTK93]   T. Miyoshi, S. Tano, Y. Kato, T. Arnould (1993): Operator tuning in fuzzy production rules using neural networks. Proc. IEEE Int. Conf. Neural Networks, San Francisco, 641-646.

[MVM90]   H.L.J. van der Maas, P.F.M.J. Verschure, P.C.M. Molenaar (1990): A note on chaotic behavior in simple neural networks. Neural Networks, Bd. 3, 119-122.

[MW81]   Z. Manna, P. Wolper (1981): Synthesis of communicating processes from temporal logic specifications. Report Nr. STAN-CS-81-872, Department of Computer Science, Stanford University.

284

[MYY81]   U. Matsuei, O. Yumi, T. Yousuke, A. Hiroshi (1981): A new method using neural networks to evaluate the transitional thermal sensation of automobile occupant. Toyota Central Research, Nr. 920217.

[MZ82]   M. Mizumoto, H.-J. Zimmermann, (1982): Comparison of Fuzzy Reasoning Methods. Fuzzy Sets and Systems, Bd. 8, 253-283.

[Nak72]   N. Nakano (1972): Association: A model of associative memory. IEEE Trans. Systems, Man, and Cybernetics, Bd. SMC-2, 381-388.

[Neu58]   J. von Neumann (1958): The Computer and the Brain. Yale Univ. Press, New Haven, Conn.

[NF92]   W.J.H. Nauta, M. Feirtag(1992): Die Architektur des Gehirns. In: Gehirn und Nervensystem, Spektrum der Wissenschaft Verlag, Heidelberg, 10.Auflage, 88-99.

[NFH92]   K. Nakamura, T. Fujimaki, R. Horikawa, Y. Ageishi (1992): Fuzzy network production system. Int. Conf. Fuzzy Logic and Neural Networks, Iizuka, Japan, 127-130.

[NHW92]   H. Nomura, I. Hayashi, N. Wakami (1992): A learning method of fuzzy inference rules by descent method. Proc. IEEE Int. Conf. on Fuzzy Systems, San Diego, 8-12.3.1992, 203-210.

[Nil65]   N. Nilssen (1965): Learning Machines. McGraw-Hill, New York.

[NK91]   A. Nafarieh, J.M. Keller (May 1991): A new approach to inference in approximate reasoning. Fuzzy Sets and Systems, Bd. 41, 17-37.

[NKK94]   D. Nauck, F. Klawonn, R. Kruse (1994): Neuronale Netze und Fuzzy-Systeme. Vieweg, Braunschweig.

[NKS95]   D. Nauck, K. Kruse, R. Stellmach (1995): New learning algorithms for the neuro-fuzzy environment NEFCON-I. Proc. 3rd Deutscher GI-Workshop "Neuro-Fuzzy-Systeme", Darmstadt, 15-17.11.1995.

[NMG96]   R.A. Normann, E.M. Maynard, K.S. Guillory, D.J. Warden (1996): Cortical implants for the blind. IEEE Spectrum, 5, 54-59.

[NL92]   D. Neumerkel, F. Lohnert (1992): Anwendungsstand Künstlicher Neuronaler Netze in der Automatisierungstechnik. atp-Automatisierungstechnische Praxis 34, 11, 640-645.

[NMW92]   J.G. Nicholls, A.R. Martin, B.G.Wallace (1992): From Neuron to Brain, 3. Aufl., Sinauer Associates, Inc., Publishers, Sunderland, Mass.

[Nor92]   T. Norita (1992): Engineering Application of Fuzzy Systems - Applications of Image Processing and Understanding with Fuzzy Theory. In: Japanisch-Deutsches Zentrum Berlin: Joint Japanese-European Symp. on Fuzzy Systems, 4.-7.10.1992, Berlin, 218-225.

[NW90]   D. Nguyen, B. Widrow (1990): The truck backer-upper: An example of self-learning in neural networks. In: W.T. Miller III, S. Sutton, P.J. Werbos (Hrsg.): Neural Networks for Control, MIT Press, Cambridge, Mass., 287-299.

[Oja82]   E. Oja (1982): A simplified neuron model as a pricipal component analyzer. J. Math. Biology, Bd. 15, 267-73.

[Ost89]   J.S. Ostroff (1989): Temporal Logic for Real-time Systems. Research Studies Press, Ltd., London and John Wiley&Sons, New York.

[PA88]   K.M. Passino, P.J. Antsaklis (1988): Branching time temporal logic for discrete event system analysis. Proc. 26th Annual Allerton Conf. on Communication, Control and Computing. Urbana-Champaign, 10.

[Pao89]   Y.-H. Pao, (1989): Adaptive Pattern Recognition and Neural Networks. Addison-Wesley, Reading.

[Pap84]   A. Papoulis (1984): Probability, Random Variables, and Stochastic Processes. McGraw-Hill, New York, 47-48.

[Par82]   D.B. Parker (1982): Learning Logic. Invention Report, S81-64, File 1, Office of Technology Licensing, Stanford University, Stanford, CA .

[Par87]   D.B. Parker (1987): Optimal algorithms for adaptive networks: Second-order backpropagation, second-order direct propagation, and second-order hebbian learning. Proc. IEEE Int. Conf. Neural Networks, Bd. 2, 593-600.

[PBT93]   N.R. Pal, J.C. Bezdek, E.C.-K. Tsao (1993): Generalized clustering networks and Kohonen's self-organizing scheme. IEEE Trans. Neural Networks, Bd. 4, 549-557.

[PC92]   W. Pedrycz, H.C. Card (1992): Linguistic interpretation of self-organizing maps. Proc. IEEE Int. Conf. on Fuzzy Systems, San Diego, 371-378.

[PDH97]   R. Palm, D. Driankov, H. Hellendoorn (1997): Model Based Fuzzy Control. Springer-Verlag, Berlin-Heidelberg.

[PDM78]   S.K. Pal, D. Dutta Majumder (1978): On automatic plosive identification using fuzziness in property sets. IEEE Trans. Systems, Man, and Cybernetics, Bd. 8, 302-308.

[PDM86]   S.K. Pal, D.K. Dutta Majumder. Fuzzy Mathematical Approach to Pattern Recognation. John Wiley, New York.

[Ped93]   W. Pedrycz (1993): Fuzzy Control and Fuzzy Systems, 2., erw. Auflage. John Wiley & Sons, New York.

[Pen55]   R. Penrose (1955): A generalized inverse for matrices. Proc. Cambridge Phil. Soc., Bd. 51, 406-413.

[PG89]   T. Poggio, F. Girosi (1989): Networks for approximation and learning. Proc. IEEE, Bd. 78, Nr. 9, 1481-1497.

[Pin88]   F.J. Pineda (1988): Generalization of backpropagation to recurrent and higher order networks. In: D.Z. Anderson (Hrsg.): Neural Information Processing Systems, American Institute of Physics, New York, 602-611.

[Pir53]   M.H. Pirenne (1953): Absolute visual thresholds. Jour. Physiol. (London), Bd. 123, 409.

[PK81]   S.K. Pal, R.A. King (1981): Image enhancement using smoothing with fuzzy sets. IEEE Trans. Syst. Man Cybernet., Bd. 11, 494-501.

[PK87]   T. Poggio, C. Koch (1987): Synapses that compute motion. Sci. Am., Bd. 256, Nr. 5, 46-52.

[PKL94]   J.J. Park, A. Kandel, G. Langholz, L. Hawkins (1994): Neural network processing of linguistic symbols. In: R.R. Yager, L.A. Zadeh (Hrsg.): Fuzzy Sets, Neural Networks, and Soft Computing. Van Nostrand Reinhold, New York, 265-284.

[PM47]   W. Pitts, W.S. McCulloch (1947): How we know universals: The perception of auditory and visual forms. Bull. Math. Biophys., Bd. 9, 27-47.

[PM77]   C.P. Pappis, E.H. Mamdani (1977): A fuzzy logic controller for a traffic junction. IEEE Trans. Systems, Man Cybernetics. Bd. SMC-7, Nr. 10, 707-717.

[PM79]   T.J. Procyk, E.H. Mamdani (1979): A linguistic self-organising process controller. Automat., Bd. 15, Nr.1, 15-30.

[PNH86]   D.S. Plaut, S. Nowlan, G. Hinton (1986): Experiments on learning with back propagation. Technischer Bericht CMU-CS-86-126, Dept. Comp. Sc., Carnegie -Mellon University, Pittsburgh, PA.

[Pnu77]   A. Pnueli (1977): The temporal logic of programs. Proc. 18th IEEE Symp. on Found. of Comp. Sci, 46-57.

[Pow85]   M.J.D. Powell (1985): Radial basis function for multi-variable interpolation: A review. Proc.. IMA Conf. on Algorithm for the Approximation of Function and Data, RMCS, Shrivenham.

[Pre92a] H.-P. Preuß (1992a): Fuzzy-Control-heuristische Regelung mittels unscharfer Logik. atp, Oldenbourg, Bd. 4, Nr. 34, 176-184.

[Pre92b] H.-P. Preuß (1992b): Fuzzy-Control-heuristische Regelung mittels unscharfer Logik. atp, Oldenbourg, Bd. 5, Nr. 34, 239-246.

[PS75]   C.A. Podgham, J.E. Saunders (1975): The Perception of Light and Color. Academic Press, New York.

[Pup88]   F. Puppe (1988): Einführung in Expertensysteme. Springer-Verlag, Berlin.

[Ral94]   A. Ralescu (Hrsg.; 1994): Fuzzy Logic in Artificial Intelligence. Lecture Notes in Artificial Intelligence 847, Springer-Verlag, Berlin-Heidelberg.

[Rat90]   R. Ratcliff (1990): Connectionist models of recognition memory: Constraints imposed by learning and forgetting functions. Psychol. Rev., Bd. 97, 285-308.

[RB93]   M. Riedmiller, H. Braun (1993): A direct adaptive method for faster back-propagation learnung: The RPROP algorithm. Proc. IEEE Int. Conf. Neural Networks, San Francisco, 586-591.

[RC93]   T. Roska, L.O. Chua (1993): The CNN universal machine: An analogic
         array computer. IEEE Trans. Circuits and Systems, Bd. 40, Nr. 3,
         163-173.

[RCE82] D.L. Reilly, L.N. Cooper, C. Elbaum (1982): A neural model for category
         learning. Biol. Cybernet., Bd. 45, 35-41.

[Rei94] G. Reil (1994): Prozeßregelung numerisch gesteuerter Umformmaschinen
         mit Fuzzy Logic. (Berichte aus der Fertigungstechnik) Shaker-Verlag.

[Rep91] B.H. Repp (1991): Perceptual restoration of a "missing" speech sound:
         Auditory induction or illusion? Haskins Laboratories Status Report on
         Speech Research, SR-107/108, 147-170.

[Reu92] B. Reusch (Hrsg.; 1992): Fuzzy Logic. Theorie und Praxis. 2. Dort-
         munder Fuzzy-Tage. Springer-Verlag, Berlin.

[Reu93] B. Reusch (Hrsg.; 1993): Fuzzy Logic. Theorie und Praxis. 3. Dort-
         munder Fuzzy-Tage. Springer-Verlag, Berlin.

[Reu94] B. Reusch (Hrsg.; 1994): Fuzzy Logic. Theorie und Praxis. 4. Dort-
         munder Fuzzy-Tage. Springer-Verlag, Berlin.

[RG93]   T.A. Runkler, M. Glesner (1993): Approximative Synthese von Fuzzy-
         Controllern. Proc. 3. Dortmunder Fuzzy-Tage, Dortmund, 7-8.6.1993.

[RHW86] D.E. Rumelhart, G.E. Hinton, R.J. Williams (1986): Learning internal
         representations by error propagation. In: D.E. Rumelhart, J.L. McClelland
         (Hrsg.): Parallel Distributed Processing: Explorations in the Micro-
         structures of Cognition. Bd. 1, MIT Press, Cambridge, MA, 318-362.

[RM86]   D.E. Rumelhart, J.L. McClelland (1986): Parallel distributed processing:
         Explorations in the microstructure of cognition. Bd. 1: Foundations. MIT
         Press, Cambridge, MA.

[RMS90] H. Ritter, T. Martinetz, K. Schulten (1990): Neuronale Netze: Eine
         Einführung in die Neuroinformatik selbstorganisierender Netzwerke.
         Addison-Wesley.

[RND77] E.M. Reinhold, J. Nevergelt, N. Deo (1977): Combinatorial Algo-
         rithms: Theory and Practice. Prentice Hall, Englewood Cliffs, N.J.

[Rom88] H. Rommelfanger (1988): Entscheiden bei Unschärfe: Fuzzy Decision
         Support-Systeme. Springer-Verlag, Berlin.

[Ros58] F. Rosenblatt (1958): The perceptron: A probabilistic model for
         information storage and organization in the brain. Psychol. Rev., Bd. 65,
         Nr. 6, 386-408.

[Ros59] F. Rosenblatt (1959): Two theorems of statistical separability in the
         perceptron. In: Mechanization of Thought Processes: Proc. of a Symp.
         held at the National Physical Laboratory, Nov. 1958, 1, 421-456. London,
         HM Stationary Service.

[Ros62] F. Rosenblatt (1962): Principles of Neurodynamics: Perceptrons and the
         Theory of Brain Mechanism. Spartan Books, Washington D.C. .

288

[Rou78]   M. Roubens (1978): Pattern classification problems and fuzzy sets. Fuzzy
           Sets and Systems, Bd. 1, 239-253.
[RS79]   J.P. Rauschecker, W. Singer (1979): Changes in the circuitry of the
           kittens visual cortex are gated by postsynaptic activity. Nature (London),
           Bd. 280, 58-60.
[RS88]   H. Ritter, K. Schulten (1988): Kohonen's self-organizing maps: Exploring
           their computational capabilities. Proc. IEEE Int. Conf. on Neural
           Networks, San Diego, 109-116.
[RSA93]   U. Rückert, L. Spaanenburg, J. Anlauf (1993): Anwendungsstand
           Künstlicher Neuronaler Netze in der Automatisierungstechnik, Gemein-
           schaftsbeitrag des GMA-Ausschusses "Künstliche Neuronale Netze", Teil
           7: Hardwareimplem. Neuronaler Netze. atp Bd. 35, Nr. 7, 414-420.
[RT89]   J. Rubner, P. Tavan (1989): A self-organizing network for principal
           component analysis. Europhysics Letters, Bd. 10, 693-698.
[Rut89]   R.A. Rutenbar (1989): Simulated annealing algorithms: An overview.
           IEEE Circuits and Devices Mag., Jan., 19-26.
[RW88]   M. Radman, R. Wagner (1988): The high fidelity of DNA duplication.
           Sci. Am., Bd. 259, Nr. 2, 40-46.
[RZ85]   D.E. Rumelhart, D. Zipser (1985): Feature discovery by competitive
           learning. Cognitive Sci., Bd. 9, 75-112.
[Sal89]   R. Salomon (1989): Adaptive Regelung der Lernrate bei Back-
           Propagation. Forschungsberichte des Fachbereichs Informatik, Tech.
           Bericht 1989-24, Technische Universität Berlin.
[Sal90]   S.L.Salzberg (1990): Learning with nested generalized exemplars. Kluwer
           Academic Publishers.
[Sam81a]   A.G. Samuel (1981): The rule of bottom-up confirmation in the
           restoration illusion. J. Exp. Psychol. Hum. Percept. Perform., Bd. 7,
           1124-1131.
[Sam81b]   A.G. Samuel (1981): Phonetic restoration: Insights from a new metho-
           dology. J. Exp. Psychol. General, Bd. 110, 474-494.
[SB87]   J.L. Schnapf, D.A. Baylor (1987): How photoreceptor cells respond to
           light. Sci. Am., Bd. 256, Nr. 4, 40-47.
[SCS91]   P.A. Shoemaker, M.J. Carlin, R.L. Shimabukuro (1991): Back-
           propagation learning with trinary quantisation of weight updates. Neural
           Networks, Bd. 4, 231-241.
[Sel90]   K.L. Self (1990): Fuzzy logic design. IEEE Spectrum, Bd. 27, Nr. 105,
           42-44.
[SH96]   D. Storck, M. Hennecke (Hrsg.): Speechreading by Humans and
           Machines: Models, Systems and Applications, NATO Advanced Study
           Institute Series F: Computer and System Sciences, Bd. 150, Springer-
           Verlag, Berlin-Heidelberg.

[Sha92]   C.J. Shatz (1992): The developing brain. Sci. Am., Bd. 261, Nr. 9, 61-67.

[SHG90]   E. Schöneburg, N. Hansen, A. Gawelczyk (1990): Neuronale Netze: Einführung, Überblick und Anwendungsmöglichkeiten. Markt&Technik-Verlag, Haar.

[SHH92]   H. Surmann, K. Heesche, M. Hoh, K. Goser, R. Rudolf (1992): Entwicklungsumgebung für Fuzzy-Controller mit neuronaler Komponente. VDE-Fachtagung "Technische Anwendungen von Fuzzy-Systemen", Dortmund, 288-296.

[Sin83]   W. Singer (1983): Neuronal activity as a shaping factor in the self-organization of neuron assemblies. In: E. Basar, H. Flohr, H. Haken, A.J. Mardell (Hrsg.): Synergetics of the Brain, Springer Verlag, New York.

[SKI80]   T. Sato, T. Kawamura, E. Iwai (1980): Responsiveness of inferotemporal single units to visual pattern stimuli in monkeys performing discrimination. Experimental Brain Res., Bd. 38, Nr. 3, 313-319.

[SL72]   W.R. Sturegeon, W.R. Loscutoff (1972): Application of Modal Control and Dynamic Observers to Control of a Double Inverted Pendulum. Proc. JACC, 857-865.

[SM81]   R.W. Schvaneveldt, J.E. MacDonald (1981): Semantic context and the encoding of words: Evidence for two modes of stimulus analysis. J. Exp. Psychol. Hum. Percep. Perform., Bd. 7, 673-687.

[SM85]   E.M. Scharf, N.J. Mandic (1985): The application of a fuzzy controller to the control of a multi-degree-freedom robot arm. In: M. Sugeno (Hrsg.): Industrial Application of Fuzzy Control, North-Holland, Amsterdam, 41-62.

[SN85]   M. Sugeno, N. Nishida (1985): Fuzzy control of model car. Fuzzy Sets and Systems, Bd. 16, 103-113.

[Sof86]   B. Soffer (1986): Associative holographic memory with feedback using phase-conjugate mirrors. Optics Lett., Bd. 11, 118-120.

[Spä75]   H. Späth (1975): Cluster-Analyse-Algorithmen zur Objektklassifizierung und Datenreduktion. Oldenbourg-Verlag, München.

[Spe70]   R.W. Sperry (1970): Perception in the absence of the neocortical commissures. Perception and Disorders, Bd. 48, 123-138.

[Spe90]   D.E. Specht (1990): Probabilistic neural networks. Neural Networks, Bd. 3, 109-118.

[Spe90]   D.F. Specht (1990): Probabilistic neural networks and the polynomial adaline as complimentary technique for classification. IEEE Trans. Neural Networks, Bd. 1, Nr. 1, 111-121.

[Spe91]   D.E. Specht (1991): A general regression neural network. IEEE Trans. Neural Networks, Bd. 2, Nr. 6, 568-576.

290

[Spi93]   M. Spiess, (1993): Unsicheres Wissen. Wahrscheinlichkeit, Fuzzy–Logik und neuronale Netze in der Psychologie. Spektrum Akademischer Verlag.

[SR88]   T.J. Sejnowski, C.R. Rosenberg (1986): NETtalk: A parallel network that learns to read aloud. In: J.A. Anderson, E. Rosenfeld (Hrsg.): Neurocomputing: Foundations of Research, 663-672, MIT Press, Cambridge.

[SS92]   D. Stoyan, H. Stoyan (1992): Fraktale - Formen - Punktfehler. Akademie Verlag, Berlin.

[STV93]   S.M. Sulzberger, N.N. Tschichold-Gürman, S.J. Vestli (1993): Optimization of fuzzy rule based systems using neural networks. Proc. IEEE Int. Conf. on Neural Networks, San Francisco, 312-316.

[Sug77]   M. Sugeno (1977): Fuzzy Measures and Fuzzy integrals - a survey. In: M. Gupta et al (Hrsg.): Fuzzy Automata and Decision Processes, 89-102. North-Holland, Amsterdam.

[Sug85a]   M. Sugeno (1985): An introductory survey of fuzzy control. Inform. Sci., Bd. 36, 59-83.

[Sug85b]   M. Sugeno (Hrsg.; 1985): Industrial Application of Fuzzy Control. North-Holland, Amsterdam.

[Sur95]   H. Surmann (1995): Automatischer Entwurf von Fuzzy Systemen. Fortschrittsberichte VDI, Reihe 8: Meß-, Steuerungs- und Regelungstechnik, Nr. 452. VDI-Verlag, Düsseldorf.

[Sus88]   H.J. Sussmann (1988): On the convergence of learning algorithms for Boltzmann machines. Tech. Report 88-03, Rutgers Center for Systems and Control.

[SW91]   M. Seibert, A.M. Waxman (1991): Learning and recognizing 3D-objects from multiple views in a neural system. In: H. Wechler (Hrsg.): Neural Networks for Perception, Bd.1, Academic Press, New York.

[TAS92]   T. Terano, K. Asai, M. Sugeno (1992): Fuzzy Systems Theory and its Applications. Academic Press, Boston.

[TBP94]   E.C.-K. Tsao, J.C. Bezdek, N.R. Pal (1994): Fuzzy Kohonen clustering networks. Pattern Recognition, Bd. 27, Nr. 5, 757-764.

[TH86]   D.S. Touretzky, G.E. Hinton (1986): A distributed connectionist production system. CMU-CS-86-172, Technical Report, Computer Science Department, Carnegie Mellon University.

[TH91]   H. Takagi, J. Hayashi (1991): Neural network driven fuzzy reasoning. Int.J. Approximate Reasoning, Bd. 6, 267-292.

[TK93]   H. Thiele, S. Kalenka (1993): On fuzzy temporal logic. Proc. 2nd IEEE Int. Conf. Fuzzy Systems, Bd. 2, 1027-1032.

[TM91]   T. Troudet, W. Merrill (1991): Neuromorphic learning of continuous-valued mappings from noise-corrupted data. IEEE Trans. Neural Networks, Bd. 2, Nr. 2, 294-301.

[TM94]   T. Terano, S. Masui (1994): Image understanding by fuzzy logic. In: Japanisch-Deutsches Zentrum Berlin: Joint Japanese-European Symp. on Fuzzy Systems, Berlin, 21-42.

[TMK87]   T. Terano, S. Masui, S. Kohno, K. Yamamoto (1987): Recognition of crops by fuzzy logic, 2nd IFSA Congress, Tokyo, 474-477.

[Tol90]   T. Tollenaere (1990): SuperSAB: Fast adaptive back-propagation with good scaling properties. Neural Networks, Bd. 3, 561-573.

[Ton78]   R.M. Tong (1978): Synthesis of fuzzy models for industrial processes. Int. Gen. Syst. Bd. 4, 143-162.

[Tri92]   E. Trillas (1992): Some Reflections on Logic and Fuzzy Logic. In: Japanisch-Deutsches Zentrum Berlin: Joint Japanese-European Symp. on Fuzzy Systems, Berlin, 5-20.

[Try92]   V. Tryba (1992): Selbstorganisierende Karten: Theorie, Anwendung und VLSI-Implementierung (Diss.). Universität Dortmund, Fakultät für Elektrotechnik.

[TS83]   T. Takagi, M. Sugeno (1983): Derivation of fuzzy control rules from human operator's control actions. Proc. IFAC Symp. Fuzzy Inform. Knowledge Representation Decision Anal., Marseilles, France, 55-60.

[TS88]   R. Tanscheit, E.M. Scharf (1988): Experiments with the use of a rule-based self organizing controller for robotics applications. Fuzzy Sets and Systems, Bd. 26, 195-214.

[TSM92]   T. Terano, M. Sugeno, M. Mukaidono, K. Shigemasu (Hrsg.; 1992): Fuzzy Engineering toward Human Friendly Systems. IOS Press, Amsterdam.

[TUA82]   H. Tanaka, S. Uesima, K. Asai (1982): Linear regression analysis with fuzzy model. IEEE Trans. Systems, Man and Cybernetics, Bd. 12, 903-907.

[TW86]   J.G. Thistle, W.M. Wonham (1986): Control problems in a temporal logic framework. Int. Jour. Control, Bd. 44, 943-976.

[UH91]   A. Ultsch, K.-U. Höffgen (1991): Automatische Wissensaquisition für Fuzzy-Expertensysteme aus selbstorganisierenden neuronalen Netzen. Forschungsbericht Nr. 404, Universität Dortmund, FB Informatik.

[UK80]   I.G. Umbers, P.J. King (1980): An analysis of human-decision making in cement kiln control and the implications for automation. Int. J. Man Mach. Studies Bd. 12, Nr. 1, 11-23.

[Vid88]   R.V.V. Vidal (Hrsg., 1988): Applied Simulated Annealing. Springer-Verlag, New York.

[Wan94]   L.-X. Wang (1998): Adaptive Fuzzy Systems and Control. Prentice-Hall, Englewood Cliffs.

[War84]   R.M. Warren (1984): Perceptual restoration of obliterated sounds. Psychol. Bull., Bd. 96, 371-383.

292

[Was93]   P.D. Wassermann (1993): Advanced Methods in Neural Computing. van Nostrand Reinold, New York.

[WDY90]   H. Watanabe, W.D. Dettloff, K.E. Yount (1990): VLSI Fuzzy Logic Controller with Reconfigurable, Cascadable Architecture. IEEE Journal of Solid-State Circuits, Bd. 2, 376-382.

[Wei91]   M.K. Weir (1991): A method for self-determination of adaptive learning rates in back propagation. Neural Networks, Bd. 4, 371-379.

[Wer74]   P. Werbos (1974): Beyond Regression: New Tools for Prediction and Analysis in the Behavioral Sciences. Ph.D. dissertation, Harvard Univ.

[Wer84]   B. Werners (1984): Interaktive Entscheidungsunterstützung durch ein flexibles mathematisches Programmierungssystem. München.

[Wer88]   P. Werbos (1988): Generalization of backpropagation with application to gas market model. Neural Networks, Bd. 1, 339-356.

[Wer92]   P. Werbos (1992): Neurocontrol and supervised learning: An overview and evaluation. Handbook of Intelligent Control: Neural, Fuzzy and Adaptive Approaches. Van Nostrand Reinhold, New York, 65-90.

[WH60]   B. Widrow, M.E. Hoff, Jr. (1960): Adaptive switching circuits. IRE Western Electric Show and Convention Record, Part 4, Institute of Radio Engineers, New York, 96-104.

[Wid59]   B. Widrow (1959): Generalization and information storage in networks of adaline 'neurons'. In: M.C. Yovitz, G.T. Jacobi, G.D. Goldstein (Hrsg.): Self Organizing Systems, Spartan Books, Washington, D. C., 435-461.

[Wil94]   T. Williams (1994): New tools make fuzzy/neural more than an academic amusement. Computer Design, Juli, 69-84.

[WJT96]   F. Werblin, A. Jacobs, J. Teeters (1996): The computational eye. IEEE Spectrum, Bd. 5, 30-37.

[WK92]   Z. Wang, G.J. Klir (1992): Fuzzy Measure Theory. Plenum Press, New York.

[WL90]   B. Widrow, M.A. Lehr (1990): 30 Years of adaptive neural networks: Perceptron, madaline and backpropagation. Proc. IEEE, Bd. 78, Sept., 1415-1442, reprinted in: C. Lau (Hrsg.): Neural Networks - Theoretical Foundations and Analysis, IEEE Press, Piscataway, NJ (1991), 27-53.

[WM76]   D.J. Willshaw, C. von der Malsburg (1976): How patterned connections can be set up by self-organization. Proc. R. Soc. London (B), Bd. 194, 431-445.

[WR96]   J. Wyatt, J. Rizzo (1996): Ocular implants for the blind. IEEE Spectrum, Bd. 5, 47-53.

[WRC95]   F. Werblin. T. Roska, L.O. Chua (1995): The analogue cellular neural network as a bionic eye. Int. J. Circ. Theory Appl., Bd. 23, 541-69.

[WRH91]   A.S. Weigend, D.E. Rumelhart, B.A. Hubermann (1991): Generalization by weight-elimination with application to forecasting. In: R.P. Lippmann, J.E. Moody, D.S. Touretzky (Hrsg.): Advances in Neural Information Processing Systems 3, Morgan Kaufmann, San Mateo, CA, 875-882.

[WS74]   R.M. Warren, G.L. Sherman (1974): Phonemic restorations based on subsequent context. Percept. Psychophysi., Bd. 16, 150-156.

[WS85]   B. Widrow, S.D. Stearns (1985): Adaptive signal processing. Prentice Hall, Englewood Cliffs, NJ .

[Wyl91]   K. Wyler (1991): Entwurf von neuronalen Netzen mit Hilfe von genetischen Algorithmen. Litentiatsarbeit am Institut für Informatik und angewandte Mathematik der Universität Bern, Schweiz.

[WW90]   B. Widrow, R. Winter (1990): Neural nets for adaptive filtering and adaptive pattern recognition. In: S.F. Zonetzer, J.L. Davis, C. Lau (Hrsg.): An Introduction to Neural and Electronic Networks, Academic Press, New York, 249-271.

[Yag79]   R.R. Yager (1979): On the Measure of Fuzziness and Negation, Part 1: Membership in the Unit Intervall. Inter. J. Gen. Syst. 5, 221-229.

[Yam89]   T. Yamakawa (1989): Stabilisation of an Inverted Pendulum by a High-Speed Fuzzy Logic Controller Hardware System. Fuzzy Sets and Systems, Bd. 32, 161-180.

[YF92]   R.R. Yager, D.P. Filev (1992): Adaptive Defuzzification for Fuzzy System Modelling. Proc. NAFIPS'92, Puerto Vallarta, 135-142.

[YM86]   T. Yamakawa, T. Miki (1986): The Current Mode Fuzzy Logic Integrated Circuits. IEEE Transactions on Computers, Bd. 2, 161-167.

[YT89]   T. Yamakawa, S. Tomoda (1989): A fuzzy neuron and its application to pattern recognition. In: J.C. Bezdek (Hrsg.), Proc. 3rd IFSA Congress, Seattle, 30-38.

[YUM92]   T. Yamakawa, E. Uchino, T. Miki, H. Kusanagi (1992): A neo fuzzy neuron and its application to system identification and prediction of the system behaviour. Proc. Int. Conf. Fuzzy Logic and Neural Networks (IIZUKA 92), Iizuka, Japan, 477-483.

[YZ94]   R.R. Yager, L.A. Zadeh (Hrsg., 1994): Fuzzy Sets, Neural Networks, and Soft Computing. Van Nostrand Reinhold, New York.

[ZA88]   D. Zipser, R.A. Andersen (1988): A back propagation programmed network that simulates response properties of a subset of posterior parietal neurons. Nature (London), Bd. 331, 679-684.

[ZA93a]   H.-J. Zimmermann, C. v. Altrock (Hrsg.; 1993): Fuzzy Logic. Bd. 1: Technologie. Oldenbourg-Verlag, München.

[ZA93b]   H.-J. Zimmermann, C. v. Altrock (Hrsg.; 1993): Fuzzy Logic. Bd. 2: Anwendungen. Oldenbourg-Verlag, München.

[Zad65]   L.A. Zadeh (1965): Fuzzy sets. Inform. and Control, Bd. 8, 338-353.

294

[Zad68]   L.A. Zadeh (1968): Probability Measures of Fuzzy Events. Information Science, Bd. 3, 177-206.

[Zad73a] L.A. Zadeh (1973a): The Concept of a Linguistic Variable and its Application to Approximate Reasoning. Memorandum ERL-M 411 Berkeley, 1973.

[Zad73b] L.A. Zadeh (1973b): Outline of a New Approach to the Analysis of Complex Systems and Decision Processes. IEEE Trans. Syst. Man, Cybern., Bd. 3, 28-44.

[Zad75a] L.A. Zadeh (1975): The concept of a linguistic variable and its application to approximate reasoning-I. Inform. Sci., Bd. 8, 199-249.

[Zad75b] L.A. Zadeh (1975): The concept of a linguistic variable and its application to approximate reasoning-II. Inform. Sci., Bd. 8, 301-357.

[Zad75c] L.A. Zadeh (1975): The concept of a linguistic variable and its application to approximate reasoning-III. Inform. Sci., Bd. 9, 43-80.

[Zad79]   L.A. Zadeh (1979): A theory of approximate reasoning. In: J. Hayes, D. Michie, L.I. Mikulich (Hrsg.): Machine Intelligence, Bd. 9, Halstead Press, New York, 149-194.

[Zad88]   L.A. Zadeh (1988): Fuzzy logic. IEEE Computer, 83-93.

[Zad92]   L.A. Zadeh (1992): The calculus of fuzzy If/Then rules. AI Expert, März, 23-27.

[Zel94]   A. Zell (1994): Simulation Neuronaler Netze. Addison-Wesley, Bonn.

[ZFT74]   L.A. Zadeh, K.S. Fu, K. Tanaka, M. Shimura (Hrsg., 1974): Fuzzy Sets and Their Applications to Cognitive and Decision Processes. Academic Press, Boston.

[Zim84]   H.-J. Zimmermann (1984): Fuzzy Sets and Decision Analysis. Kluwer, Dordrecht.

[Zim91]   H.-J. Zimmermann (1991): Fuzzy Set Theory - and Its Applications. Kluwer, Dordrecht.

[Zim95]   H.-J. Zimmermann (Hrsg., 1995): Neuro+Fuzzy: Technologien–Anwendungen. VDI-Verlag, Düsseldorf.

[ZR94]   K. Zilles, G. Rehkämper (2. Auflage, 1994): Funktionelle Neuroanatomie. Springer-Verlag, Berlin-Heidelberg.

[ZZ93]   L.M. Zia, X.D. Zhang (1993): On fuzzy multiobjective optimal control. Eng. Appl. Artificial Intelligence, Bd. 6, Nr. 2, 153-164.

Anhang: Iris-Datensatz mit 3×50 Einzelobjekten

Nr.	\ Sestosa = A				Versicolor = B				Virginica = C			
	f_1	f_2	f_3	f_4	f_1	f_2	f_3	f_4	f_1	f_2	f_3	f_4
1.	5.1	3.5	1.4	0.2	7.0	3.2	4.7	1.4	6.3	3.3	6.0	2.5
2.	4.9	3.0	1.4	0.2	6.4	3.2	4.5	1.5	5.8	2.7	5.1	1.9
3.	4.7	3.2	1.3	0.2	6.9	3.1	4.9	1.5	7.1	3.0	5.9	2.1
4.	4.6	3.1	1.5	0.2	5.5	2.3	4.0	1.3	6.3	2.9	5.6	1.8
5.	5.0	3.6	1.4	0.2	6.5	2.8	4.6	1.5	6.5	3.0	5.8	2.2
6.	5.4	3.9	1.7	0.4	5.7	2.8	4.5	1.3	7.6	3.0	6.6	2.1
7.	4.6	3.4	1.4	0.3	6.3	3.3	4.7	1.6	4.9	2.5	4.5	1.7
8.	5.0	3.4	1.5	0.2	4.9	2.4	3.3	1.0	7.3	2.9	6.3	1.8
9.	4.4	2.9	1.4	0.2	6.6	2.9	4.6	1.3	6.7	2.5	5.8	1.8
10.	4.9	3.1	1.5	0.1	5.2	2.7	3.9	1.4	7.2	3.6	6.1	2.5
11.	5.4	3.7	1.5	0.2	5.0	2.0	3.5	1.0	6.5	3.2	5.1	2.0
12.	4.8	3.4	1.6	0.2	5.9	3.0	4.2	1.5	6.4	2.7	5.3	1.9
13.	4.8	3.0	1.4	0.1	6.0	2.2	4.0	1.0	6.8	3.0	5.5	2.1
14.	4.3	3.0	1.1	0.1	6.1	2.9	4.7	1.4	5.7	2.5	5.0	2.0
15.	5.8	4.0	1.2	0.2	5.6	2.9	3.6	1.3	5.8	2.8	5.1	2.4
16.	5.7	4.4	1.5	0.4	6.7	3.1	4.4	1.4	6.4	3.2	5.3	2.3
17.	5.4	3.9	1.3	0.4	5.6	3.0	4.5	1.3	6.5	3.0	5.5	1.8
18.	5.1	3.5	1.4	0.3	5.8	2.7	4.1	1.0	7.7	3.8	6.7	2.2
19.	5.7	3.8	1.7	0.3	6.2	2.2	4.5	1.5	7.7	2.6	6.9	2.3
20.	5.1	3.8	1.5	0.3	5.6	2.5	3.9	1.1	6.0	2.2	5.0	1.5
21.	5.4	3.4	1.7	0.2	5.9	3.2	4.8	1.8	6.9	3.2	5.7	2.3
22.	5.1	3.7	1.5	0.4	6.1	2.8	4.0	1.3	5.6	2.8	4.9	2.0
23.	4.6	3.6	1.0	0.2	6.3	2.5	4.9	1.5	7.7	2.8	6.7	2.0
24.	5.1	3.3	1.7	0.5	6.1	2.8	4.7	1.2	6.3	2.7	4.9	1.8
25.	4.8	3.4	1.9	0.2	6.4	2.9	4.3	1.3	6.7	3.3	5.7	2.1
26.	5.0	3.0	1.6	0.2	6.6	3.0	4.4	1.4	7.2	3.2	6.0	1.8
27.	5.0	3.4	1.6	0.4	6.8	2.8	4.8	1.4	6.2	2.8	4.8	1.8
28.	5.2	3.5	1.5	0.2	6.7	3.0	5.0	1.7	6.1	3.0	4.9	1.8
29.	5.2	3.4	1.4	0.2	6.0	2.9	4.5	1.5	6.4	2.8	5.6	2.1
30.	4.7	3.2	1.6	0.2	5.7	2.6	3.5	1.0	7.2	3.0	5.8	1.6
31.	4.8	3.1	1.6	0.2	5.5	2.4	3.8	1.1	7.4	2.8	6.1	1.9
32.	5.4	3.4	1.5	0.4	5.5	2.4	3.7	1.0	7.9	3.8	6.4	2.0
33.	5.2	4.1	1.5	0.1	5.8	2.7	3.9	1.2	6.4	2.8	5.6	2.2
34.	5.5	4.2	1.4	0.2	6.0	2.7	5.1	1.6	6.3	2.8	5.1	1.5
35.	4.9	3.1	1.5	0.2	5.4	3.0	4.5	1.5	6.1	2.6	5.6	1.4
36.	5.0	3.2	1.2	0.2	6.0	3.4	4.5	1.6	7.7	3.0	6.1	2.3
37.	5.5	3.5	1.3	0.2	6.7	3.1	4.7	1.5	6.3	3.4	5.6	2.4
38.	4.9	3.6	1.4	0.1	6.3	2.3	4.4	1.3	6.4	3.1	5.5	1.8
39.	4.4	3.0	1.3	0.2	5.6	3.0	4.1	1.3	6.0	3.0	4.8	1.8
40.	5.1	3.4	1.5	0.2	5.5	2.5	4.0	1.3	6.9	3.1	5.4	2.1
41.	5.0	3.5	1.3	0.3	5.5	2.6	4.4	1.2	6.7	3.1	5.6	2.4
42.	4.5	3.3	1.3	0.3	6.1	3.0	4.6	1.4	6.9	3.1	5.1	2.3
43.	4.4	3.2	1.3	0.2	5.8	2.6	4.0	1.2	5.8	2.7	5.1	1.9
44.	5.0	3.5	1.6	0.6	5.0	2.3	3.3	1.0	6.8	3.2	5.9	2.3
45.	5.1	3.8	1.9	0.4	5.6	2.7	4.2	1.3	6.7	3.3	5.7	2.5
46.	4.8	3.0	1.4	0.3	5.7	3.0	4.2	1.2	6.7	3.0	5.2	2.3
47.	5.1	3.8	1.6	0.2	5.7	2.9	4.2	1.3	6.3	2.5	5.0	1.9
48.	4.6	3.2	1.4	0.2	6.2	2.9	4.3	1.3	6.5	3.0	5.2	2.0
49.	5.3	3.7	1.5	0.2	5.1	2.5	3.0	1.1	6.2	3.4	5.4	2.3
50.	5.0	3.3	1.4	0.2	5.7	2.8	4.1	1.3	5.9	3.0	5.1	1.8

Symbole und Abkürzungen

Die folgenden Schreibweisen, Symbole und Abkürzungen werden verwendet. Unscharfe Mengen **A** werden in Fettschrift geschrieben, Vektoren $\underline{x}$ sind einfach unterstrichen, Matrizen $\underline{\underline{M}}$ doppelt. Zur Kennzeichnung von Bruchzahlen 3.14 wird ein Dezimalpunkt statt eines Kommas verwendet, um Verwechslungen mit Aufzählungen auszuschließen.

Schreibweisen und Symbole

β	Aktivierungsgrad
$\mu(.)$	Zugehörigkeitswert oder -funktion (ZGF)
$\underline{\mu}(.)$	Sympathievektor
x, **A**	Numerischer Wert, unscharfe Zahl/ Menge
$\underline{x}$, $\underline{\mathbf{A}}$	Vektor mit numerischen, unscharfen Komponenten
Π (.)	Produkt über
Σ (.)	Summe über
f (.), **f** (.)	Funktion, auf unscharfe Argumente erweiterte Funktion
A^C	Komplement einer unscharfen Menge **A**
inf [.]	Infimum von
sup [.]	Supremum von
max [.]	Maximum von
min [.]	Minimum von
(a, b, ...)	Tupel
{a, b, ...}	Menge
[a, b]	Intervall
[a, b), (a, b]	einseitig offenes Intervall
[0,1]	Einheitsintervall
|.|	L_1-Norm
||.||	L_2- (Euklidische-) Norm

∩	Durchschnitt
∪	Vereinigung
∧	logisches/ verbales UND/ AND
∨	logisches/ verbales ODER/ OR
⊗	erweiterte Muliplikation
⊕	erweiterte Addition
⊖	erweiterte Differenz
◊	kompensatorisches AND
∀	für alle … gilt
∃	es existiert ein …
X\A	Menge X ohne Elemente von A
∈	… ist Element von …

Abkürzungen

Adaline	Adaptive Lineare Element
AEN	Action-Evaluation-Network
α-LMS	α- Least-Mean-Square
AM	Associative Memory
ANFIS	Adaptive-network-based Fuzzy Inference System
ARIC	Approximative Reasoning-based Intelligent Control
ART	Adaptive Resonanztheorie
ART^a	ART-Netzwerk-a von ARTMAP
ART^b	ART-Netzwerk-b von ARTMAP
ASN	Action-Selection-Network
BAM	Bidirectinal Associative Memory
COG	Center-of-Gravity
FIM	Fuzzy Inferenzmethode
FKCN	Fuzzy-Kohonen Clustering-Netzwerk
FLVQ	Fuzzy-Learning Vektorquantisierer
FNN	Fuzzy-Neuronales Netzwerk
FUN	Fuzzy Net
GA	Genetischer Algorithmus
GARIC	Generalized Approximative Reasoning-based Intelligent Control
KLT	Karhunen-Loeve Transformation
KNN	Künstliches Neuronales Netzwerk
LSG	Lineares Schwellwertgatter
LVQ	Lernender Vektorquantisierer
MAP-Schicht	Zwischenschicht bei ARTMAP
MLA	Marquardt-Levenberg-Algorithmus
MLP	Muli-Layer Perceptron
MOM	Mean-of-Maximum

MT-Regel	Match-Tracking Regel
NEFCLASS	Neural Fuzzy Classification
NEFCON	Neural Fuzzy Controller
NNDFR	Neural Network-driven Fuzzy Reasoning
NNFLC	Neural Network-based Fuzzy Logic Control
OLVQ	Optimierter Lernender Vektorquantisierer
PCA	Principal Component Analysis (Hauptachsentransformation)
QSG	Quadratisches Schwellwertgatter
RBF	Radialbasisfunktion
RBFN	Radialbasisfunktionen-Netzwerk
SOC	Self-Organizing Controller
SOM	Self-Organizing Map
SSE	Sum of Squared Errors
TAM	Temporal Associative Memory
TDNN	Time-Delay-Neuronales-Netzwerk
VQ	Vektorquantisierer
ZGF	Zugehörigkeitsfunktion

Sachverzeichnis

Fuzzy-System 15, 33ff, 35
Fuzzy-Zahl 26

GA 260ff
Ganglienzelle 85
GARIC 241ff, 247, 250f
Gaußsche Funktion 105f, 140
Generalized Approximative
    Reasoning-based Intelligent
    Control 241ff
Generation 260ff
Genetische Algorithmen 17, 260ff
Genotyp 260ff
Gewicht 88
Gewinner 132, 255
Gewinnverteilungsfunktion 211
Gipfelpunkt 26
Glove-Talk 193
Gradienabstiegs-Lernregel 111,
    117, 124, 168, 177f, 181, 199,
    121, 228, 239, 246, 259
Großhirn 81ff
Großhirnrinde 81ff, 138
Grundrechenart
    -, erweiterte 28

Hauptkomponentenanalyse 12, 130
Hebbsche Lernregel 128, 130, 131,
    132
Hessesche Matrix 180
Hinterhirn 80ff
Hypothalamus 80

IF...THEN...-Regel 8, 33, 206, 227,
    252
Individuum 260ff
Inferenzmethode 39ff
    -, Mamdani- 39ff
    -,Tsukamoto- 243
Interneuron 85
Iris-Datensatz 57, 213, 255, 295

Jacobi-Matrix 180

K-Means-Algorithmus 167
Kaniza-Figur 6
Karhunen-Loeve-Transformation
    128, 130, 131
Kartesisches Produkt
    -, unscharfes 23ff, 24, 29, 31,
    42
Klassifikation
    -, Mundformen- 57ff, 63ff
    -, Iris-Daten- 61
    -, Fuzzy-C-Means- 61
KLT 128, 130, 131
Kohonen-Zellen 137, 139
Kommandozelle 72
Komplement-Kodierung 161, 219
Komplementbildung 21
Konjunktive Verknüpfung 39ff
Konsequenzteil 39, 206, 224, 227,
    232, 243, 247, 253, 255
Kontrastfaktor 62, 216
Kortex 81ff
Kreuz-Validierung 182ff, 207, 237
Künstliches Neuronales Netzwerk
    10f, 20, 91
Kurzzeitgedächtnis 152, 218

Langzeitgedächtnis 6, 152f, 218
Larsen-Inferenzmethode 39ff, 42
Lernen
    -, abbauendes 253
    -, aufstockendes 253
    -, bestärkendes 52, 91, 126ff,
    241
    -, mit Tabellenschema 52
    -, Offline-/Batch-/Gesamtschritt-
    52, 90, 121, 170, 180, 224,
    214f, 217
    -, Online-/Einzelschritt- 52, 90,
    122, 170, 209, 224
    -, Parameter- 52, 248

Springer
und
Umwelt

Als internationaler wissenschaftlicher
Verlag sind wir uns unserer besonderen
Verpflichtung der Umwelt gegenüber
bewußt und beziehen umweltorientierte
Grundsätze in Unternehmens-
entscheidungen mit ein. Von unseren
Geschäftspartnern (Druckereien,
Papierfabriken, Verpackungsherstellern
usw.) verlangen wir, daß sie sowohl
beim Herstellungsprozess selbst als
auch beim Einsatz der zur Verwendung
kommenden Materialien ökologische
Gesichtspunkte berücksichtigen.
Das für dieses Buch verwendete Papier
ist aus chlorfrei bzw. chlorarm
hergestelltem Zellstoff gefertigt und im
pH-Wert neutral.

Springer

Druck: Mercedesdruck, Berlin
Verarbeitung: Buchbinderei Lüderitz & Bauer, Berlin